高超声速飞行器系列丛书

再入飞行器概念
外形优化设计
——应用于返回舱和有翼飞行器

[荷]多米尼克·迪克斯 (Dominic Dirkx)
[荷]欧文·莫伊 (Erwin Mooij) 著

关成启 马红亮 查 旭 杜 斌 译

CONCEPTUAL SHAPE
OPTIMIZATION OF ENTRY VEHICLES:
APPLIED TO CAPSULES AND WINGED FUSELAGE VEHICLES

北京理工大学出版社
BEIJING INSTITUTE OF TECHNOLOGY PRESS

图书在版编目（CIP）数据

再入飞行器概念外形优化设计：应用于返回舱和有翼飞行器/（荷）多米尼克·迪克斯，（荷）欧文·莫伊著；关成启等译 . —北京：北京理工大学出版社，2018. 12

书名原文：Conceptual Shape Optimization of Entry Vehicles——Applied to Capsules and Winged Fuselage Vehicles

ISBN 978 - 7 - 5682 - 6507 - 2

Ⅰ . ①再… Ⅱ . ①多…②欧…③关… Ⅲ . ①再入飞行器 - 设计 Ⅳ . ①V475. 9

中国版本图书馆 CIP 数据核字（2018）第 272236 号

北京市版权局著作权合同登记号　图字：01 - 2018 - 7719
First published in English under the title
Conceptual Shape Optimization of Entry Vehicles；Applied to Capsules and
Winged Fuselage Vehicles
by Dominic Dirkx and Erwin Mooij，edition：1
Copyright © Springer International Publishing Switzerland，2017 *
This edition has been translated and published under licence from
Springer Nature Switzerland AG.
Springer Nature Switzerland AG takes no responsibility and shall not be made liable for the accuracy of the translation.

出版发行 /	北京理工大学出版社有限责任公司	
社　　址 /	北京市海淀区中关村南大街 5 号	
邮　　编 /	100081	
电　　话 /	(010) 68914775（总编室）	
	(010) 82562903（教材售后服务热线）	
	(010) 68948351（其他图书服务热线）	
网　　址 /	http：//www. bitpress. com. cn	
经　　销 /	全国各地新华书店	
印　　刷 /	保定市中画美凯印刷有限公司	
开　　本 /	710 毫米 × 1000 毫米　1/16	
印　　张 /	17	责任编辑 / 封　雪
字　　数 /	288 千字	文案编辑 / 封　雪
版　　次 /	2018 年 12 月第 1 版　2018 年 12 月第 1 次印刷	责任校对 / 周瑞红
定　　价 /	76. 00 元	责任印制 / 李志强

符　号

简洁起见，该清单中省略了物理形状参数，但可以分别从表5.1和表5.2中查阅到返回舱和有翼式飞行器的有关参数。

A	面积（m^2）	
AR	长宽比（$-$）	
a	声速（m/s）	
B	轨迹系数（kg/m^2）	
B_i^n	伯恩斯坦多项式（$-$）	
$\boldsymbol{b}_i$	贝塞尔点（用法依赖的）	
b	翼展（5.2.4 节）（m）	
C_A	轴向力系数（$-$）	
C_D	阻力系数（$-$）	
C_L	升力系数（$-$）	
C_l	滚转力矩系数（$-$）	
C_m	俯仰力矩系数（$-$）	
C_N	法向力系数（$-$）	
C_n	偏航力矩系数（$-$）	
C_p	压力系数（$-$）	
C_S	侧向力系数（$-$）	
c_{ref}	气动参考长度（m）	
c_p	比定压热容（J/K）	
c_v	比定容热容（J/K）	
c_1	单体置信度参数（$-$）	

c_2	群体置信度参数 （ – ）
D	阻力 （N）
E	能量 （J）
e	单位质量内能 （J/kg）
$\boldsymbol{F}$	力 （N）
F	加权目标函数 （第六章） （用法依赖的）
f	目标函数 （第六章） （用法依赖的）
f	椭圆率 （第二章） （ – ）
f_c	桥接函数 （ – ）
G	万有引力常数 （ $=6.67259 \times 10^{-11}$ ） $\left[m^3/(kg \cdot s^2) \right]$
g	引力加速度 （m/s^2）
g	不等式约束函数 （第六章） （用法依赖的）
H	标定高度 （m）
H_i^j	Hermite 多项式 （ – ）
h	高度 （m）
h	单位质量焓值 （3.1.1 节） （J/kg）
h	等式约束函数 （第六章） （用法依赖的）
k_B	玻尔兹曼常数 （ $=1.380650 \times 10^{-23}$ ） （J/K）
$k_{1\cdots9}$	方法选择参数 （3.3.2 节） （参数依赖）
Kn	努森数 （ – ）
J_n	区域引力场系数 （ – ）
L	升力 （N）
M	马赫数 （ – ）
M	摩尔质量 （mol/kg）
$\boldsymbol{M}$	力矩矢量 （N · m）
$\boldsymbol{m}_i$	控制点导数 （用法依赖的）
m	质量 （kg）
$\hat{\boldsymbol{n}}$	法向矢量 （ – ）
n	过载系数 （ – ）
N_c	有翼飞行器形状的轮廓数量 （ – ）
N_p	有翼飞行器形状单个轮廓上点的数量 （ – ）
$\boldsymbol{p}_i$	控制点 （用法依赖的）
Pr	普朗特数 （ – ）

p	压力（N/m^2）
p_{mut}	突变概率（−）
Q	热载荷（J/m^2）
q	加热速率（W/m^2）
q_{dyn}	动压（N/m^2）
R	比气体常数［J/（kg·K）］
R	半径（m）
$\mathscr{R}$	通用气体常数（=8.314 473）［J/（K·mol）］
Re	雷诺数（−）
$\boldsymbol{r}$	位置矢量（m）
r_x	形状参数 $z_{2,1}$ 的关联参数（−）
S	表面积（m^2）
S	侧向力（N）
St	斯坦顿数（−）
s	熵（J/K）
s_g	地面航迹范围（m）
T	温度（K）
t	时间（s）
t	参数化变量，数值在［0，1）（第四章）（−）
U	引力势（m^2/s^2）
u	x 向速度（m/s）
u	参数化变量（第四章）（−）
$\boldsymbol{V}$	速度矢量（m/s）
V	体积（m^3）
V_c	圆轨道速度（m/s）
v	y 向速度（m/s）
v	表面的第二个参数化变量（第四章）（−）
W	重量（N）
$\boldsymbol{x}$	状态变量矢量（用法依赖的）
α	迎角（rad）
β	侧滑角（rad）
β	激波角（3.1 节）（rad）
γ	航迹角（rad）

γ 比热容比（-）

δ 纬度（rad）

σ 倾侧角

η 样条曲线固定参数（4.2.3 节）（-）

η 突变分布参数（-）

η_V 填充系数（-）

θ 流动偏转角（rad）

θ 绕轴的旋转角（2.2.1 节）（rad）

Λ 机翼后掠角（rad）

λ 平均自由程（3.1.2 节）（m）

λ 机翼锥度比（-）

κ 弯度（1/m）

μ 引力参数（第二章）（m^3/s^2）

μ 黏度［kg/(m·s)］

μ 马赫角（3.1.2 节）（rad）

v 普朗特-迈耶尔函数（rad）

ρ 密度（kg/m^3）

σ 倾斜角（rad）

τ 经度（rad）

φ 地心纬度（rad）

φ' 大地纬度（rad）

χ 航向角（rad）

ω 角速率（rad）

ω 惯性权重（第六章）（-）

下标

$\perp$ 垂直于

∞ 与自由来流相关的

0   在海平面或参考条件

1   激波前

2   激波后

A   在气动参考系中计算的

a	基于空气动力学的
aw	绝热壁的
abs	绝对的
B	在机体参考系中计算的
b	机体的
bf	体襟翼的
c	对流的
c	锥形中间部分的（5.1节）
cm	在质心或周围的
cog	在重心的
cor	返回舱圆角半径的
cp	关于压心的
E	再入初始时刻的
e	边界层边缘的（3.4节）
e	升降舵副翼的
eq	在赤道的
fus	机体的
g	由于引力的
high	在高超声速状态下的
I	在惯性参考系中计算的
irrev	不可逆转的
L	整个长度 L
LE	前缘的
low	在低高超声速状态下的
n	垂直于激波的
n	与飞行器前缘关联的
q	在匹配点（3.3节）
R	在旋转的行星中心参考系中计算的
r	在径向方向
rel	相对的
ref	参考的
s	在驻点的
sp1	在球头的

sp2	在后球帽的
T	总计
T	在轨迹参考系中计算的
t	环形截面的
tr	在配平状态下的
V	在垂直参考系中计算的
w	在飞行器壁面的
w	机翼的
α	关于迎角导数的
$z_{2,1}$	关于侧滑角导数的
δ	在纬度方向的

缩略语

ACM   Aerodynamic Configured Missile
（气动配置的导弹）

ALTV   Approach and Landing Test Vehicle
（进场与着陆测试飞行器）

APAS   Aerodynamic Preliminary Analysis System
（空气动力学初步分析系统）

ARD   Atmospheric Re-entry Demonstrator
（大气再入演示器）

CEV   Crew Exploration Vehicle
（载人探索飞行器）

CFD   Computational Fluid Dynamics
（计算流体动力学）

CNES   Centre National d' Etudes Spatiales
（法国国立空间研究中心）

DG – MOPSO   Double Grid Multi – Objective Particle Swarm Optimization
（双网格多目标粒子群优化算法）

DLR   Deutsches zentrum fur Luft – und Raumfahrt
（德国航空航天中心）

DUT   Delft University of Technology
（代尔夫特理工大学）

EGM   Earth Gravity Model
（地球引力场模型）

ESA   European Space Agency
（欧洲航天局）

EXPERT   European eXPErimental Re-entry Test-bed
（欧洲试验性再入测试飞行器）

FESTIP   Future European Space Transportation Initiative Programme
（欧洲未来航天运输计划）

GA   Genetic Algorithm
（遗传算法）

GEO   Geostationary Earth Orbit
（地球静止轨道）

HASA   Hypersonic Aerospace Sizing Analysis
（高超声速航空航天粒度分析）

ICBM   Intercontinental Ballistic Missile
（洲际轨迹导弹）

LaWGS   Langley Wireframe Geometry Standard
（兰利线框几何标准）

LEO   Low Earth Orbit
（近地轨道）

MDO   Multidisciplinary Design Optimization
（多学科设计优化）

MER   Mass Estimation Relationship
（质量估计关系）

MOPSO   Multi – Objective Particle Swarm Optimization
（多目标粒子群优化）

NASA   National Aeronautics and Space Administration
（美国国家航空航天局）

NSGA   Non – dominated Sorting Genetic Algorithm
（非支配排序遗传算法）

NURBS   Non – Uniform Rational B – Splines
（非均匀有理 B 样条）

OTV   Orbital Test Vehicle
（轨道测试飞行器）

PSO	Particle Swarm Optimization
	（粒子群优化）
RCS	Reaction Control System
	（反作用控制系统）
S/HABP	Supersonic/Hypersonic Arbitrary Body Program
	（超声速/高超声速任意体程序）
SOSE	Second – Order Shock Expansion
	（二阶激波膨胀）
SSTO	Single Stage to Orbit
	（单级入轨）
STS	Space Transportation System
	（空间运输系统）
TAEM	Terminal Area Energy Management
	（末端能量管理）
TPS	Thermal Protection System
	（热防护系统）
TSTO	Two Stage to Orbit
	（两级入轨）
USAF	United States Air Force
	（美国空军）

目　录

第一章　引言 ……………………………………………………………… 1

1.1　再入任务 …………………………………………………………… 2

　　1.1.1　20 世纪的再入 …………………………………………… 2

　　1.1.2　21 世纪的再入 …………………………………………… 9

1.2　外形优化 ………………………………………………………… 12

1.3　本书内容概述 …………………………………………………… 16

第二章　飞行力学 ……………………………………………………… 17

2.1　飞行环境 ………………………………………………………… 17

　　2.1.1　中心天体形状 …………………………………………… 18

　　2.1.2　地心引力 ………………………………………………… 19

　　2.1.3　大气层 …………………………………………………… 20

2.2　运动方程 ………………………………………………………… 22

　　2.2.1　坐标系 …………………………………………………… 22

　　2.2.2　作用力 …………………………………………………… 26

　　2.2.3　再入方程 ………………………………………………… 27

2.3　制导方法 ………………………………………………………… 29

　　2.3.1　返回舱 …………………………………………………… 30

　　2.3.2　有翼飞行器 ……………………………………………… 31

　　2.3.3　飞行器稳定性 …………………………………………… 33

第三章　气动热力学 ……………………………………………… 35

　3.1　基本概念 ……………………………………………………… 35

　　　3.1.1　热力学性质 …………………………………………… 36

　　　3.1.2　超声速/高超声速流动特性 ………………………… 38

　　　3.1.3　黏性 …………………………………………………… 42

　3.2　气动载荷 ……………………………………………………… 43

　3.3　局部倾斜法 …………………………………………………… 46

　　　3.3.1　方法描述 ……………………………………………… 47

　　　3.3.2　方法选择 ……………………………………………… 53

　3.4　热传递 ………………………………………………………… 56

　　　3.4.1　对流换热 ……………………………………………… 57

　　　3.4.2　返回舱的情况 ………………………………………… 59

第四章　数值插值 ……………………………………………… 63

　4.1　基本概念 ……………………………………………………… 63

　　　4.1.1　连续性和凸性 ………………………………………… 63

　　　4.1.2　线性差值 ……………………………………………… 65

　　　4.1.3　双线性插值 …………………………………………… 65

　4.2　三次样条曲线 ………………………………………………… 66

　　　4.2.1　基本概念 ……………………………………………… 67

　　　4.2.2　Bézier 和 Hermite 样条 …………………………… 68

　　　4.2.3　避免自相交和凹形 …………………………………… 71

　4.3　Hermite 样条曲面 …………………………………………… 72

第五章　飞行器几何形状 ……………………………………… 75

　5.1　解析参数 ……………………………………………………… 76

　5.2　有翼飞行器参数化 …………………………………………… 80

　　　5.2.1　机身 …………………………………………………… 80

　　　5.2.2　翼 ……………………………………………………… 89

　　　5.2.3　机身与机翼界面 ……………………………………… 92

　　　5.2.4　质量模型 ……………………………………………… 93

　5.3　网格曲面 ……………………………………………………… 95

第六章　优化 ·· 99

　6.1　一般概念 ·· 99

　　6.1.1　问题描述 ·· 99

　　6.1.2　多目标最优性 ·· 100

　6.2　粒子群优化算法 ·· 102

　　6.2.1　方法概述 ··· 102

　　6.2.2　约束处理 ··· 103

　　6.2.3　多目标粒子群算法 ·· 103

　6.3　外形优化 ·· 106

　　6.3.1　性能指标 ··· 106

　　6.3.2　约束 ··· 108

第七章　模拟器设计 ·· 113

　7.1　仿真代码 ·· 113

　7.2　模型验证 ·· 119

　　7.2.1　气动 ··· 119

　　7.2.2　飞行器轨迹 ··· 126

　7.3　仿真设置 ·· 131

　　7.3.1　通用设置 ··· 131

　　7.3.2　返回舱设置 ··· 131

　　7.3.3　有翼飞行器设置 ·· 132

第八章　形状分析——返回舱 ·· 135

　8.1　蒙特卡洛分析 ·· 135

　8.2　优化 ·· 144

　　8.2.1　二维分析 ··· 144

　　8.2.2　三维优化 ··· 157

　8.3　结束语 ·· 160

第九章　外形分析——有翼飞行器 ·· 163

　9.1　蒙特卡洛分析 ·· 164

　9.2　优化结果 ·· 170

　　9.2.1　基线优化 ··· 171

9.2.2　俯仰稳定优化 ·· 190

9.2.3　热速率跟踪优化 ·· 195

9.3　结束语 ··· 202

附录 A　相对黏性力近似 ·· 205

附录 B　有翼飞行器外形生成案例 ······································· 209

B.1　机身形状 ·· 209

B.2　机翼形状 ·· 221

附录 C　最优的返回舱外形 ·· 231

C.1　返回舱 Pareto 前沿上选择点的演变 ························· 231

C.2　最优的返回舱外形 ··· 232

附录 D　最优的有翼飞行器外形 ·· 235

D.1　有翼飞行器 Pareto 前沿选择点的演变 ····················· 235

D.2　基于基准设置的最优有翼飞行器外形 ······················ 236

参考文献 ··· 245

第一章 引 言

对于任何有效载荷再入行星大气的航天任务来说，大气再入都是一个重要的阶段。在再入过程中，飞行器从轨道速度逐渐过渡至安全的速度以便着落。对于像航天飞机这类的飞行器，最终的降落是采用像飞机着陆一样的方式来完成的。对于联盟号和阿波罗飞船，在最后的下降阶段是利用降落伞来减速的。无论何种情况下，飞行器经历极端的气动热载荷都将会显著地改变其设计需求。

外形是决定飞行器气动热力学特性的主要影响因素之一。因此，通过改变其形状，可以很好地改善飞行器的行为和性能。在航天飞行器的概念设计阶段，相对简单的模型会被用来生成一些概念设计，并在后续的设计阶段进行更加复杂和耗时的分析。然而，如果这种设计只是基于少数的飞行器概念，那么就有可能忽略更好的设计选择。在概念设计阶段，通过研究各种外形的可行性，基于更加完善和严谨的论证开展飞行器的外形设计，可以为之后的详细设计提供一个更棒的初步设计。

本书主要研究概念设计阶段的再入飞行器的外形优化，分析了在高超声速再入过程中飞行器的全部性能。然而，由于外形会影响飞行器很多方面的性能，必须确保外形对飞行器系统、性能或外部载荷等的约束不存在干涉。因此，本著作中所阐述方法的主要问题为：

考虑在载荷和外形布局约束的情况下，再入飞行器能够完成其任务的最优外形是什么样的。

为此，我们建立了一种全局多目标优化方法，并将这种方法应用于两种不同类型的再入飞行器的外形优化。首先，我们考虑一种低升阻比的类似胶囊形状的飞行器，如阿波罗飞船或大气再入演示器（ARD），一次性使用并以近似轨迹式再入的方式进入大气层。其次，我们将这种方法应用于一种更加复杂的有翼式飞行器，如航天飞机。有翼式飞行器通常在跑道上受控着陆，并可在之后的任务中重复使用。然而，这类更像飞机并具有重复使用的特性的飞行器则会牺牲额外的质量和复杂性。与较为简单的飞行器相比，这也常常使得它们在经济性方面难以自圆其说。因此，通过降低飞行任务成本和增加可能的任务收入来优化其外形，对于提高这类飞行器在发射和回收市场上的竞争力就显得至关重要。

在高超声速再入阶段之后，速度限制被定义为马赫数 5，飞行器进入超声速/亚声速状态，此时的飞行特性与高速再入有很大的不同。然而，由于主要的设计需求通常是在具有非常高要求的高超声速阶段，因此我们的重点内容将集中在此阶段。此外，我们只考虑返回舱和有翼式飞行器从近地轨道（LEO）再入的情况。尽管如此，我们所提供的方法在很多情况下均易于修改，并可应用于一些其他的再入场景中。

在深入研究再入飞行力学和外形优化的技术细节之前，我们在 1.1 节和 1.2 节分别对过去在大气再入和外形优化方面的研究进行简要回顾。本章的 1.3 节将会对本书的内容做更加详细的概述。

有很多优秀的文献资料对大气再入的研究历程进行了较为全面的介绍。例如：Heppenheimer（2007）探讨了高超声速飞行器的发展历程；Jenkins（2001）详细介绍了航天飞机及其前身的发展情况；Sziroczak 和 Smith（2016）提供了高超声速飞行器设计问题的综述；Hirschel 和 Weiland（2009）在他们所著的书中对飞行器外形和气动热力学性质之间的关系进行了全面描述。

■ 1.1　再入任务

本节中，我们将简要概述（非详尽）再入领域的一些关键的发展历史，从航天工程的起源开始，也涵盖了当前该领域正在进行的项目和未来具有前景的项目。

1.1.1　20 世纪的再入

尽管早期有很多研究人员已经对空气动力学的流动现象进行了相关的研究，其中包括 Mach（马赫）和 Reynolds（雷诺兹），但直到 1903 年年初，重于空气的飞行方才实现，并且航天工程学科作为一门实践科学得以诞生。20 世纪初，Goddard（戈达德）、Oberth（奥伯特）和 Thiolkovsky（奇奥尔科夫斯基）等先驱者们也开始研究火箭和航天飞行。随着这些研究的出现和建设性的努力，超声速和高超声速空气动力学成为人们感兴趣的话题。

高超声速飞行的第一个概念是在 20 世纪 30 年代出现的，当时奥地利工程师 Eugen Sanger（欧根·桑格尔）和他的德国数学家妻子 Irene Bredt（艾琳·布雷特）提出了一种从德国打击美国的高超声速轰炸机（Sanger 和 Bredt，1944）。这个名为银鸟的高超声速轰炸机使用火箭进行加速，在释放掉有效载荷之后，会以一种跳跃再入的方式来拓展它的航程并降落在地球的另一边——日本。尽管该轰炸机从未投产，但是 Sanger 和 Bredt 在滑翔和跳跃再入等方面的突破性的研究对后续的飞行器及任务来说是非常重要的。

第二次世界大战期间，德国 V-2 火箭的出现推动了高超声速飞行器的研究。为了支持这种火箭的发展，使用了两台以马赫数 4.4 运行的风洞。尽管按照典型的马赫数 5 的定义未达到高超声速，但对这种飞行器的研究仍然遇到了在高速状态下的大量的工程挑战，如可控性和稳定性问题。第二次世界大战后，被缴获的 V-2 火箭成了美国的火箭项目研究中的重要工具。

第二次世界大战后，美国工程师 John Becker（约翰·贝克尔）建议建造一座马赫数 7 的风洞，以用来研究高超声速流动。这座风洞于 1947 年首次投入使用，它拥有一个 11 英寸（约 27.94 cm）的方形测试区域，这座风洞在如 X-15 等飞行器的研发方面发挥了重要作用。事实上，在一段时期内，这座风洞也是美国唯一一座能够模拟高超声速条件的测试设备。

随着原子弹和 V-2 导弹的发明，洲际轨迹导弹（ICBM）的想法也随之产生，这就有必要进一步研究高速和高空的流动现象。洲际轨迹导弹以马赫数 20 的速度再入大气层，因此气动加热就成了一个关键的设计问题。在 Allen 和 Eggers Jr（1958）的一篇文章中提出应当最大限度地提高前缘半径来减小热流，这也推动了后来所有再入飞行器的设计。

当时的工程师们只有较少的方法来解决极端加热的情况。例如，可以使用热沉，大部分再入飞行器的热量将会被储存在一些具有高吸热能力的材料中。此外，也可以使用辐射冷却，具有高发射率的高温表面将会把热量辐射回环境中。但是，由于过度的气动热载荷，这些方法在高速再入情况下很难适用。热沉只能够吸收一定的热量，并且需要的大小尺寸无法满足这种再入飞行器系统。关于辐射冷却，在给定的热流（假设热平衡）下，飞行器表面的冷却温度存在一定的限制，这对于整个飞行器来说是远远不够的。

应对再入时巨大热流的一种重要方法是热烧蚀。当使用热烧蚀防热罩的时候，再入的热量被热防护系统（TPS）吸收，并引起这种热防护系统表面从固态到气态（或液态）的相变。尽管这种系统是不可重复使用的，但在其他方法无法适用的高温环境中，它具备能够应对非常高加热速率的能力，也给设计师们提供了重要的设计选择。这种情况下的一个典型的例子就是木星的再入探测器伽利略号，其热防护系统占了大约一半的再入质量。

高超声速飞行器发展的一个里程碑是 X – 15，见图 1.1（a），它是由北美公司制造的一种实验型的火箭飞机。这架研究型飞机的目标是收集高速、高空及高温结构下的飞行数据，并积累飞行经验。其热控使用一种由 Inconel X 合金制成的热沉概念，并喷涂烧蚀材料。X – 15 使用了气动面和反作用控制推进器，用于姿态控制，因为在较高的飞行高度下大气密度太低，无法只使用气动面进行控制。它的飞行速度接近马赫数 7，高度超过了 100 km。尽管它代表了巨大的进步，但 X – 15 不能算作是真正的再入飞行器，因为它没有获得足够的速度来使它到达轨道并实现在轨运行。

在此期间也开始出现了一些所谓的太空飞机的概念，这些太空飞机能够多次重复使用，在不需要较大检修的情况下便能够将货物和人员运送至轨道并返回。在"空天飞机"这一名义下，一系列能够代表这种飞行器设计挑战的相关研究相继开始。然而，这一期间出现的概念往往依赖未经证实的高超声速吸气式推进。在燃料消耗方面，这将优于火箭的性能，但这些概念在技术上和经济上都有较高的时间要求。比其他概念更进一步发展的是 X – 20 飞行器（或者叫 Dyna – Soar），如图 1.1（b）所示，它是为美国空军生产的一种小型飞行器。X – 20 安装在火箭的顶端，用来发射并滑翔返回地球，这与后来的航天飞机一样。不幸的是，这个项目在刚开始生产时就被取消了，因为对于它有限制的飞行任务类型来说，其费用太昂贵了，并且作为一种研究型飞行器，它的优点还不足以支持项目完成。然而，它的发展确实提供了宝贵的数据，这些数据被用于后来航天飞机的设计中。

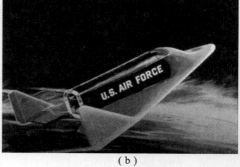

（a）　　　　　　　　　　　　　　　　（b）

**图 1.1　飞行中的 X – 15（a）及 X – 20（Dyna – Soar）飞行器再入时的
艺术设想图（b）（图片来源：NASA）**

　　尽管有大量的概念被提出，在空间时代最初的几年中，高超声速飞行和滑翔再入技术并没有像预测的那样发展迅速。不过，采用类似轨迹式和低升阻比再入的返回舱的飞行器成功实现了从太空返回。人类首次成功从太空返回发生在 1961 年，是 Yuri Gagarin（尤里·加加林）乘坐东方一号飞船完成首次载人空间飞行之后成功返回。不久之后，美国也随之完成了这一任务，是由 John Glenn（约翰·格伦）驾驶的水星–宇宙神 6 号飞行器。水星计划之后是双子星计划，该计划中的返回舱使用了非零升阻比来降低宇航员经受的引力过载（详见第 2.2.3 节）。由于对飞行条件有影响，这一比例系数的确定对正确计算着陆点也是至关重要的，而这也证明仅用风洞模型是很难确定的。双子星计划之后是阿波罗计划，阿波罗号从月球返回后成功实现了大气再入。由于再入的速度明显更高，这也导致飞行器上的力和热载荷比以往的地球–轨道返回任务的更大。图 1.2 展示了 20 世纪 60 年代的再入返回舱。

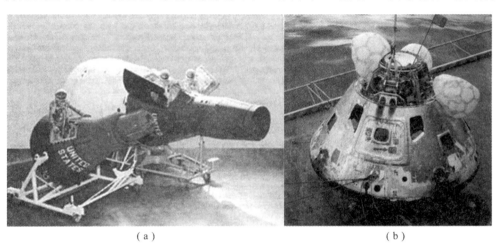

（a）　　　　　　　　　　　　　　　　（b）

图 1.2　20 世纪 60 年代的再入返回舱（图片来源：NASA）

（a）水星号和双子星号返回舱；（b）阿波罗号返回舱

　　所有执行第一次载人航天任务的飞行器都采用了（近似）轨迹式再入方式，而不是之前讨论的升力式再入方式。尽管轨迹式再入飞行器是不（或者不完全）可重复使用的，但这类飞行器更容易设计，而且因为不需要考虑升力部件的结构需求，所以通常具有更高的有效载荷质量/飞行器干质量的比值。

　　除了滑翔式再入和轨迹式再入外，还有第三种再入方式，被称为跳跃式再入。在跳跃式再入期间，飞行器再入大气，但会被气动升力给"推"回去，离开可明显感触到的大气，但此时动能较低。通过多次的这种"跳跃"，飞行器动能可以分阶段被耗散掉。在多次跳跃后，飞行器就不再具有足够的速度离开大气，从而被大气捕获。图 1.3 为这三种再入大气层方式的示意图。

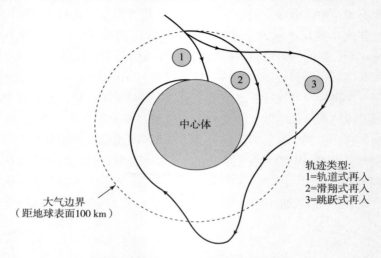

图 1.3 三种再入大气层方式的示意图

阿波罗计划之后，美国决定发展一种可重复使用的运载飞行器。这种飞行器将可以多次使用，且价格低廉，它在某种程度上与先前的 X – 20 概念有点类似，并且具有更大的规模，可以将有效载荷运送至轨道。这最终促进了空间运输系统（STS）的发展，或者也可以称之为航天飞机，因为它更被人们所熟知（图 1.4）。尽管航天飞机运行了大约 30 年，但由于其 TPS 维护费用高昂，所以从未实现廉价的可重复使用（进入太空）的目标。

图 1.4 亚特兰蒂斯号航天飞机在肯尼迪航天中心（STS – 122）
着陆之前（图片来源：NASA）

　　欧洲提出的一些太空飞机的概念与美国 20 世纪 60 年代提出的概念几乎是同时开展研究的，它们大部分来自法国、英国和德国的一些公司及机构。尽管这些概念没有一个真正投产，但确实为欧洲的太空产业提供了再入飞行器和太空飞机方面的重要的设计经验。

　　最近，ESA（欧洲航天局）和法国国立空间研究中心（CNES）开发了赫尔墨斯飞行器，它搭载在阿丽亚娜 –5 运载火箭的顶端，是在 20 世纪 80 年代末与 90 年代初这段时期内研发的。大约同一时期，德国一家名为 MBB 的公司（现在是空中客车集团的一部分）和德国国家研究部提出了一种名为 Sanger Ⅱ 的飞行器概念（Sanger Ⅰ 是 20 世纪 60 年代提出的飞行器概念之一）。这是一种两级入轨（TSTO）概念，利用一个高超声速飞行器携带上面级（上面级是入轨的载荷的俗称）到达较高的高度和较大的速度，之后上面级被释放分离，上面级使用火箭发动机进入轨道。这一概念提出了两种不同的上面级的设想，一种是无人的 CARGUS，另一种是有人的 HORUS。尽管像赫尔墨斯计划一样，这个计划由于缺少资金支持被取消了，但 HORUS 飞行器在 Mooij（1998）关于太空飞机的一些总体概念设计中被当作了参考飞行器。图 1.5 显示了 Sanger Ⅱ 背上的这种飞行器模型。

图 1.5　Sanger Ⅱ 飞行器背上的 HORUS 二子级缩比模型，在 Speyer 科技博物馆展出
（图片来源：维基共享资源）

20 世纪 90 年代，ESA 和 NASA 联合为国际空间站（ISS）研发了一种载人返回飞行器（以及它的演示验证飞行器 X－38）。这种飞行器具备升力体外形，如图 1.6 所示。该飞行器在低速着陆阶段采用了翼伞。X－38 的外形是基于先前设计的升力体飞行器 X－24A，X－24A 比 X－38 要早大约 20 年。但在开展了大量的研究（包括亚声速的投放试验及翼……）之后，由于预算削减，X－38 项目被取消了。

图 1.6　投放试验中的 X－38 飞行器（图片来源：NASA）

尽管在再入飞行器设计初期，计算机开始成为实用性的设计工具，但与目前最先进的技术相比，其计算能力非常有限。这种情况有力促进了概念设计模型的开发、评价和使用，如 Fay 和 Riddell（1958）的热传递模型。虽然这种模型的精度明显低于目前的计算流体动力学（CFD）模型，但正确使用这种模型，并且结合风洞试验和最终的飞行试验数据，仍可以为飞行器的设计提供充分的结果。另一个近似气体动力学建模的优秀案例是由麦克唐纳·道格拉斯公司（Gentry 等，1973）开发的超声速/高超声速任意体程序（S/HABP）。除了气动性能预测的近似方法外，还利用了多种假设来分析再入飞行器的轨迹。利用这些简化的控制轨迹的微分方程，可以简析获得飞行器轨迹，或者可以用较低的计算能力来计算得到飞行器轨迹。这两种方法是由 Chapman（1958）、Allen 和 Eggers Jr（1958）提出的，随后在 Loh（1968）和 Vinh 等（1980）编写的教科书中给出了这些简化方法的概括性总结。

即便现代计算设备已出现，这些概念设计方法依然具有实际应用性。特别是，快速计算和简化模型的结合将允许在设计阶段开展大量的飞行器外形和再入方式的分析，这使得概念设计的选择更多更广泛。本书则重点关注这种方法。

1.1.2　21 世纪的再入

政府和私人研究机构的一些与高超声速飞行和再入有关的项目目前正在实施中，或在近期已经开展了研究。事实上，历史已经表明项目并非都会进入能够生产全尺寸飞行模型的阶段。然而，一些具有前景的项目已经启动了良好的技术方案。

有一项名为 EXPERT（European eXPErimental Re – entry Test – bed，欧洲试验性再入测试飞行器）的项目，其目的是收集更多的高超声速飞行器的（设计）数据，它是 ESA 未来运载器预先研究项目（FLPP）的一部分。正如 Massobrio 等（2007）描述的，它的任务是飞向亚轨道并以 5 ~ 6 km/s 的速度再入。这架飞行器将利用一台 VOLNA 运载器从一艘俄罗斯的潜艇上发射。尽管这架飞行器的飞行模型已经生产出来了，但不幸的是它从没有被发射。

第二架欧洲的试验飞行器也是 ESA FLPP 计划的一部分，名为中级试验飞行器（Intermediate eXperimental Vehicle，IXV）。这个概念是用来验证欧洲可重复使用的运载器技术。IXV 于 2015 年 2 月 11 日成功发射，完成了 100 min 的亚轨道飞行任务。它成了首个以轨道速度再入大气层的升力体飞行器。IXV 源于先前欧洲的研究或相关飞行器，如 Pre – X（由法国 CNES 研发），ESA 的 AREV（大气再入试验飞行器），以及更早的于 1998 年成功飞行的 ARD。

虽然 EXPERT 和 IXV 飞行器本身是很有趣的，但它们是用于技术演示验证和研究性的飞行器，并没有计划将其进行改造用于向空间运送货物。来自欧洲未来航天运输计划（FESTIP）中的一个飞行器概念得到了发展，它是名为 Hopper 的飞行器。如 Spies（2003）所描述的，该飞行器将由一种水平轨道制导系统发射，每年发射 10 ~ 20 次，大多数的任务是将货物运送至地球同步转移轨道（GTO）。这种水平发射的好处是与常规的火箭或航天飞机的发射相比，它所需的推力大大降低。这是因为对于有翼式的水平发射来说，使飞行器起飞离开地面的力大部分是空气动力，因此可以降低发动机的推重比，从而能够降低总质量。2004 年，Hopper 飞行器的一个 1/7 缩比尺度模型被制造出来，名为凤凰 – 1 号（图 1.7），并从一架直升机上投放，用于测试这种飞行器的低速空气动力学。这个项目是德国 ASTAR 计划启动实施的，其目的是为发展全尺寸的 Hopper 飞行器进行预先准备工作。然而，近些年来，该项目没有更进一步的发展。

图 1.7　测试飞行器凤凰 –1 号，亚轨道飞行器 Hopper 的缩小版（图片来源：作者拍摄）

目前，英国正在研发的一种太空飞机的名字为 Skylon，它是由 Varvill 和 Bond（2004）描述的一种单级入轨飞行器。该飞行器将使用双模态发动机作为推进系统。达到马赫数 5 之前，其所谓的佩刀（SABRE）发动机将作为吸气发动机，使用预冷器冷却来流空气，点火之前正好达到气相边界之上。达到马赫数 5 之后，其发动机将作为常规的火箭发动机，提供剩余的到达轨道所需的速度 c_f。Skylon 飞行器将是无人驾驶的，并使用液氢液氧作为燃料和氧化剂。这个飞行器能够将 15 t 有效载荷运送至近地轨道。该飞行器的设计，特别是其推进系统的设计，源于 1989 年被取消的 HOTOL 太空飞机概念的设计工作。该飞行器的推进系统本身就是基于航天飞机时代的一种吸气式发动机概念。该项目得到了英国政府的资助，预计全尺寸的发动机测试将于 2019 年进行，无人飞行试验最早将于 2025 年进行。

2010 年，一个更加成熟的升力式再入飞行器首次进行了测试，它是无人驾驶的 X – 37B 轨道测试飞行器（OTV），这是一种小型的（长 29 英尺①，翼展 15 英尺）有翼式再入飞行器。它由波音鬼怪工厂研发，而该项目属于美国空军。由

① 1 英尺 = 0.304 8 米。

于该项目的军事性质，其公布的信息是非常有限的。它搭载于阿特拉斯－5火箭顶部发射，并使用自主导航系统着陆。X－40是X－37的飞行试验缩比模型，已完成了生产并进行了测试，验证了制导系统和低速空气动力学特性。此外还进行了全尺寸模型的测试，即被称为接近和着陆测试飞行器（ALTV）的X－37A，使用白骑士飞行器作为其载机。截至目前，已成功完成了三次轨道飞行，第一次是在2010年（任务时长约7个月），第二次是在2011年（任务时长超过了1年），X－37的第三次任务是在2012年12月中旬发射并于2014年10月7号在空军范德堡基地着陆，第四次于2015年5月20日发射，至2016年5月任务仍在进行中。图1.8展示了阿特拉斯－5发射之前有效载荷整流罩内的X－37B。

图1.8 阿特拉斯－5发射之前有效载荷整流罩内的X－37B轨道试验飞行器

（图片来源：美国空军）

还有一款非常有趣的飞行器在2010年5月进行了测试，它是名为X－51的研究性飞行器，其外形为所谓的乘波体。这款飞行器是一个可重复使用超燃冲压发动机的演示验证器。前一个用于演示超声速燃烧的 X 系列飞行器 X – 43 验证了超声速燃烧，但仅持续了 10 s。X – 43 铜制的发动机作为热沉器，产生了非常高的温度，并产生了预计的故障。X – 51 飞行器的超燃冲压发动机采用主动冷却系统，使用燃油作为冷却剂，允许的超声速燃烧可持续数分钟。成功的试验表明超声速燃烧时间达到约 200 s。

此外，太空旅游正在成为一个可行的产业，一些公司正在开发亚轨道飞行器，用于将人们带到 100 km 以上高度的太空。尽管这些飞行器还远没有达到轨道速度，仅能在大气层边缘维持几分钟，但这表明私人部门对传统的航天应用（如大部分的通信和观测卫星等）之外的商业航天产生了浓厚的兴趣。尽管针对主要用于旅游目的的轨道飞行器，其技术要求要比当前的飞行器严格得多，但其发展是振奋人心的。图 1.9 展示了一个用于太空旅游的亚轨道飞行器——维珍银河的太空船二号。

图 1.9　太空船二号及其载机（图片来源：维基媒体）

■ 1.2　外形优化

由于性能的提升可以通过改变飞行器的外形来实现，这种外形优化已经成为人们感兴趣的研究方向。在气动外形优化方面早期开创的方法是由 Miele（1965）提出的，其中介绍了不同气动条件下飞行器最优外形的理论考虑。对于许多简单的参数化，飞行器的最优外形可以推导出来，比如激波阻力最小的外形，具有给定长度和体积或者给定基本面积和长度的外形。

在外形优化领域，很多研究人员已经解决了再入返回舱的优化问题。因为这种外形要比通常的升力式再入飞行器外形简单，所以其设计变量的数量通常来说也会相对较少。Theisinger 和 Braun（2009）讨论了他们最近对火星返回舱的外形优化工作，其中使用了所谓的非均匀有理 B 样条（NURBS）表面，以及具有 20 个设计变量的几何描述来开展概念外形的优化。优化准则是下一章节中定义的最大化阻力面积 $C_D S_{ref}$、最小化（最负）静稳定面积 $(C_m S_{ref} c_{ref})_\alpha$ 以及最大化填充效率 η_V。一个通用的 NURBS 描述的图像，以及最优的外形见图 1.10，它展示了几何描述强烈的多样性。

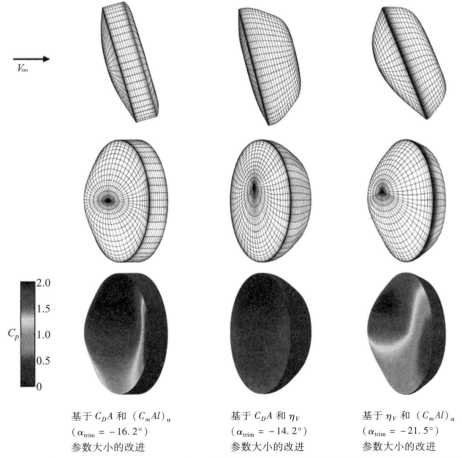

V_∞

C_p
2.0
1.5
1.0
0.5
0

基于 $C_D A$ 和 $(C_m Al)_\alpha$
（α_{trim} = - 16. 2°）
参数大小的改进

基于 $C_D A$ 和 η_V
（α_{trim} = - 14. 2°）
参数大小的改进

基于 η_V 和 $(C_m Al)_\alpha$
（α_{trim} = - 21. 5°）
参数大小的改进

图 1. 10 来自 Theisinger 和 Braun（2009）文章中的多目标优化的外形（计算了压力分布）

Johnson 等（2007）讨论了另外一项关于气动减速伞外形优化的有关研究。他们使用解析式来描述其特性，这样就可以评估大量的外形。在这项设计工作中，考虑了以双曲线速度进入的再入，因此辐射加热对飞行器设计具有非常重要的影响。施加于飞行器上的约束包括俯仰、滚转、偏航的稳定性，以及驻点加热量的最大值。对这些约束更详细的描述见第 2.3.3 节和第 6.3.2 节。

近期，在本书讨论的框架开头部分，Ridolfi 等（2012）探讨了从近地轨道返回的无人再入返回舱的鲁棒外形优化。通过追踪设计目标，不仅在设计参数空间，也包括不确定空间——所谓的双库法，可以最少的仿真次数得到最优的外形和 TPS 设置。结果给出了在名义任务及不确定任务下，小型完全重复使用的返回舱和具有烧蚀材料返回舱最优构型的 Pareto 前沿。

对于更加复杂的高超声速升力体优化的问题，Golubkin 和 Neogodam（1995）讨论区分了两类优化问题。一类是乘波体飞行器的优化，另一类是使用当地压力法的常规外形的优化，比如在第 3.3 节中要讨论的外形，这些外形都将在本书的优化设计中使用。Kinney（2006）给出了仅使用无黏方法（第 3.3 节中的讨论内容）的 HL - 20 飞行器外形优化的结果，其中考虑了升阻比 L/D 在单个设计点的优化。在这些作者所开展的研究工作中，设计变量是非结构化网格中所有节点（6 775）的位置，导致产生了 20 325 个设计变量，使用了共轭梯度法进行优化，结果见图 1.11，其中可以看出明显的、急剧的外形变化，这将产生不利的气动热效应，这是作者注意到的一个问题。优化过程取得了令人印象深刻的结果，当前在 20°迎角的情况下得到了最大的升阻比 L/D，这个角度几乎是原先状态下的 2 倍。尽管包含约束之后可能降低这个值，但是这表明了一个事实，那就是显著改善高超声速的升阻比 L/D 是可以实现的。

Huertas 等（2010）开展了再入飞行器外形的优化研究，使用了 ASTOS 软件包进行再入飞行器的多学科设计优化（MDO）。他们给出了一个模型用来开展再入飞行器外形的并行优化，其中使用了大量不同的参数，类似我们这里描述的返回舱的参数。这个模型中考虑了学科耦合：（a）空气动力学，（b）几何外形，（c）轨迹，（d）重量，（e）热防护系统。这项优化工作中所使用的空气动力学代码是由 DLR 开发的二阶激波 - 膨胀代码。使用这种方法的计算复杂程度超出了目前我们工作的范围，但因为我们重点关注概念设计，因此对大量的飞行器外形进行快速分析是非常重要的。因此，我们将使用更简单但不精确的局部倾斜法来进行计算分析。

波音公司的 Bowcutt 等（2008）开展了将 MDO 方法应用于一种两级入轨运

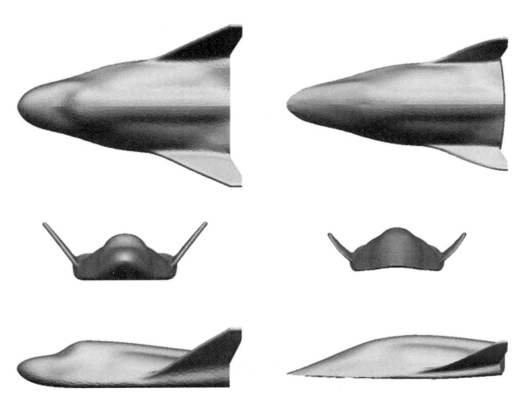

图 1. 11　HL – 20 飞行器无黏高超声速升阻比 *L/D* 优化结果（左边为初始机体外形，右边是无黏化的最优升阻比机体外形）（图片来源：Kinney，2006）

载器上面级的有关研究。在这篇文章中，采用了低精度和高精度结合的代码来分析与超燃冲压发动机推进装置一体化融合的高超声速飞行器。利用了一个三维的雷诺 – 平均纳维斯托克斯（RANS）气动模型来计算飞行器前体和超燃冲压发动机进气道的流动，以获得复杂的超燃冲压流动的精确结果。低精度的代码则用来分析整个飞行器的气动特性。利用参数化获得的多个可能的飞行器的外形见图 1. 12。尽管大约有 50 个参数用来对飞行器进行完整的参数化，但实际上在 MDO 分析中只包含了 12 个最重要的参数，以减小计算的代价。

　　当使用复杂气动分析代码时，对整个设计变量空间进行全局搜索通常是不太可能的。在当前的研究中，我们将对利用全局搜索设计变量和自动寻优这两种方法的分析复杂程度进行权衡，以便在研究中找到飞行器外形优化的方向。

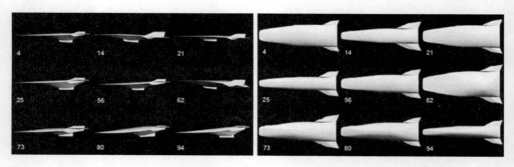

图 1.12 Bowcutt 等（2008）描述的在优化中考虑的一些乘波体外形的例子

很显然，对于再入飞行器，将市场的现代化发展和设计方案与相对强大的计算能力相结合，开辟了飞行器设计的一个全新的领域。特别是许多可能的再入飞行器，其性能可以利用仅占用有限计算资源的具有合理精度的方法进行仿真计算得到。因此，这些方法可以用于飞行器设计算法的内部循环中，允许分析和优化一组变量对整体性能的影响。本书中，我们着重分析飞行器外形参数的影响，并结合采用了现代优化技术的概念设计方法，从而实现在早期设计阶段能够对飞行器设计进行更加全面有力的探索。

■ 1.3 本书内容概述

本书章节内容如下。

第二章讨论大气再入动力学的必要部分。使用环境模型、运动方程和用于得到它们的近似值，以及用于返回舱式和有翼式再入飞行器的制导控制方法也将包括在内。第三章详细讨论用于飞行器性能分析的气动力和气动热模型，包括一些基本的气体热力学概念的介绍，但并不是对高超声速流动理论完整的总结，重点是对局部倾斜方法的描述，同时也讨论了确定飞行器关键区域热流的方法。

对于定义了飞行力学和气动热力学的物理模型而言，第四章描述了定义飞行器形状所需的数学工具，其中重点是 Hermite 三次样条曲线和样条曲面。通过这些定义，第五章给出了飞行器形状的参数。第六章给出了一种已经使用过的优化器的概述，即多目标粒子群优化（MOPSO）算法。同时，这一章中也讨论了飞行器的约束函数和目标函数。第七章描述了模型的实现和验证，这些模型可用来确定参数化飞行器的性能。在这一章中，航天飞机和阿波罗飞船的形状用于作为参考模型。最后，第八章和第九章分别给出了返回舱式飞行器和有翼式飞行器的优化结果。

2

第二章 飞行力学

在地球大气层中运动的物体主要受空气动力和引力的作用，尽管引力是作用在物体上而不是作用于其形状和质量，但是物体的大小和形状决定了它的气动特性，因此，可以通过改变外形和内部质量的影响来改变气动载荷的相对影响。对于一个自由落体的飞行器，质量和形状轻微的大小变化也会因为问题的非线性特性而造成明显不同的运动轨迹。

为了保障再入飞行，通常都会给飞行器配备指导和控制（G&C）系统，因为操作不确定性和飞行器特性引起的轨迹变化可以被补偿。指导和控制系统的基础是标称轨迹的可利用性，在考虑飞行器特性和热力载荷约束的情况下，该特性显示了特定飞行器设计是否可行。

在正式开始讨论飞行器外形设计优化之前，将首先介绍再入飞行力学的基础知识。在 2.1 节我们以飞行环境，又称地球形状、引力场及大气层的讨论开始。在 2.2 节中，将给出飞行器的运动方程，在此之前我们将定义相关的坐标系，讨论飞行器所受外力和平飞运动方程。最后，在 2.3 节将展示在模拟中使用的指导和控制方法。本章还会分别讨论胶囊状和有翼飞行器的不同制导控制方法。

■ 2.1 飞行环境

本书的飞行器外形优化的讨论仅限于再入地球大气层，因此，我们需要介绍的飞行环境是地球，包括它的形状、引力场和大气层。本书的讨论绝不是详尽无遗的，因为我们只想讨论底层模型的优化过程。有关环境模型的更多信息，读者可以查阅大量优秀著作，如 Vinh（1980）、Regan 和 Anaakrishnan（1993）、Vallo

（2007）等的书。

2.1.1 中心天体形状

地球的形状对给定地心位置的大气数量有明显的影响，尤其是当以笛卡儿坐标系来确定飞行器高度时。对于飞机和再入大气层研究来说，可以从几个典型的地球简化模型中选择一个：近似平坦的地球、球体或椭球体，具体的选择取决于具体应用中飞行器的飞行速度、任务航程和飞行半径。对于再入研究，通常选择椭圆形近似。地球的扁平化对笛卡儿坐标系下飞行器飞行高度的确定有很大的影响。这里我们使用椭圆球形状，如图2.1所示。

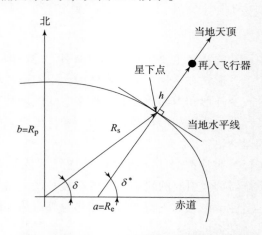

图2.1 垂直矢量与径向矢量间差异示意图

中心天体的扁平化通常由参数 f 确定，该参数也称为椭圆。扁平化公式如下：

$$f = \frac{R_e - R_p}{R_e} \tag{2.1}$$

其中，R_e 代表赤道半径；R_p 代表极点处半径。要定义在地球表面的位置，地心纬度 δ 或者大地纬度 δ^* 都可以使用，具体见图2.1，二者相互转换公式如下：

$$\tan \delta^* = \frac{\tan \delta}{(1 - f)^2} \tag{2.2}$$

在 f 很小的情况下，δ 和 δ^* 数量级相同。根据此数值，通过使用椭圆一般表达式和极坐标，可以给出地球本地截面半径 R_s 的近似值：

$$R_s = R_e \left[1 - \frac{f}{2}(1 - \cos 2\delta^*) + \frac{5}{16}f^2(1 - \cos 4\delta^*) - \cdots \right] \tag{2.3}$$

因此，对于一阶近似，δ 可以近似为 δ^*，式（2.3）可以近似为

$$R_s = R_e \left[1 - \frac{f}{2}(1 - \cos 2\delta) \right] = R_e(1 - f\sin^2\delta) \qquad (2.4)$$

此时高度可以近似为

$$h \approx r - R_s \qquad (2.5)$$

对于地球的球状近似模型，关系式（2.5）依然成立，只需用 R_e 代替 R_s。

2.1.2 地心引力

地心引力是再入大气层飞行器所受的主要外力。根据应用场景的不同可以使用不同的模型来模拟该力，从常数到包含地球内部质量分布的位置依赖量。

两个质点 M 和 m 用向量 r 隔开，由牛顿万有引力互相吸引：

$$F_g = \frac{GMm}{r^2}\hat{r} \qquad (2.6)$$

式中，G 是万有引力常数 $[6.67 \times 10^{-11} \ \text{m}^3/(\text{kg} \cdot \text{s}^2)]$；$\hat{r}$ 是单位位置向量。

假设 M 是地球的质量，地球的引力常数可以非常方便地被定义为 μ，记作 GM，其中 $\mu = 3.986\,004\,7 \times 10^{14} \ \text{m}^3/\text{s}^2$。式（2.6）因此可以改写为

$$F_g = m\frac{\mu}{r^2}\hat{r} = mg \qquad (2.7)$$

式中，g 是由距离 r 引起的引力加速度。

首先，可以假定一个球状径向质量对称的天体，将整个质量集中在其中心并使用式（2.6）。当考虑球体内部质量分布时，（近）椭球体可以采用所谓的球谐引力模型，即引力势的勒让德多项式。在这个模型中，使用一组系数来刻画天体质量分布中的不规则（Vallado，2007）。

地球轨道卫星的精密定轨通常需要高阶和高精度的展开式。然而，对于再入地球大气层的入境任务，不论是中心场模型还是一阶修正模型对于地球的扁率通常是足够的。这源于空气动力的数量级远远大于高阶引力项的事实。因此，在目前的研究中，我们使用旋转对称的质量分布假设并且通过引入 J_2（$J_2 = 1.082\,626 \times 10^{-3}$）球谐函数来考虑扁率。在速度系（见 2.2.1 节）中的引力加速度可以表示为

$$g_V = (g_n \quad 0 \quad g_d)^T \qquad (2.8)$$

其中，g_n 是引力加速度在朝北方向的分量；g_d 是径向分量，向下，具体表达式如下：

$$g_n = -3J_2 \frac{\mu}{r^2} \left(\frac{R_e}{r} \right)^2 \sin \delta \cos \delta$$

$$g_d = \frac{\mu}{r^2} \left[1 - \frac{3}{2} J_2 \left(\frac{R_e}{r} \right)^2 (3 \sin^2 \delta - 1) \right]$$

(2.9)

这些分量仅仅与到地心的径向距离 r 和纬度 δ 有关。因为经度 τ 的旋转对称性在势场中没有体现，所以分量 g_v 朝西且为 0。

2. 1. 3 大气层

为了计算出飞行器上的空气热动力载荷，有关大气层的状态和组成的知识是非常必要的。两类大气层模型能够被区分：第一类是处理所谓的标准大气层，它代表与高度相关的大气层平均状态（或者其他带有大气的天体）；第二类包括所谓的参考大气层，它将大气层状态定义为一个关于位置的函数（经度，纬度，高度）。此外，由季节性与日效应引起的温度变化也被考虑在内。风速向量的模型也能被看作时间和位置的函数被包含进来。

在任何时间和空间的给定状态下，参考大气层是一个更加精确的模型，在再入研究中标准大气层模型往往是首选。首先，要研究的端到端模型的概念属性很可能包含与实际物理特性偏离的量，且该偏离量大于那些使用标准大气的偏离量，因此引入参考大气是有帮助的。其次，使用标准大气层能够更好地比较不同情况产生的结果，因为再入位置和时间对飞行器遭遇的大气层没有任何影响。

由 NOAA/NASA 在 1976 年制定的 US76（1976 标准大气层）是一个足够精确的大气层模型，这个模型是在昼夜和年度周期及经纬度上的平均值，并且表示在假定干燥大气（0% 湿度）情况下在 45°纬度处的年平均气温和全球大气温度。为了定义这种高达 86 km 的大气层，大气被分为 7 个区域，每个区域都有其局部温度分布。

对于热力学变量概念，需要先了解两个初步概念。首先，与"实际"或几何高度 h 相反的位势高度 h_g 的定义如下：

$$h_g = \left(\frac{R_e}{R_e + h} \right)^2 h$$

(2.10)

其次，除了动力学温度 T（其对应于常规的温度概念）之外，还定义分子温度 T_M 如下：

$$T_M = \left(\frac{M_0}{M} \right) T$$

(2.11)

式中，M 是某个海拔高度的大气分子量；0 表示海平面条件。在 86 km 以下，M 的值几乎不变，在 86 km 处的值为 $0.999\,579M_0$，因此假定分子温度和动力学温度基本相等。式（2.10）和式（2.11）的定义具有这样的优点，即它们将对两个变量（h 和 g，T 和 M）的依赖性结合成一个新的变换后的变量，从而简化了计算。

1976 年标准大气的基本假设是在 86 km 内的 7 层中的每一层中 T_M 的变化是不变的，其中每一层 i 中的热失效率 L_{h_i} 定义为 dT_M/dh，表 2.1 列出了这些散热率的数值。在 86 km 以上，所有层的热失效率都是不恒定的；在 86 km 以下，流体静力学方程（将一空气柱的重量与施加在参考面上的压力相关联）假定为失效。然而，当超过 86 km 时，扩散混合和光化学反应变得更加明显，因此它的有效性被破坏了。如果流体静力学方程式是有效的，则可以确定压力和密度，通过使用 h 的定义来重写它的 h_g 和 T_M，并作理想气体假设（见3.1节）：

$$\frac{\mathrm{d}p}{p} = -\frac{g_0\mathrm{d}h}{R_0 T_M} \qquad (2.12)$$

在 86 km 以上，压力是通过总结不同种类的分压确定的。由于对这种高度的精确气体成分的关注很有限，关于细节在此不再重复。

表 2.1　前 7 层的多变指数与热失效率，来自 NOAA/NASA（1976）

引力势高度 h/km	热失效率 L_h/(K·km^{-1})	多变指数 n
0.0	−6.5	1.235 0
11.0	0.0	1.000 0
20.0	+1.0	0.971 6
32.0	+2.8	0.924 2
47.0	0.0	1.000 0
51.0	−2.8	1.089 3
71.0	−2.0	1.062 2
84.852 0		

2.2　运动方程

本节将描述用于确定再入飞行器轨迹的运动方程。首先，在计算中使用的参考系及各参考系之间的变换矩阵将在 2.2.1 节给出。其次，轨迹确定中需要的受力将会在 2.2.2 节给出。最后，一个关于再入问题的在球坐标系中的运动合成方程将在 2.2.3 节给出。

2.2.1　坐标系

为了描述运动方程，有必要定义多个参考系，因为外力是在不同参考系下描述的。除了参考系的定义之外，需要知道这些参考系之间的转换，以便在同一个参考系下表述所有相关分量。在之后的叙述中，所有参考系都遵循右手系原则。

①惯性平面中心坐标系 I（图 2.2）。

本书使用的惯性参考系原点为地球质心，z 轴指向旋转方向（北方为正），x 轴指向参考方向，y 轴与 xz 轴构成右手系。对于地球而言，x 轴的参考方向通常是春分点的方向（白羊座的第一点，♈）。通常以 J2000 参考系为标准参考系。

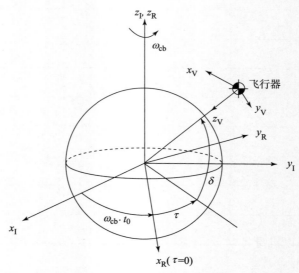

图 2.2　惯性（引用 I）和旋转（引用 R）平面中心坐标系，
以及垂直坐标系（引用 V）示意图

②旋转平面中心坐标系 R（图 2.2）。

旋转系的原点与惯性系相同，但固定在地球上。z 轴是旋转轴，x 轴通常与格林尼治子午线相交（$\tau = 0°$，τ 是经度）。I 系和 R 系的 x 轴和 y 轴之间的夹角称为格林威治平恒星时（GMST），并表示为 θ_{GMST}。根据它在 $t = 0$ 处的值和角速度 ω_{cb} 可以确定惯性和行星固定系之间的转换。然而，由于这个角度对于所有的模拟来说都是恒定的，所以它也可以被置零，并且对结果不会有影响。因此，为了简单起见，我们假设 I 和 R 系之间在 $t = 0$ 处共线。此外，地球的角速度及旋转轴的防线刚被认为是恒定的，因此任何章动或进动在此被忽略。

③垂直坐标系 V（图 2.2 和图 2.3）。

垂直参考系以机身为中心，原点位于机身质心。各轴的方向基于相对中心天体的位置确定。z 轴指向中心天体的质心，xy 平面是局部水平的平面（对于球形中心天体而言），其中 x 轴指向北，y 轴与 x 轴和 z 轴构成右手系。

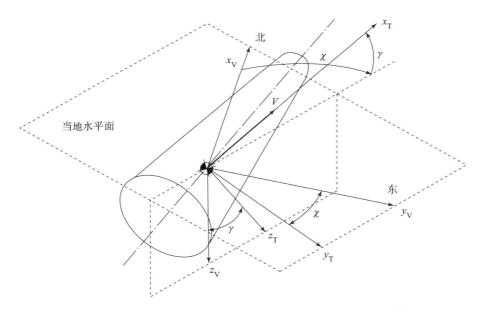

图 2.3 垂直坐标系（引用 V）和轨迹参考系（引用 T）示意图

④轨迹参考系 T（图 2.3 和图 2.4）。

轨迹参考系以机身为中心，因此原点也在飞行器质心。轨迹参考系的 x 轴指向飞行方向，z 轴位于垂直平面内，指向下方，y 轴与 x 轴和 z 轴构成右手系。应当注意的是，由于 z 轴必须垂直于 x 轴并且位于垂直平面中，所以其方向已被定义，除了符号（定义为正向下）外。

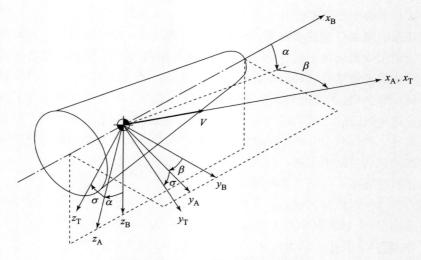

图2.4 B，A 和 T 坐标系示意图

⑤气动坐标系 A（图2.4）。

气动参考系的原点在飞行器质心。x 轴是速度矢量的方向，z 轴与升力共线（图2.5），但方向相反，y 轴与 x 轴和 z 轴构成右手系。可以定义两种气动参考系，一个参考空速，一个参考地面速度。然而，由于没有考虑风速，这两种参考系重合并且两者之间没有区别。值得注意的是，当倾侧角 σ 为零时，A 系和 T 系重合。

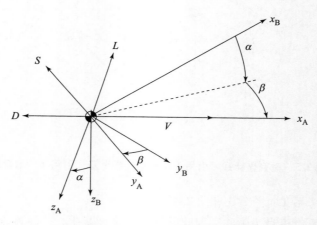

图2.5 气动阻力（D），侧向力（S）和升力（L）

⑥机体坐标系 B（见图2.4）。

机体坐标系的原点位于机体质心，但是不同于气动参考系，该原点固定在机体质心上。x 轴通常指向机体前方，z 轴指向下，y 轴与 x 轴和 z 轴构成右手系。

使用欧拉角来处理各坐标系之间的转换。利用欧拉角，坐标系之间的旋转可以通过以此围绕对应轴线的旋转来表示。应该强调的是，旋转的顺序并不是可以忽略的，因为改变它们会导致不同的坐标转换。关于第 i 个轴的正定义角度 θ_i 的旋转方向余弦矩阵为

$$C_x(\theta_x) = \begin{pmatrix} 1 & 0 & 0 \\ 0 & \cos\theta_x & \sin\theta_x \\ 0 & -\sin\theta_x & \cos\theta_x \end{pmatrix} \tag{2.13}$$

$$C_y(\theta_x) = \begin{pmatrix} \cos\theta_x & 0 & -\sin\theta_x \\ 0 & 1 & 0 \\ \sin\theta_x & 0 & \cos\theta_x \end{pmatrix} \tag{2.14}$$

$$C_z(\theta_x) = \begin{pmatrix} \cos\theta_x & \sin\theta_x & 0 \\ -\sin\theta_x & \cos\theta_x & 0 \\ 0 & 0 & 1 \end{pmatrix} \tag{2.15}$$

这些变换被称为单位轴变换，因为每个变换都会给出 x 轴、y 轴或 z 轴的旋转。

从系统 A 到系统 C 的总变换矩阵是由这些单独矩阵构成的，如关于旋转顺序 j，k，l（首先围绕轴线 j 旋转，然后围绕轴线 k，最后围绕轴线 l）的矩阵为

$$C_{C,A} = C_l(\theta_l)C_k(\theta_k)C_j(\theta_j) \tag{2.16}$$

这些矩阵的顺序来自一个事实，即应该连续地将矩阵与其相关的矩阵左乘。类似地，当从系统 A 变化到系统 C 时，可以使用中间系统 B（如 $C_{B,A}$ 和 $C_{C,B}$ 可以直接使用），即

$$C_{C,A} = C_{C,B}C_{B,A} \tag{2.17}$$

尽管存在很多使系统 A 变换到系统 C 的欧拉角集合，但是这些角可能不存在很清晰的物理解释。这使得选择中间系统 B 成为首选方法。应该理解的是，在等式（2.16）中的一系列三次旋转中，围绕同一轴线的非连续两次旋转可能不能简单地作为绕该轴线旋转两次角度的总和。这是由于在中间旋转过程中轴线的方向发生了改变。

Mooij（1998）提出了一系列相关变换的轮换顺序：

$$C_{R,I} = C_z(\omega_{cb}t) \tag{2.18}$$

$$C_{V,R} = C_y(-\pi/2 - \delta)C_z(\tau) \tag{2.19}$$

$$C_{V,T} = C_z(-\chi)C_y(-\gamma) \tag{2.20}$$

$$C_{T,A} = C_x(\sigma) \tag{2.21}$$

$$C_{A,B} = C_z(\beta)C_y(-\alpha) \tag{2.22}$$

式中，γ 和 χ 为轨迹角和航向角；α 和 β 为迎角和侧滑角。每个角度的定义已经在本节给出（图 2.2 ~ 图 2.4）。应该注意的是，逆变换矩阵是很容易得到的，因为变换矩阵都是正交的，所以这个矩阵的倒数就很容易求得。

2.2.2 作用力

本节将描述飞行器平移运动的力。我们将陈述用来描述飞行器平移运动的假设，讨论所得到的方程的物理意义。

这里假定空气动力和引力是作用于机体的唯一外力，所以有

$$F_{ext,I} = F_{a,I} + F_{g,I} \tag{2.23}$$

式中，下标 I 表示在惯性坐标系下描述这些外力。由于只考虑无动力再入，所以在外力中不包括推力。

在前文中已经定义了引力（见 2.1.2 节），即

$$F_{g,V} = mg_V \tag{2.24}$$

式中 $g_V = (g_n \quad 0 \quad g_d)^T$，这些引力分量在 V 系下给出，所以为了获得 I 系下的各分量我们需要使用静态坐标变换：

$$F_{g,I} = mC_{I,V}g_V \tag{2.25}$$

式中，$C_{I,V} = C_{I,R}C_{R,V}$；式（2.18）~ 式（2.22）中给出了该式矩阵的转置矩阵 $C_{R,I}$ 和 $C_{V,R}$。

空气动力参数定义在空气动力坐标系 A 中，并由以下公式给出：

$$F_{a,A} = -\begin{pmatrix} C_D \\ C_S \\ C_L \end{pmatrix}\frac{1}{2}\rho V^2 S_{ref} \tag{2.26}$$

式中，C_D、C_S 和 C_L 分别代表阻力、侧向力和升力系数；V 代表飞行器相对于大气的速度。对于某些空气动力数据库，侧向力在正 y_A 方向上定义为正值。然而，在这里可以观察到，如式（2.26）所示，以右手方式定义的空气动力坐标系中的三个力系数的公式，图 2.5 为示意图。或者，空气动力也可以通过以下方式在机体坐标系 B 中表示：

$$F_{a,B} = \begin{pmatrix} C_x \\ C_y \\ C_z \end{pmatrix}\frac{1}{2}\rho V^2 S_{ref} \tag{2.27}$$

其中两者的关系来自 2.2.1 节中描述的转换。空气动力可以通过以下方式在坐标系 I 中表示：

$$\boldsymbol{F}_{a,I} = \boldsymbol{C}_{I,A}\boldsymbol{F}_{a,A} \text{ 或 } \boldsymbol{F}_{a,I} = \boldsymbol{C}_{I,B}\boldsymbol{F}_{a,B} \tag{2.28}$$

例如，$\boldsymbol{C}_{I,A} = \boldsymbol{C}_{I,R}\boldsymbol{C}_{R,V}\boldsymbol{C}_{V,T}\boldsymbol{C}_{T,A}$ 为一个前文定义的（逆）矩阵组合。

2.2.3　再入方程

平移运动方程直接遵循牛顿运动定律，这些物理定律仅仅在惯性坐标系下成立。然而，通过引入在目标坐标系和惯性坐标系之间的相对旋转并且包含由此产生的表观力（如科里奥利，向心），这些运动方程也可以在旋转系下表示。方程的结果公式由状态变量的选择决定。关于通过三维大气层的平移运动，需要 6 个状态变量来完全确定，特别是 3 个位置坐标和 3 个速度分量。在我们的数值积分中，状态由笛卡儿位置和 I 系下的速度给出。

在最简单的形式中，描述惯性运动的状态变量是位置参数 $\boldsymbol{r}_I = (\begin{array}{ccc} x_I & y_I & z_I \end{array})$ 和速度参数 $\boldsymbol{V}_I = (\begin{array}{ccc} \dot{x}_I & \dot{y}_I & \dot{z}_I \end{array})$。将空气动力和引力转换到 I 坐标系下，运动的一般方程为

$$\frac{\mathrm{d}}{\mathrm{d}t}\begin{pmatrix} \boldsymbol{r}_I \\ \boldsymbol{V}_I \end{pmatrix} = \begin{pmatrix} \boldsymbol{V}_I \\ \dfrac{1}{m}\,(\boldsymbol{F}_{a,I} + \boldsymbol{F}_{g,I}) \end{pmatrix} \tag{2.29}$$

为了从这组 6 个一阶、非线性、耦合的常微分方程组中确定飞行器的运动轨迹，由于不存在一般解析解，所以必须采用数值积分方法。数值积分方法有多种，都具有不同的精度、计算复杂性和数值稳定性。由于本书研究的概念性质，再入轨迹所需的准确性有限。这是由建模误差而产生的，如空气动力系数和飞行器质量也会导致轨迹上的错误。因为必须传播大量的轨迹，所以数值计算的时间应该保持最小。可以使用变步长积分器，在结果变化较小的区域中使用更大的积分步长。然而，使用具有一定更新频率的制导系统会使这些较大的时间步长不太适用于飞行器行为的比较分析。

在此，我们使用一个比较常见的数值积分方法，即四阶龙格－库塔法，也可以使用更加精确的变步长方法，比较典型的例子是由 Dormand－Prince 4（5）给出的一种结合五阶方法的变步长四阶方法，在给定预定相对或/和绝对容限的情况下确定步长，或者不同精度组合的龙格－库塔－费尔贝格法。有关这些方法和其他方法的详细信息，包括方法稳定性、一致性和收敛性等有关问题，可以在各种文献中找到，如 Shampine（1994）、Lambert（1991）和 Press 等（2007）。虽然式（2.29）可能被用来有效地模拟飞行器轨迹，但是不同的表征方式可能会更

加有用，无论是从物理观点还是计算观点出发。一个很好的例子是球面位置和速度的使用，这产生了一个非常直观的公式和运动方程的表达。这些方法通常用于制导系统的开发，即我们在本节中所采用的近似值（见2.3.2节）。

球坐标位置和速度分量如图2.6所示，这6个状态分量定义如下：

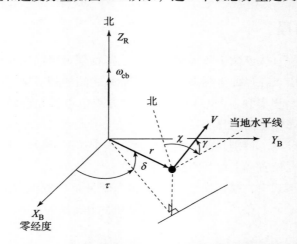

图 2.6　关于一个旋转坐标系的球形位置和速度的定义

①径向位置 r，地心到飞行器质心的标量距离；

②经度 τ，从格林尼治线开始测量，向东为正（ $-180° \leqslant \tau \leqslant 180°$ ）；

③纬度 δ，从赤道开始沿着当地子午线测量，向北为正（ $-90° \leqslant \delta \leqslant 90°$ ）；

④（相对）速度 V，标量速度被测量为地面速度，因为无风在本书中等同于空气速度。注意到由于地球旋转，该速度与惯性坐标的速度不同，所以对于加速级的再入来说，$V < V_I$。

⑤飞行路径角度 γ，即地面速度矢量与局部水平平面之间的夹角（ $-90° \leqslant \gamma \leqslant 90°$ ）；

⑥航向角 χ，也就是在平面上的北方方向和投影到这个平面上的地面速度矢量（ $-180° \leqslant \chi \leqslant 180°$ ）。按照顺时针方向测量，0°航向角向北，90°向东。

这里所说的速度矢量是相对于旋转的中心体，所以方程（2.29）需要被调整以适合中心体的旋转。在这个过程中，速度被考虑进去。飞行器的位置矢量与地球局部曲率的切线的关系定义了垂直平面，垂直于这个平面的就叫局部水平平面，包含了飞行器的重心和水平速度分量。同样，这个平面是由速度坐标系 V 的 x 轴和 y 轴定义的。当飞行器移动时，该局部水平面也跟随飞行器移动，并且这个平面的旋转必须应用到方程（2.29）的二次修正。

当使用 r, τ, δ，V, γ 和 χ 对运动方程求偏导时，推导过程冗长而单调，我们只要陈述最终的结果就足够了。注意，我们假设 $S = 0$，分析得出 $\beta = 0$。欲了解更多的信息，可参考 Vinh 等（1980）、Regan 和 Anandakrishnan（1993）和 Mooj（1998）等的相关书籍。

$$\dot{V} = -\frac{D}{m} + g_d \sin\gamma - g_n \cos\gamma\cos\chi + \omega_{cb}^2 R\cos\delta(\sin\gamma\cos\delta - \cos\gamma\sin\delta\cos\chi)$$
$$(2.30)$$

$$V\dot{\gamma} = \frac{L\cos\sigma}{m} - g_d\cos\gamma + g_n\sin\gamma\cos\chi + 2\omega_{cb}V\cos\delta\sin\chi +$$

$$\frac{V^2}{r}\cos\gamma + \omega_{cb}^2 r\cos\delta(\cos\delta\cos\gamma + \sin\gamma\sin\delta\cos\chi) \qquad (2.31)$$

$$V\cos\gamma\dot{\chi} = \frac{S\sin\sigma}{m} + 2\omega_{cb}V(\sin\delta\cos\gamma - \cos\delta\sin\gamma\cos\chi) +$$

$$\frac{V^2}{r}\cos^2\gamma\tan\delta\sin\chi + \omega_{cb}^2 r\cos\delta\sin\delta\sin\chi \qquad (2.32)$$

$$\dot{r} = \dot{h} = V\sin\gamma \qquad (2.33)$$

$$\dot{\tau} = \frac{V\sin\chi\cos\gamma}{r\cos\delta} \qquad (2.34)$$

$$\dot{\delta} = \frac{V\cos\chi\cos\gamma}{r} \qquad (2.35)$$

应该注意的是，上面的这些方程有两个奇异点：在方程（2.31）中这个奇异点是在 $\gamma = \pm 90°$ 时遇到，这意味着一个纯粹的垂直飞行（向上或向下）；第二个奇异点是在 $\delta = \pm 90°$ 时遇到，它在北极或者南极。在本书的研究过程中，这两种情况都不会发生，所以这些方程将作为理论指导的基础。

通常，这些方程被改写为 $L/D = (C_L/C_D)$，以及一个轨迹参数或系数，定义为

$$B = \frac{m}{S_{ref}C_D} \qquad (2.36)$$

其中，质量有时会被重量（海平面）代替，轨迹参数表示引力和空气阻力的相对影响。它可以用来指示出现最大加热、减速等的高度。但是，一般来说，由于飞行角度、速度和高度的变化，阻力系数会发生变化，因此一般情况下轨迹参数不会是常数。

■ 2.3 制导方法

为了限定要求的轨迹计算时间，这里不执行着陆点或 TAEM（末端能量管

理）界面目标。相反，再入条件是指定的，而终端条件是自由的。轨迹优化是不划算的，因为需要优化每一个产生的飞行器形状。既然一个单独的轨迹优化将花费相当多的时间，所以这里的方法不可能是划算的。Armel（2007）和 Grant 等（2011）实现了轨迹与形状的耦合优化，但是以一个简化的动力学/空气动力学的模型为代价，经仔细研究，我们认为这不能保证良好的模型保真度。

在轨迹式和有翼飞行器之间，制导和控制方法不同，这部分内容将在 2.3.1 节和 2.3.2 节论述。最后，我们在 2.3.3 节会简要地讨论稳定性问题。纵向的特征通过迎角 α 被表征，横向的特征通过倾侧角 σ 被表征，并进行讨论。对于两种类型飞行器，侧滑角 β 将始终被假设为 0。关于姿态角的定义见图 2.4。

2.3.1　返回舱

返回舱飞行器通常由反应控制系统（RCS）控制，尽管一些使用翼面进行空气动力学控制的概念也有被提及（Andersen 和 Whitmore，2007）。然而，姿态传播将不包括在仿真中，因此控制系统的细节也将不被考虑。相反，飞行器平衡条件会被假定。平衡迎角为

$$\alpha_{tr} = \alpha \bigg|_{C_m = 0} \tag{2.37}$$

也就是说，该迎角是使俯仰力矩系数（见 3.2 节）等于零的迎角。如果无法找到这样的迎角，飞行器将被标称为不平衡的（参见第 6.3.2 节）。在本书中，我们将平衡迎角定义为满足式（2.37）的迎角。

对于质心位于中心线上的对称飞行器，平衡姿态将是 $\alpha_{tr} = 0$。对于质量中心在 z 方向上偏移的飞行器，如阿波罗太空舱，平衡的迎角将不为零。如 5.1 节中所述，这种偏移量也将在这里用作设计变量。由于力矩系数是马赫数的函数，平衡迎角也会取决于马赫数。但是马赫数的系数变化是有限的（见第 7.2.1 节）。由于轨迹传播具有 3 个自由度（仅为平动度），因此不分析返回舱改变姿态的时间依赖性过程。预期会发生的迎角的微小变化不会明显地影响结果（假设飞行器是稳定的）。然而，飞行器的姿态稳定性很重要，因为不稳定性将导致飞行器在整个飞行过程中难以保持平衡状态。因此，将对返回舱施加以下静态稳定性条件：

$$C_{m_\alpha} \bigg|_{\alpha = \alpha_{tr}} < 0 \tag{2.38}$$

这个关系是否成立取决于质量中心相对于压力中心的位置。该约束将在第 6.3.2 节中进一步讨论。极端情况下，返回舱分析将会使用两个满足式（2.37）的迎角，只有满足式（2.38）条件的点会被使用。因为这种情况总是有一个可控的和一个不可控的迎角，所以它们总是可控的。

除了俯仰制导，飞行器还需要横向制导，这可以通过对倾斜角度的调节来实现。通过调节这个角度，可以控制升力矢量的方向，从而对飞行轨迹和航迹角产生影响，见方程（2.31）和方程（2.32）。为了防止飞行器脱离大气层，航迹角的控制方式如下：

$$\dot{\gamma} \leqslant 0 \qquad\qquad (2.39)$$

在式（2.31）中，忽略地球自转引起的离心项和径向引力项，可以得到如下关系：

$$V\dot{\gamma} = \frac{L}{m}\cos\sigma - \left(g_d - \frac{V^2}{r}\right)\cos\gamma + 2\omega_{cb}V\cos\delta\sin\gamma \qquad (2.40)$$

通过设置 $\dot{\gamma} = 0$，条件（2.39）会被满足，同时保持航迹角尽可能大，这将会增大飞行器的航程。遵循以下方程：

$$\cos\sigma = \frac{m}{L}\left[\left(g_d - \frac{V^2}{r}\right)\cos\gamma - 2\omega_{cb}V\cos\delta\sin\chi\right] \qquad (2.41)$$

从地球的自转速度（约为 7.27×10^{-5} rad/s）可以看出，轨道速度的科里奥利加速度可以达到 1.1 m/s^2。当考虑到轨道速度的 $g_d - V^2/r$ 等于零的这个事实时，可以得出科里奥利项是航迹角导数的一个重要贡献。因此，在倾斜角度的确定中不能忽视这一点。倾斜角根据方程（2.41）控制直到 $\cos\sigma > 1$，在这一点，飞行器不再有足够的升力保持恒定的航迹角飞行。当出现这种情况时，倾斜角设置为 0，它被选择用上面方程的正 σ 解。这与向左倾斜相对应，如图 2.4 所示。

2.3.2　有翼飞行器

有翼飞行器将被引导在给定的参考静止点热率 $q_{c,s,ref}$ 下飞行最长时间，可以被看作是一系列实验飞行器的典型任务剖面。这可以在热流流动和材料行为中产生有价值的信息，有助于未来再入飞行器的设计工作（Mooij 和 Hänninen，2009）。它的优点是允许多种指导定律被解析表达出来。

在轨迹的第一部分，飞行器被命令以最大的迎角飞行，以最大限度地减少最大的热流。达到 $q_{c,s,ref}$ 的最大值后，$q_{c,s,ref}$ 启动热流跟踪，引导飞行器保持恒定的驻点热流率。典型的飞行轮廓如图 2.7 所示，在这个图中，显示了一些时间特征。这些时间是：①t_0，初始时间；②t_1，最大驻点加热；③t_2，初始的热流跟踪；④t_3，最终的热流追踪；⑤t_4，超声速再入阶段结束（$M < 3$）。

如果热速率 t_1 小于 $q_{c,s,ref}$，热速率加热峰值将跟踪。在这种情况下，t_1 和 t_2 会重合。类似的方法可以在轨迹的末端用来保持恒定的动压，因为两者都依赖于

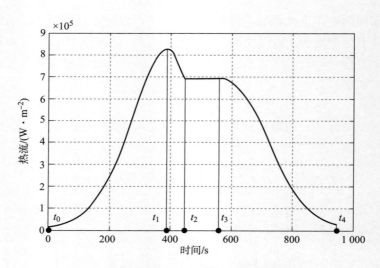

图 2.7 描述制导方法的典型热流剖面

保持常数：

$$K = \rho V^n \tag{2.42}$$

其中 $n \approx 6$ ［精确值取决于模型的选择，见方程（3.77）］为常数热率，$n = 2$ 表示动态压力恒定。对时间求一阶导数会得到以下结果：

$$0 = \frac{\mathrm{d}\rho}{\mathrm{d}t}V^n + \rho n V^{n-1}\frac{\mathrm{d}V}{\mathrm{d}t} \tag{2.43}$$

$$\frac{\mathrm{d}V}{\mathrm{d}t} = -\frac{1}{n}\frac{V}{\rho}\frac{\mathrm{d}\rho}{\mathrm{d}t} \tag{2.44}$$

为了实现这个条件，我们对 α 进行了调整，使其强制满足式（2.44），可参见方程（2.30），调整倾斜角以满足方程（2.41）。

图 2.7 热流剖面对应的迎角剖面如图 2.8 所示，α 的最小值和最大值分别为 $10°$ 和 $40°$。从图 2.8 中可以看出，热流跟踪的起始对应的是迎角减小的起始，跟踪的结束对应的是迎角最小。

忽略由于地球自转引起的离心力项，以及引力加速度的纵向依赖性，将式（2.44）代入式（2.35），则导致阻力的关系为

$$D_{K=\mathrm{const}} = \frac{mV}{n\rho}\frac{\mathrm{d}\rho}{\mathrm{d}t} - mg\sin\gamma \tag{2.45}$$

从飞行器的空气动力系数数据库和飞行条件来看，这个阻力值可以与所需的迎角相匹配。为了避免迎角的不连续性，施加一个最大的迎角速率。采用襟翼和升降副翼对飞行器进行主动俯仰控制。因为只有对称性（$\beta = 0$）被考虑，有关

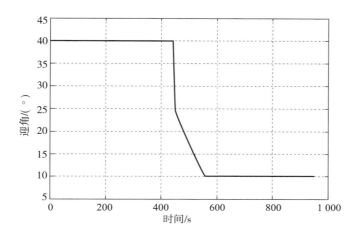

图 2.8 所描述制导方法的典型迎角剖面

垂直中心平面的对称性、偏航和滚动力矩才会为零。该制导方案将尝试通过襟翼和升降副翼来减小俯仰力矩。首先，尝试只用襟翼修正。如果失败，再使用升降副翼。结果 δ_{bf} 和 δ_e 引出下列表达式值的空气动力系数：

$$C_D = C_{D,0}(\alpha) + \Delta C_{D,bf}(\alpha, \delta_{bf}) + \Delta C_{D,e}(\alpha, \delta_e) \tag{2.46}$$

$$C_L = C_{L,0}(\alpha) + \Delta C_{L,bf}(\alpha, \delta_{bf}) + \Delta C_{L,e}(\alpha, \delta_e) \tag{2.47}$$

$$C_m = C_{m,0}(\alpha) + \Delta C_{m,bf}(\alpha, \delta_{bf}) + \Delta C_{m,e}(\alpha, \delta_e)(=0) \tag{2.48}$$

如果控制系统不满足力矩系数的最终为非零条件，则在优化过程中这个解决方案被标记为不可行。此外，在模拟中不包含姿态变化所依赖的时间过程，而且控制面偏转假定是瞬间发生的。

侧向制导的执行方式与返回舱飞行器类似，基于方程（2.39）的倾斜角度调制，得到方程（2.41）。再次强调，这是为了防止飞行器从大气中逃逸。由于有翼飞行器升力高，如果没有倾斜角调制，非常有可能发生这种情况。在方程（2.31）中，只有当升力成为主导项时才启动倾斜角度调制。再入的初始部分密度非常低，所以与其他力相比，升力不会对飞行器的行为产生重大影响。

2.3.3 飞行器稳定性

与再入飞行器的控制能力和特性有关的是其姿态稳定特性。尽管这里对姿态稳定性的分析比较简单（因为在轨迹传播中不包含转动运动），但还是使用了一些一般飞行器的特性来表示稳定性。

当讨论稳定性时，有两种不同的类型，即静态和动态。关于静态飞行器稳定性，只考虑飞行器向平衡位置移动的趋势，而动态稳定性则考虑所涉及的时变过程。当飞行器被修正时，平衡姿态对应于它当前的姿态，因为质心与压力中心重合，因此这一点的力矩为零。

我们要考虑当引入压力中心和质量中心之间的细微差别时，飞行器的姿态会发生什么变化。当目前姿态稍微偏离平衡时，如果飞行器有返回平衡位置的趋势，则被认为是静态稳定的。这种行为以若干稳定性导数为特征，这些导数表示由姿态的变化而产生的力矩。C_{m_α}，C_{l_β}，C_{n_β} 三个稳定性导数分别表示由于迎角、侧滑角、侧滑角的变化所引起的俯仰、滚转、偏航力矩的变化，分别为

$$C_{m_\alpha} = \frac{\partial C_m}{\partial \alpha} \tag{2.49}$$

$$C_{l_\beta} = \frac{\partial C_l}{\partial \beta} \tag{2.50}$$

$$C_{n_\beta} = \frac{\partial C_n}{\partial \beta} \tag{2.51}$$

C_{m_α} 的值是对飞行器俯仰稳定性的一种度量。为了明确这一点，考虑了飞行器的迎角从平衡位置稍微增加时的情况。如果这导致 C_m 值增加（对应于正 C_{m_α}），则将导致一个正值 $\dot\alpha$，这进一步增加了迎角和 C_m 等。因此，俯仰运动的平衡点是不稳定的。类似地，侧滑角的偏差不能导致偏航或滚动力矩增加。

控制面挠度对飞行器稳定性的影响是相当大的。具体地说，控制面的上下挠度对俯仰力矩导数的贡献是不同的。Hirschel 和 Weiland（2009）对此给出了一个清晰的解释，他们分析了一个底部带有控制面的平板。一般来说，一个向上的控制面偏转将有助于稳定飞行器的俯仰，而一个向下的偏转将降低俯仰稳定性。然而，由于向下的偏转控制面会增加飞行器的升阻比 L/D，因此必须在这些相互冲突的需求之间进行权衡。该权衡的优化结果将在第 9.2 节中讨论。

关于动态稳定性，必须考虑姿态动力学的动态特性。然而，这种行为的特征是由涉及姿态速率、包含力矩和惯性积的量的力矩系数的导数表征的。为了包含这些问题，轨迹模拟可以扩展到 6 个自由度，包括姿态传播。这种分析的扩展将引入动态所需的气动导数。高超声速飞行器的内嵌牛顿法（Ericsson, 1975; East 和 Hutt, 1988）在我们使用的方法中，是一个很好的候选方法。另外，McNamara 等（2010）描述的高超声速非刚性结构的理论也可以被采用。此外，姿态动力学需要知道飞行器的惯性张量。这就需要扩展质量模型，因为这时需要特定的质量分布。额外需要的计算成本将是巨大的，这也在一定程度上增加了模型的保真度。因此，我们在这里只考虑静态稳定性。

3

第三章   气动热力学

为了评估再入飞行器的性能，具有能够用于描述其气动特性的模型是非常重要的。本研究仅讨论再入过程中的高超声速阶段。因此，本章只限于这一阶段的气动性能研究。

我们重点讨论这些能够获得飞行器气动力和力矩系数，以及一些重点部位（驻点、机翼前缘等）热流的概念性近似量的模型。首先，在第 3.1 节中介绍与热力学基本原理相关的内容。随后，在第 3.2 节中，介绍飞行器的压力分布和由此产生的气动力、力矩之间明确的关系（我们忽略了再入期间的黏性力，内容见第 3.1.3 节和附录 A）。该压力分布的预测将在第 3.3 节中讨论。最后，在第 3.4 节中介绍热传递模型。

■ 3.1   基本概念

本节给出了一些与（高超声速）热力学相关的基本概念。在第 3.1.1 小节中，首先介绍了在高超声速流动中的一般性的热力学性质。其次，在 3.1.2 小节中，讨论再入飞行器的高超声速绕流结构的一般问题。最后，在 3.1.3 小节中简要介绍黏性效应。附录 A 中给出了黏性效应对气动特性近似影响的详细分析。

为了提供一个前后文衔接的架构，计算方案中对流动特性所做的基本假设的内容都包含在内。也可以参考大量详细讨论高超声速气动热力方面有价值的学术著作，比如：Anderson（2006）、Bertin（1994）、Rasmussen（1994）、Dorrance（1962）、Hayes 和 Probstein（1966）及 Hirschel（2005）等的研究成果。

3.1.1 热力学性质

正如第 3.2 节中将要讨论的，再入飞行器的动力学行为在很大程度上是由其表面的压力分布决定的。在我们所感兴趣的自由来流中，可以使用理想气体定律：

$$p = \rho R T = \frac{RT}{v} \tag{3.1}$$

式中，p，ρ，v 和 T 分别是气体的当地压力、密度、比容和温度；R 是比气体常数。方程（3.1）是基于所有分子间的力可被忽略的前提假设的，这样气体粒子可以非弹性碰撞建模，这就产生了优美的"盒中粒子"模型（Anderson，2006）。

比气体常数 R 的值与通用气体常数 $\Re$ 和气体摩尔质量 μ 相关：

$$R = \frac{\Re}{\mu} \tag{3.2}$$

应该强调的是，R 的值是取决于计算结果，而 $\Re$ 是一个通用常值，其值约为 8.314 473 J/(K·mol)。对于海平面条件下的空气来说，其比气体常数的值为 287.05 J/(kg·K)。这两个数可以分别被理解为"单位质量"和"每摩尔"的气体常数。另一个相关的常数是玻尔兹曼常数 k_B，它是"每个粒子"的气体常数，并且其值为 1.380 650 × 10^{-23} J/K。

描述气体性质关键的外在变量是能量和焓。这里我们将单位质量内能和焓值分别表示为 e 和 h。这两个量之间的关系如下（假设是理想气体）：

$$h = e + pv \tag{3.3}$$

从这个关系中可以看出，焓是系统中能量的一个度量，由于包含了 pv 这一项，这个能量也包含了系统能够做的功。

为了将内能和焓关联到气体温度，我们引入了比热容 c_p 和 c_v，它们的定义如下：

$$c_p = \left(\frac{\partial e}{\partial T}\right)_P \tag{3.4}$$

$$c_v = \left(\frac{\partial h}{\partial T}\right)_v \tag{3.5}$$

其中下标 p、v 分别表示是在常数 p 和 v 处求导。所以，c_p 的值受气体膨胀了多少的影响，即做了多少功，而 c_v 则不是。这是由于若要压力随温度的增加而保持不变，（比）体积就应当增加，见式（3.1），由此得出结论 $c_p > c_v$。在再入飞行器气动热力学分析中，一个重要的相关的量是比热容比 γ，其定义为

$$\gamma = \frac{c_p}{c_v} \tag{3.6}$$

这个值一定总是大于 1 的。但在某些近似的方案中，我们会假设 $\gamma = 1$（见第 3.3.1 节），这意味着气体不会由于加热而膨胀。将式（3.1）代入式（3.3）中，可以从式（3.4）和式（3.5）中比热容的定义看出，对于常数 R 将存在以下关系：

$$R = c_p - c_v \tag{3.7}$$

在 1 个大气压下，空气在低至 800 K 的低温情况下，气体流动可以被认为是量热完全的。量热完全气体的两种比热容，以及二者之间的比例是恒定的，并且存在以下关系：

$$h = c_p T \tag{3.8}$$
$$e = c_v T \tag{3.9}$$

在物理上，这个假设是有效的，因为粒子仅有的自由度是平移和旋转，因此分子可以被看作是"刚性转子"。

流动的另一个关键的外部属性是熵 s，它是系统中粒子紊乱度的度量。熵是通过热力学第二定律在气体行为中起到关键作用的一个量，可将其表述为

$$ds = \frac{\delta q}{T} + ds_{\text{irrev}} \tag{3.10}$$

$$ds \geqslant \frac{\delta q}{T} \tag{3.11}$$

其中，δq 是系统内能的变化量；s_{irrev} 表示由于该过程的不可逆而引起的熵增。熵本质上是一个统计量，因此，上述关系应该以"平均"的意义来看待。然而，在空气动力学中所处理的粒子数量在所有的实际情况下都是不相等的。

$ds = 0$ 的过程被称为是等熵的。对于一个等熵过程，可以使用以下等式将流线上两个点的热力学的量关联起来：

$$\frac{p_2}{p_1} = \left(\frac{T_2}{T_1}\right)^{\frac{\gamma}{\gamma-1}} \tag{3.12}$$

$$= \left(\frac{\rho_2}{\rho_1}\right)^{\gamma} \tag{3.13}$$

这是基于量热完全气体的假设。如果一个热力学过程是可逆且绝热的，那么这个过程就是一个等熵的过程。绝热的过程是没有外界的热量增加到系统中的。

除了流体的属性，如压力、密度、温度等，它们相关总的（或者停滞）特性对于计算飞行器的气动特性也是有意义的。这些量是使流体绝热静止时得到的，造成 p，ρ 和 T 增加。对于计算总焓 h_T，下面是典型的近似方法（它来自常

数 c_p 和 c_v)：

$$h_{\mathrm{T}} = h + V^2/2 \qquad (3.14)$$

它是与自由焓 h 和速度 V 相关的。总温可以由这个关系和用于量热完全气体的式 (3.6)~式 (3.8) 得到，如下：

$$\frac{T_{\mathrm{T}}}{T} = 1 + \frac{\gamma - 1}{2}M^2 \qquad (3.15)$$

同时也假设停滞过程是等熵的，那么式 (3.12) 和式 (3.13) 可以用来确定总压和密度。虽然只适用于量热完全气体的等熵、绝热减速的过程，但这种简单的模型允许对再入期间气动热力学行为的一些关键方面进行可接受的准确描述，至少对于概念设计来说是可行的 (第 3.3 节)。

对于超声速流动的描述，一个基本的特征是气体中的声速，即无穷小压力变化通过流动传播的速度。如果飞行器在气流中穿行的速度大于这个速度，那么飞行器上游的气体粒子就不会注意到它。这将在下一节中更详细地讨论。这个特征速度称为声速，用 a 表示，它可以由下式确定：

$$a = \sqrt{\gamma RT} \qquad (3.16)$$

与这个量相关的是马赫数，表示速度 V 与声速的比，因此它的定义如下：

$$M = \frac{V}{a} \qquad (3.17)$$

马赫数是超声速和高超声速流动重要的特征之一，并且它是函数中一个重要的独立变量，而这些函数通常用于计算诸如气动系数等一些特性。

3.1.2 超声速/高超声速流动特性

在 $M > 1$ 的流动中，飞行器前进的速度大于扰动在上游传播的速度，这意味着飞行器前方的空气"不知道"飞行器正在接近。这导致激波的形成，它是速度的不连续性和热力学属性。根据超声速飞行的飞行器的外形，激波可能是附体的或者脱体的，可能是正的或者弯曲的 (图 3.3)，其原因我们很快会探讨。

稳定激波之后的气流参量用下标 2 表示，激波之前的则用下标 1 表示，它们可由兰金 – 于戈尼奥 (Rankine – Hugoniot) 关系表示出来，见式 (3.18)~式 (3.22)。当穿过一个激波，它们遵循质量守恒、动量守恒及总焓守恒定律：

$$\frac{p_2}{p_1} = 1 + \frac{2\gamma}{\gamma + 1}(M_{n,1}^2 - 1) \qquad (3.18)$$

$$\frac{\rho_2}{\rho_1} = \frac{(\gamma + 1)M_{n,1}^2}{2 + (\gamma - 1)M_{n,1}^2} \qquad (3.19)$$

$$M_{n,2}^2 = \frac{1 + [(\gamma - 1)/2]M_{n,1}^2}{\gamma M_{n,1}^2 - (\gamma - 1)/2} \tag{3.20}$$

$$M_{t,2}^2 = M_{t,1}^1 \tag{3.21}$$

$$s_2 - s_1 = c_p \ln\left\{\left[1 + \frac{2\gamma}{\gamma + 1}(M_{n,1}^2 - 1)\right]\frac{2 + (\gamma - 1)M_{n,1}^2}{(\gamma + 1)M_{n,1}^2}\right\} - \cdots -$$

$$R\ln\left[1 + \frac{2\gamma}{\gamma + 1}(M_{n,1}^2 - 1)\right] \tag{3.22}$$

熵增方程假定是量热完全气体。从这些关系中可以看出，压力和密度及由式
(3.1) 可知的温度，在激波之后都增加了，这是由速度降低而质量和动量守恒所
造成的。同时，这些量也随着 $M_{n,1}$ 值的增加而增大，因此自由来流的马赫数或激
波角也是增加的。

在穿过一个不垂直于来流的激波之后，气流将相对于其初始方向偏转一个角
度 θ（图 3.1）。

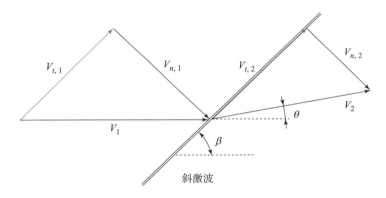

图 3.1 斜激波后的流动示意图

θ 角与自由来流的马赫数和激波角 β 相关，并有以下关系：

$$\tan\theta = 2\cot\beta \frac{M_1^2 \sin^2\beta - 1}{M_1^2(\gamma + \cos 2\beta) + 2} \tag{3.23}$$

θ，β 和 M 之间的关系如图 3.2 所示。从这个图中可以明显看到激波行为的两个
关键特性。首先，对于大于 $\theta_{max}(M)$ 的偏转角，不存在斜激波的解，因此产生
了一个脱体激波（图 3.3）。其次，图 3.2 显示出对小于 θ_{max} 的每个 θ 角来说，都
存在两个可行的激波角的解，即所谓的弱激波解（较小的 β）和强激波解（较大
的 β）。这些名称来源于流量在激波上跳动的大小，这对于强激波解来说更大。
但在实际情况中，通常是产生弱激波解，除非有相反的信息，如在给定的情况下
弱激波无法形成。

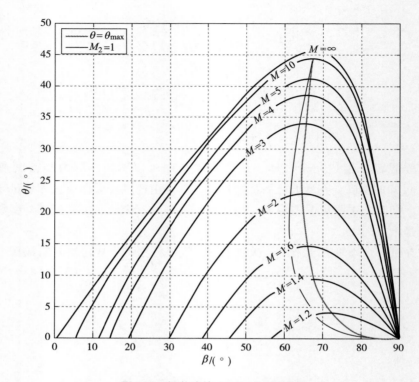

图 3.2 斜激波的 $\theta - \beta - M$ 关系图

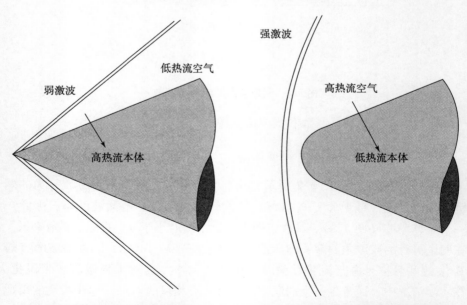

图 3.3 超声速和高超声速流中尖锐前缘飞行器与钝头前缘飞行器的流动行为比较

无限弱的斜激波叫作马赫波，这种波的激波角可以用 μ 来表示，称为马赫角：

$$\mu = \arcsin\left(\frac{1}{M}\right) \tag{3.24}$$

当机体表面无法形成附体激波的情况下，如图 3.3 右侧那样就会形成脱体激波。对于这样一个脱体激波，流动将垂直于单个流线上的激波，并且从该交点弯曲到更高的 β 值，因此，不同的流线将穿过不同强度的激波，使得激波之后的流场分析更加复杂化。再入飞行器通常是采用钝头前缘，因为尖锐的前缘将承受极端的加热（如不主动冷却）。从式（3.20）可以推导出，在一个具有较高 β 角的激波之后，流动将是亚声速的。由此在飞行器驻点附近将形成一个区域，这个区域内的流动是亚声速的，而远离这个区域的流动则是超声速的。在激波和机体之间，流动从亚声速转换到超声速的那条线叫作声速线，在机体表面（更准确地说是在边界层的边缘）上 $M = 1$ 的那个点叫作声速点。

除了将气流压缩了的激波外，膨胀波也可能在超声速流动中产生。激波是因空气可以通过的横截面积减小而造成的（如由于再入飞行器的"突然"出现）。另外，膨胀波则是由于气流流过飞行器之后，这个截面积增加而引起的。对于已知的偏转角 θ，偏转后的（下标 2）马赫数可以由偏转之前的状态利用普朗特 - 迈耶尔函数 $\nu(M)$ 计算得到：

$$|\theta| = \nu(M_2) - \nu(M_1) \tag{3.25}$$

$$\nu(M) = \sqrt{\frac{\gamma + 1}{\gamma - 1}} \tan^{-1} \sqrt{\frac{\gamma - 1}{\gamma + 1}(M^2 - 1)} - \tan^{-1} \sqrt{M^2 - 1} \tag{3.26}$$

膨胀波是等熵的，因此波后的热力学状态可以通过式（3.12）和式（3.13）与波前的状态关联起来。它可以被看作是马赫波的"扇子"，膨胀波扇在膨胀前后的倾斜角度可以由式（3.24）确定。可能的最大转角 $|\theta|$，可以由对应膨胀到真空的 $\nu(M_2)$ 的最大值确定。对应的这个 $\nu(M_2)$ 的值称为 ν_∞：

$$\nu_\infty = \frac{\pi}{2}\left(\sqrt{\frac{\gamma + 1}{\gamma - 1}} - 1\right) \tag{3.27}$$

为了从式（3.26）得到膨胀之后的马赫数，需要对函数 $\nu(M)$ 反推。不幸的是，无法得到闭合形式的解，所以需要使用数值解或者近似关系，如相关性。Hall（1975）给出了反推方程的一组近似解：

$$y = \left(\frac{\nu(M_2)}{\nu_\infty}\right)^{\frac{2}{3}} \tag{3.28}$$

$$M = \frac{1 + Ay + By^2 + Cy^3}{1 + Dy + Ey^2} \tag{3.29}$$

表 3.1 给出了在 $\gamma = 1.4$ 情况下系数的值。

表 3.1 $\gamma = 1.4$ 情况下普朗特 – 迈耶尔函数反推方程（3.29）中的系数

系数	值
A	1.360 4
B	0.096 2
C	− 0.512 7
D	− 0.672 2
E	− 0.327 8

这里应该讨论的是最终的流动效果，虽然严格意义上来说不是超声速或高超声速流的一部分，却是稀薄流。在较高的高度下，密度非常低，流体是连续体的假设不再有效，并且其行为和对飞行器的影响将发生改变。对于稀薄流，努森数 Kn 是一个定义的参数：

$$Kn = \frac{\lambda}{L_{\text{ref}}} \tag{3.30}$$

式中，L_{ref} 是飞行器的特征长度；λ 是平均自由程，它是一个粒子与另一个粒子碰撞前移动的平均距离。现在，三种不同的流动状态可以被区别出来：自由分子流，$Kn > 1.0$；过渡流，$0.03 < Kn < 1.0$；连续流，$Kn < 0.03$。

在连续流中，一个粒子在撞击机体后，会撞击另一个非常接近机体的粒子，因此该流体可以被认为是粒子的连续体。然而对于稀薄流，粒子在碰撞飞行器之后需要移动相对很长的距离才能撞击另一个粒子，这导致连续流的假设是无效的。相反，最好使稀薄流建模成为能够用统计来确定数量的离散的粒子。由于在连续流和稀薄流之间没有明确的界线，因此通常会使用称为过渡流的中间体。由于高度高，空气密度低，自由分子流的效应对飞行器动力学与热状态的影响是有限的。因此，在研究中所有的计算都将采用连续体假设。

3.1.3 黏性

除了质量、动量和能量的无黏传输之外，由分子间相关作用产生的黏性效应也会引起这些量的额外传输。确定这些通量大小的流动特性分别是扩散系数、黏性系数和导热系数。黏性运输是由流体的动量和温度的浓度梯度所造成的。基于无滑移条件，这种运输会使壁面上形成一个边界层，这要求飞行器表面的气流速度为零。此外，飞行器表面温度必须与在表面流动的气流温度相等。这样就形成了速度和温度梯度，进而产生摩擦力和热传递。

黏度 μ 决定了动量的黏性传递，它也是测定黏度对气动力影响的重要因素。为此，相对于特征长度 x 的雷诺数定义如下：

$$Re_x = \frac{\rho V x}{\mu} \tag{3.31}$$

它是惯性力和黏性力比值的量度。

利用这些基本概念，以及一些其他方法，我们在附录 A 中给出了推导及一些仿真模拟。在附录 A 中，使用了一个简单的模型（Eckert，1995；Hansen，1958；White，2006）来估算关于压力的相对黏性力的大小，以供我们后续进一步分析时做参考。结果表明，对于我们的目标来说，黏性力非常小，可以忽略不计（大多数情况下不超过压力大小的 5%）。

尽管在将要进行的分析中，黏性流对气动载荷的影响会被忽略，但第 3.4 节中仍然给出了气动加热的一些其他的有关问题。关于黏性流更加详细的内容可以在 White（2006），Schlichting 和 Gersten（1999）及 Dorrance（1962）等的文章或著作中找到。

■ 3.2 气动载荷

在再入期间，飞行器周围的气流会产生力和力矩，这是其动力学行为中的主要因素（第 2.2.2 节）。一般来说，飞行器上的这些载荷增加了两种物理贡献量：压力和摩擦力。正如第 3.1.3 节中所讨论的，在连续体高超声速阶段，压力是气动载荷的主要贡献者。因此，在对再入飞行器行为进行的概念研究中黏性力往往被忽略掉，我们在这里也采取相同的方法。本节将简要介绍飞行器上的压力分布与气动力和力矩的关系。

忽略摩擦，气动力和力矩可以通过以下在飞行器闭合表面上的压力分布 p 来确定：

$$F_a = \oiint_S (p\hat{n})\,dS \tag{3.32}$$

$$M_a = \oiint_S ((r - r_{ref}) \times p\hat{n})\,dS \tag{3.33}$$

式中，r_{ref} 是用来估算气动力矩的选择参考点；r 是飞行器表面上微元 dS 的位置；

$\hat{n}$ 是向外的单位法向量。

参考点（用 ′ 表示）改变之后的气动力矩与改变之前的力和力矩之间的关系如下：

$$M'_a = M_a - (r' - r) \times F_a \tag{3.34}$$

与力矩系数相关的是飞行器上被称为压力中心的点。从这个点定义的性质看，围绕它的力矩都是零，因此有

$$M_{cp} = 0 \tag{3.35}$$

由此可以找到这个点的位置。

方程（3.32）和方程（3.33）可以通过两种方式来估算力和力矩。第一种方法是推导出飞行器表面的压力分布的解析式，并（数值）积分。或者，飞行器表面可以离散成为若干个面元，每个面元上的压力都可以解析地或者以数值确定。当飞行器表面离散化后，上述的积分就变成了所有的 N_p 个飞行器面元上近似的力和力矩的总和，如式（3.36）和式（3.37）所示：

$$F_a = \sum_{i=1}^{N_p} - p_i A_i \hat{n}_i \tag{3.36}$$

$$M_a = \sum_{i=1}^{N_p} - p_i A_i (r_i - r_{ref}) \times \hat{n}_i \tag{3.37}$$

式中，向量 r_i 现在表示面元的形心；p_i 表示面元上的（平均）压力；A_i 表示面元的面积；$\hat{n}_i$ 表示面元的单位法向量。

气动力和力矩通常采用无量纲数定义，由此形成以下在体坐标下力和力矩系数的表达式（见第2.2.2节）：

$$S_{ref} \begin{pmatrix} C_x \\ C_y \\ C_z \end{pmatrix} \approx - \sum_{i=0}^{n} C_{pi} A_i \hat{n}_i \tag{3.38}$$

$$S_{ref} \begin{pmatrix} C_l \\ C_m \\ C_n \end{pmatrix} \approx - \sum_{i=0}^{n} C_{pi} A_i (r_i \times r_{ref}) \times \hat{n}_i \tag{3.39}$$

式中，C_p 表示压力系数，其定义如下：

$$C_p = \frac{p - p_\infty}{q_{dyn}} \tag{3.40}$$

$$= \frac{2}{\gamma M_\infty^2} \left(\frac{p}{p_\infty} \right) - 1 \tag{3.41}$$

在方程（3.36）和方程（3.37）求和中包含 p_∞ 的那一项被去掉了，因为在一个

闭合的表面上对一个常数积分会得到零。动压定义如下：

$$q_{\mathrm{dyn}} = \frac{1}{2}\rho V^2 \qquad (3.42)$$

对于理想完全气体，它可以写成

$$q_{\mathrm{dyn}} = \frac{1}{2}\gamma p M^2 \qquad (3.43)$$

第 3.3 节中描述的方法将用来确定飞行器每一块面元上的压力。对于这样的一些方法，如牛顿近似法，是能够对具有解析形式的飞行器外形推导得出（半）简析公式的（Grant 和 Braun，2010）。然而，我们在这里将采用多种空气动力学方法，因此不能使用牛顿近似法。基于此，这里将应用一种表面离散化的方法（见第 5.3 节）。

本研究中，黏性力忽略不计，并且比热容比 γ 也假定为一个常数。因此，对于给定的气动系数 C_i，其函数依赖性可以表示如下：

$$C_i = C_i(M, \alpha, \beta) \qquad (3.44)$$

如下节所述，在我们的简化模型中，压力系数中唯一与环境有关的量是马赫数。变量 α 和 β 分别表示迎角和侧滑角（见第 2.2.1 节），它们定义了飞行器相对来流的方向。

在飞行器具有非零的控制面偏转的情况下，气动系数的变化必须包含这些偏转所引起的部分。本研究中，控制面仅适用于有翼飞行器（见第 2.3 节），特别指体襟翼和副翼。利用我们这里使用的方法，控制面的偏转将假定仅仅对偏转面上的压力分布有影响。因此，包含了偏转系数的飞行器气动系数可以分为两部分。第一部分与控制面偏转无关，给出的是控制面水平（无偏转）状态下机身的系数。这部分值用下标 0 表示。第二部分给出了仅有控制面的影响，量化了偏转相对于水平机身的影响。这种对空气动力学的影响是以控制面增量为特征的。对于体襟翼和副翼，这些增量的系数 C_i 分别定义如下：

$$\Delta C_{i,\mathrm{bf}}(\alpha, \beta, M, \delta_{\mathrm{bf}}) = C_{i,\mathrm{bf}}(\alpha, \beta, M, \delta_{\mathrm{bf}}) - C_{i,\mathrm{bf}}(\alpha, \beta, M, \delta_{\mathrm{bf}=0}) \qquad (3.45)$$

$$\Delta C_{i,\mathrm{e}}(\alpha, \beta, M, \delta_{\mathrm{e}}) = C_{i,\mathrm{e}}(\alpha, \beta, M, \delta_{\mathrm{e}}) - C_{i,\mathrm{e}}(\alpha, \beta, M, \delta_{\mathrm{e}=0}) \qquad (3.46)$$

式中，带有下标 bf 和 e 的系数是分别只对体襟翼和副翼上的压力分布积分得到的。具有偏转的体襟翼与副翼的飞行器，其气动系数就变为

$$C_i(M, \alpha, \beta, \delta_{\mathrm{bf}}, \delta_{\mathrm{e}}) = C_{i,0}(M, \alpha, \beta) + \Delta C_{i,\mathrm{bf}}(\alpha, \beta, M, \delta_{\mathrm{bf}}) + \Delta C_{i,\mathrm{e}}(\alpha, \beta, M, \delta_{\mathrm{e}})$$

$$(3.47)$$

值得注意的是，在我们的有翼飞行器所使用的制导算法中（见 2.3.2 节），有 $\delta_{\mathrm{bf}} = \delta_{\mathrm{bf}}(M, \alpha)$ 和 $\delta_{\mathrm{e}} = \delta_{\mathrm{e}}(M, \alpha)$（因为我们将侧滑角固定为 0°）。

通常，对于低高超声速马赫数和高高超声速马赫数的气动分析有不同的方法（见第 3.3.2 节）。为了得到具有连续马赫数 M 的气动数据库，会在低高超声速气动系数和高高超声速气动系数间使用一个衔接，类似经常会在稀薄流和连续流之间设置过渡区（Regan 和 Anandakrishnan，1993）。我们使用了一个三次方衔接多项式 $f_c(t)$，其中 t 从 0 到 1 变化。

为了使用这种方法，需要在低高超声速和高高超声速之间存在重叠部分。在 $M_{\text{high,min}}$ 到 $M_{\text{low,max}}$ 的重叠区域，气动系数 C_i 可以用如下方法获得：

$$t = \frac{M - M_{\text{low,max}}}{M_{\text{high,min}} - M_{\text{low,max}}} \tag{3.48}$$

$$C_i = C_{i,\text{high}} f_c(t) + (1 - f_c(t)) C_{i,\text{low}} \tag{3.49}$$

■ 3.3 局部倾斜法

局部倾斜法是高超声速流动中对力进行估算的一类重要方法。基于这些方法，飞行器外形对局部压力系数的依赖性显著降低。具体来说，就是计算中只需要表面（局部的）相对自由流的倾斜角度即可。对于外表面法向量 $\hat{n}$，几何网格和压力系数可以由以下关系直接关联起来：

$$\sin\theta = -\frac{V_\infty \cdot \hat{n}}{V_\infty} \tag{3.50}$$

尽管这些局部倾斜法是非常简化的，但是我们仍可以从中得到对概念研究来说可以接受的结果（正如 7.2 节中讨论的）。正是由于具有简化性和精度可接受的特性，这类方法在初步设计和分析中得到了广泛的应用，因此非常适合我们的研究目标。长期的研究也使得这类方法有据可查。Anderson（2006）给出了非常好的介绍，Gentry 等（1973）、Bonner 等（1981）及 Hoeijmakers 等（1996）也都对这些方法的构建和实践进行了广泛的研究讨论。

大体上来说，使用了两类方法，一类用于迎风面，另一类用于背风面。背风面方法也可用于"屏蔽"（或遮蔽）部分。当飞行器在气流中前进时，它的一部分挡住了迎面而来的气流，另一部分就形成了遮挡。在这种情况下，迎风面倾斜法仅适用于气流首先碰撞到的表面，第二部分则应当使用合适的背风面方法。

3.3.1 节将介绍研究中使用的各种局部倾斜法，3.3.2 节将介绍如何根据飞行器几何外形来选择这些方法。

3.3.1　方法描述

牛顿法是最简单的用于估算高超声速飞行器机体上气动力和力矩的局部倾斜法。这种方法假设一旦气流撞击到表面，就会失去垂直于表面的速度分量，但同时保留其切向运动。这个方法最初是由艾萨克牛顿提出，用来描述流体流动中物体的作用。尽管在较低的速度下这种方法效果不是很好，但在高超声速情况下，这种方法给出了较好的关于机体上的压力的估算结果，至少是针对具有相对较高倾角的情况。Hayes 和 Probstein（1966）给出了牛顿理论及其与高超声速流动关系的深入探讨。牛顿流假设实际上也会产生激波与飞行器机体重合的结果，这是 $M \to \infty$ 和 $\gamma \to 1$ 的极限情况。

牛顿流假设会形成以下局部压力系数的关系：

$$C_p = 2 \sin^2 \theta \qquad (3.51)$$

式中，θ 是表面相对于气流的倾斜角。因此，在驻点处牛顿压力系数等于2。

通常使用一种改进的牛顿法来提高预测精度，涉及另外一个超声速流动的物理量，叫作激波的总压损失。首先确定正激波之后的驻点压力系数，它可以从式（3.18）~式（3.20）计算得到。随后，假设等熵减速，式（3.12）和式（3.13）用来确定驻点条件，那么得到的驻点压力系数的结果如下：

$$C_{p,s} = \frac{2}{\gamma M_\infty^2} \left\{ \left[\frac{(\gamma + 1)^2 M_\infty^2}{4\gamma M_\infty^2 - 2(\gamma - 1)} \right]^{\frac{\gamma}{\gamma - 1}} \left[\frac{1 - \gamma + 2\gamma M_\infty^2}{\gamma + 1} \right] - 1 \right\} \qquad (3.52)$$

然后可以得到改进后的牛顿法：

$$C_p = C_{p,s} \sin^2 \theta \qquad (3.53)$$

这将导致压力系数会略低于牛顿值（图 3.5 和图 3.6）。只有驻点流线通过了正激波（对于在零迎角状态下的对称飞行器而言），飞行器表面的下游以牛顿法进行建模时，将会受到以 $\beta \neq 90°$ 穿过激波的一条流线的影响。由于穿过这种激波的总压损失小于穿过正激波的总压损失，因此在使用改进后的牛顿法时，式（3.53）中 $C_{p,s}$ 的值被取得太低。虽然考虑这种影响后在理论上会提高计算结果的精度，但通常不使用这种方法，因为它需要描述激波的几何形状，这大大提高了其复杂性。

正如前面所提到的，牛顿法针对较高的倾斜角能够提供很好的计算结果，但针对较小的倾斜角其结果准确度会降低。对于这些区域，会采用如切线楔/锥法（下面将讨论）等不同的倾斜方法。或者，可以使用改进的牛顿-普朗特理论。这种方法是基于沿着前缘（或其他部件）找到与之具有相同压力梯度的点，利用改进的牛顿和普朗特-迈耶膨胀法（从驻点开始）得到的该点的压力梯度是相同的。在这个匹配点之前，可以使用改进的牛顿法来测定压力。这个点之后，则使用普朗特－迈耶尔膨胀法。用下标 q 来表示该匹配点，其位置可以通过以下方程得到：

$$\frac{p_\infty}{p_T} = \frac{p_q}{p_T}\left(1 - \frac{\gamma^2 M_q^2 \frac{p_q}{p_T}}{4(M_q^2 - 1)\left(1 - \frac{p_q}{p_T}\right)}\right) \tag{3.54}$$

这个方程需要迭代求解以找到匹配点。当对其求解时，将会有两个位置满足上述的关系。我们应该选择具有较低的 M_q 值的那个解（沿前缘最远），否则牛顿法能应用于整个前缘上，这正是要避免的情况。

另外两种常用的局部倾斜法是切线锥法和切线楔法。使用这两种方法，压力分布可以被分别模拟为在"等效"的锥和楔上的分布，这样的话激波结构和压力分布就可以解析计算得到（对于无反应无黏的理想气体）。图 3.4 中给出了切线锥法的示意图，表明几何外形被局部近似为具有与局部表面偏转角相同半锥角的"等效锥"。

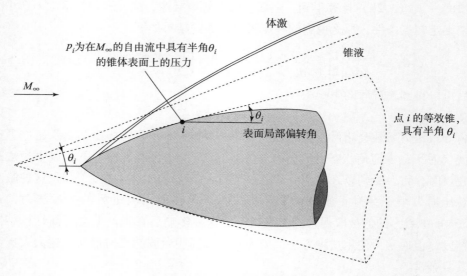

图 3.4　切线锥法示意图

对于切线楔法，采用了类似的方法，但是等效的形状是楔形而不是锥形，而它更适用于"平面"几何形状。具有附体激波的超声速楔形体上的无黏压力分布遵循方程（3.18）～方程（3.22）中的激波关系，也直接得到了锥形面上的表面压力。事实上，这种情况下存在一个解析解，它涉及从 $\sin\beta$ 中求解三次方多项式的根。对于泰勒－麦科尔（Taylor－Maccoll）方程的锥形流（列表）解，可以使用在零迎角下围绕锥体的无黏流的解（Anderson，2003）。通过将这种方法应用于轴对称外形，或者将二维的切线楔法应用于对称的二维剖面，可以得到与欧拉方程的精确解完全一致的无黏结果。严格来说，这种方法仅适用于具有附体（或实际中具有非常小的间隔距离）激波的机体或部件，看起来似乎使其在再入飞行器机体上的适用性受到限制。尽管如此，这种方法实际上已经用于各种分析中，如在 Cruz 和 Ware（1989）、Cruz 和 White（1989）所开展的研究中，并且概念分析得到了很好的结果。

为了降低计算的复杂性，可以使用切线锥和切线楔法的近似公式（相关性）。这些相关性是基于理想气体的流动的，并且针对低于临界值（高于临界值不存在附体激波解）和高马赫数情况下的倾斜角能够得到很好的结果。

为了表明局部倾斜法的选取对局部压力系数 C_p 值的影响，在图 3.5 和图 3.6 中，我们给出了整个倾斜角范围内的各种方法和各马赫数下的预测结果。我们将在 3.3.2 节讨论选择分析方法的方式。

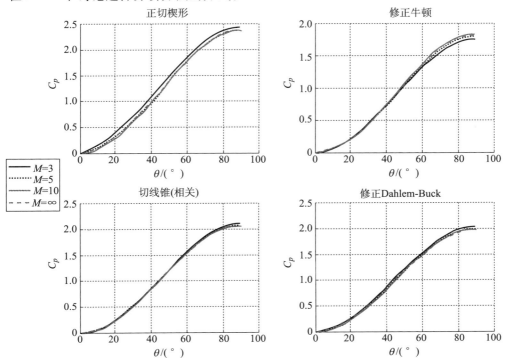

图 3.5　马赫数对局部倾斜法压力预测的影响

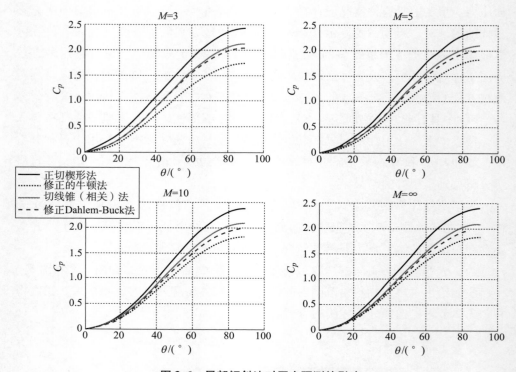

图 3.6　局部倾斜法对压力预测的影响

当使用如牛顿法这样的撞击法时，只能用于直接暴露在外部气流中的飞行器上的那部分区域。要想确定飞行器背风面的压力系数，必须使用另一种不同的方法。飞行器背风面的牛顿近似法如下：

$$C_p = 0 \tag{3.55}$$

从方程（3.41）中得知，这可以看作是由 $p \to p_\infty$ 所引起的，经常用于高超声速情况的近似。另外，也可以仅通过假设 $p/p_\infty \ll 1$ 来得到替代的表达式，因此背风面的压力系数就变为

$$C_p = -\frac{2}{\gamma M_\infty^2} \tag{3.56}$$

通常在高超声速飞行器后体上发生的物理状况会受到黏性效应的影响，导致流动循环，这对该处的压力特性有重要的影响。对上述关系的粗略修改可以用来说明这种影响：

$$C_p = -\frac{1}{M_\infty} \tag{3.57}$$

对方程（3.57）进一步的改进就是来源于 Krieger（1989）文章中的所谓的

ACM 经验法。这种方法考虑了这样的事实，即气流沿着具有较低绝对值倾斜角的膨胀区域扩张到大致恒定的低压力系数区域，以获得足够低的倾斜角度。使用这种方法确定的压力系数如下：

$$C_p = \max\left(\frac{\theta}{16M_\infty^2}, \frac{-1}{M_\infty^2}\right) \tag{3.58}$$

式中 θ 的单位是度。

除了这些纯粹的局部方法外，还不需要气流中除自由来流条件外的其他有关知识。可以使用普朗特 – 迈耶尔膨胀法，如式（3.26）所描述的，从 $\theta = 90°$ 的点开始，它是基于附体流经过了等熵膨胀的物理假设。

很显然，对于较高的高超声速，背风面压力分布对气动系数的贡献是非常小的，因为对于无穷大马赫数，背风面压力系数接近零。对于普朗特 – 迈耶尔膨胀理论也是如此，可得到的最小压力系数是在真空压力下。然而，对于较低的高超声速/超声速速度，其影响变化会更加明显一些。

多种局部倾斜法的比较如图 3.5 和图 3.6 所示。可以看出，马赫数对压力预测的影响是非常小的，这也可以由马赫数无关原理得到。请注意，真实气体效应的影响是不包含在内的。可以看出，改变局部倾斜法的影响要显著得多，能够观察到存在大于 33% 的差异。因此，局部倾斜法的选择对于计算结果的准确性来说是非常重要的。有关自动选择这些方法的讨论见第 3.3.2 节。

为了说明这里所描述的方法，图 3.7 中给出了航天飞机在马赫数为 20 时 4 种迎角情况下的压力分布。这些图清楚表明了膨胀面基本上不会增加总的气动系数，因为膨胀面上的压力系数约为 0。

本节所描述的气动分析方法本质上是由概念研究设计得到的。对于目标所需要的大量气动分析，排除了在回路中使用纳维 – 斯托克斯求解器。然而，我们可以对各种模型进行扩展，从而提高分析的有效性。这些被提出的改进方法只能对我们所提出的方法进行局部改进，从而可以轻易地合并到仿真和分析的流程中。为了将仿真的有效性扩展到全飞行包线，除了高超声速阶段外，气动分析可以扩展到其他的飞行阶段。这里提出的方法扩展可能包含一些亚声速、跨声速和超声速形式的气动分析，使得能够包含飞行器在这些阶段中的可行性和最优性。由于现代计算机的计算局限性，这些方法很可能会比较简单，与本研究中使用的局部倾斜法的精度相似。一种可能的备选方法是 PANAIR 代码（Derbyshire 和 Sidwell，1982；Saaris 和 Tinoco，1992），它是亚声速和超声速分析的无黏面元代码。此外，包含自由分子的气动分析，如 Fuller 和 Tolson（2009）及 Doornbos（2011）所描述的，再加上高超声速和稀薄流之间的衔接阶段（Regan 和 Anandakrishnan，

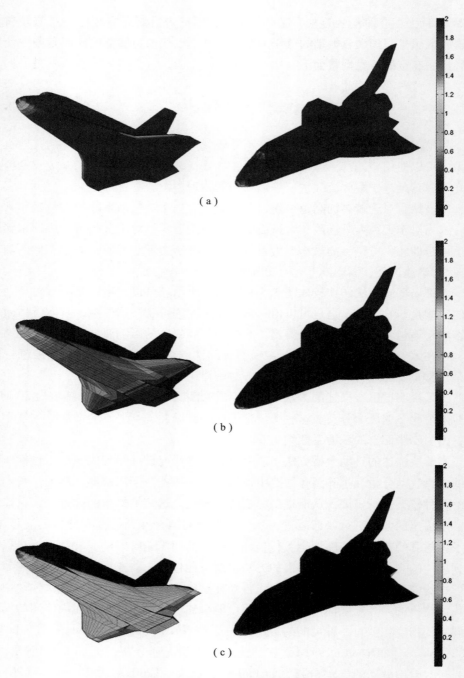

图 3.7   不同情况下的压力分布（$M = 20$）

（a）$\alpha = 20°$，$\beta = 0°$；（b）$\alpha = 30°$，$\beta = 0°$；（c）$\alpha = 40°$，$\beta = 0°$

1993），将会给出高空更近似真实的空气动力学，并且将这里应用的方法扩展到轨道进入、气动辅助和气动捕获等问题中，高空空气动力学在这些问题中影响更大。然而在这里，我们将会限制在高超声速阶段内，因为这个阶段通常是进入过程中最严苛的部分。此外，还应包含黏性分析（3.1.3 节），因为当考虑高超声速加热和非高超声速力建模时，这将变得非常重要。再次强调，由于分析方法的模块化设置，这些改进方法只会影响使用的气动分析代码，而不会影响整体的代码架构。

3.3.2　方法选择

局部倾斜法在概念性的高超声速气动分析中使用很普遍。然而，所得到的结果的准确度很大程度上取决于所使用的方法，如 3.3.1 节所讲述的（图 3.5 和图 3.6）。因此，重要的是要确定在再入飞行器的哪个部位使用哪种方法。目前已经开发出了一种自动选择的算法（Dirkx 和 Mooij，2011），该算法可以分析飞行器外形并指定不同区域使用不同的方法。根据 Maughmer 等（1993），Moore 和 Williams（1989）及 Gomez（1990）的指导，以及对各类飞行器开展的大量测试，方法的选取如表 3.2 所示。

表 3.2　飞行器各部件类型的适用方法选择（**Dirkx 和 Mooij，2001**）

部件类型	低高超声速压缩	高高超声速压缩	低高超声速膨胀	高高超声速膨胀
钝形	修正的牛顿法	修正的牛顿法	ACM 经验法	高马赫数底部压力法
小倾角"圆弧"	切线锥法	修正的牛顿法	普朗特－迈耶尔膨胀法	普朗特－迈耶尔膨胀法
小倾角"平面"	切线楔法	修正的牛顿法	普朗特－迈耶尔膨胀法	普朗特－迈耶尔膨胀法

在选择方法时，我们区分了两个高超声速阶段：低高超声速和高高超声速（如第 3.2 节所述）。此外，我们区分了三种不同类型的飞行器形状。首先考虑了钝头部分如前缘和前沿，与小倾角区域如机身后体和机翼面等区分开。对于小倾角区域，我们进一步区分为圆形（机身）和平直（机翼）形状。

在分析中，我们使用了结构网格，在第 5.3 节中会进一步详细讨论。正如所讨论的，飞行器的每一部分由横向和纵向的轮廓组成，并且由这些轮廓上的节点形成四边形的面元。本节中，横向轮廓用标识 i 表示，纵向轮廓用 j 表示。面元 i,j 由节点 $(i+1,j+1)$，$(i+1,j)$，$(i,j+1)$，(i,j) 定义。x 方向是从飞行器前面指向后面，z 轴向上，y 轴由右手法则确定。

我们的方法选择是根据飞行器的部件来进行的（见5.3节的定义），并且针对每一个部件只选取一种方法。如果有需要，一个部件可以分成两部分，每部分都会选择一个单独的方法。例如，这对于分析机体前缘时，将其与机身后体分开是非常重要的。如果一个部件的前部不是钝形的，那么整体部件就会被视为是"小倾角"的；如果是钝形的，则分析随后的每个轮廓来确定该部件是否应从某个点开始被视为非钝形的。图3.8给出了一个空间运输系统飞行器外形的示例，其机身前部与机翼前缘都被视为是钝形的，而后部机身和大部分的机翼则不是。

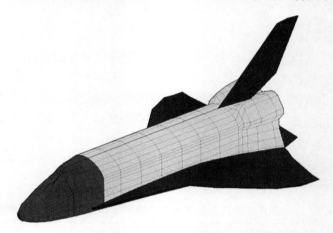

图3.8 航天飞机机体上的几何类型识别

灰色—钝形；白色—小倾角曲线；黑色—小倾角平面

我们首先来描述用来确定轮廓最前面部分（前沿、前缘等）是"钝头形"还是"小倾角"形状的算法。如第5.3节中所讨论的，我们区分了两种不同的飞行器形状："梭形的"和"平坦的"，以略微不同的方式确定其钝头度。然而，关于这两类形状，只分析了其部件上最前面的轮廓以确定其钝头度。对梭形的飞行器外形来说，钝头度的确定必须准确地判断飞行器部件的前缘是否是"足够钝"的，以确保能够使用表3.2中所定义的合适方法。为此，使用了轮廓（有 n 块面元）上的用面元的面积 A_i 来衡量的平均倾斜角 $\bar{\theta}$ ：

$$\bar{\theta} = \frac{\bar{N}}{n} \sum_{j=0}^{n} \left(\frac{\theta_j}{A_j} \right) = \frac{1}{n^2} \left(\sum_{i=0}^{n} A_j \right) \left[\sum_{j=0}^{n} \left(\frac{\theta_j}{A_j} \right) \right] \tag{3.59}$$

梭形部分最前端轮廓（用下标0表示）如果被认为是钝形的，必须要满足以下准则：

$$\bar{\theta}_0 > k_1 \tag{3.60}$$

k_1 的值和我们的算法所基于的一些其他参数见表3.3。

表 3.3　算法中系数的选取

参数	取值
k_1	45°
k_2	30°
k_3	35
k_4	30°
k_5	1.2
k_6	0.4

对于平面部分，钝头度的确定以不同的方式完成，因为如果机翼前缘足够多的部分具有足够高的倾斜角，那么该机翼前缘就应当被当作是钝的部位来分析。例如，如果一个（钝的）机翼上只有很小的一部分具有小的后掠角，那么平坦外形使用气动方法就可能是很有必要的。平坦部件（如机翼）最前端轮廓的面元单独进行分析，并且如果一块面元满足以下条件则被认定是钝形的：

$$\theta_{i,j} > k_2 \tag{3.61}$$

单块面元对整个轮廓钝头度的贡献是由其横向而不是纵向范围决定的。例如，前缘的哪一部分是钝的，相应的（横向）面元宽度 $L_{p,ij}$ 为

$$L_{p,ij} = \sqrt{\left(\frac{y_{i+1,j+1} + y_{i+1,j}}{2} - \frac{y_{i,j+1} + y_{i,j}}{2} \right)^2 + \left(\frac{z_{i+1,j+1} + z_{i+1,j}}{2} - \frac{z_{i,j+1} + z_{i,j}}{2} \right)^2} \tag{3.62}$$

利用方程（3.61），然后使用以下方程来确定可被认为是"钝"的前缘的一小部分：

$$n_{\text{blunt}} = \frac{\sum\limits_{j:\theta_{ij} > k_2} L_{p,ij}}{\sum\limits_{j=0}^{n} L_{p,ij}} \tag{3.63}$$

如果满足以下条件，那么从当前轮廓开始的部分就可以被认为是钝形的：

$$n_{\text{blunt}} > k_3 \tag{3.64}$$

关于我们的算法，现在还剩一个问题：确定最前面轮廓是钝的部件是否应被视为其整体都是钝的，还是从某个点开始应被视为"小倾角"的（如图 3.8 所示的航天飞机的情况）。如果一个钝形部件的下游段有很大比例部分具有足够低的倾斜角来确保可以使用非钝形法，那么这个钝形部件的前面部分是分离的。

关于梭形部件，量化一个部件分离的准则是通过找到满足以下条件的最前面的横向轮廓：

$$i_{\text{low}} = \min_i(\overline{\theta}_i < k_4) \tag{3.65}$$

也就是说，第一个轮廓（当向后方移动时）上的平均倾斜角低于某一个值。针对平面部件可以使用类似的准则。然而，只有那些纵向轮廓的面元被考虑，而这些面元被确定为在横向轮廓 0 上有一个钝形面元，即方程（3.61）成立。此外，对于平面部分，平均值是由 $L_{p,ij}$ 而不是 A_{ij} 来计算衡量的（如前所述）。

如果满足方程（3.65），该部件不会立即分离；相反，它会检查飞行器上的该部件到分离点后方的部分是否足够大以确保分离。这有利于结果的保真度，因为非钝形部分是通过使用激波附着在前缘上这个隐含假设的方法来进行分析的。如前一节所述，在脱体激波下游"足够远"可使该近似值较为合理。因此，将要分离的部件轮廓平均值 x 可由下式确定：

$$\overline{x}_{\text{split}} = \overline{x}_{\text{low}} + k_5(\overline{x}_{\text{low}} - \overline{x}_0) \tag{3.66}$$

以上所有都假设为一个凸起的飞行器部件，即 $\overline{\theta}_i$ 是随着 i 连续减小的。例如，对于航天飞机的几何外形，这种假设由于前窗和发动机舱的存在而无效。因此，分离点的确定中包含了凸起的检查。如果在轮廓上发现了凸起，则有

$$\overline{x} < k_6L \tag{3.67}$$

式中，L 表示部件的长度，那么就识别出了相关的凸起。如果这个条件满足，那么分离就会延迟到这个凸起之后。这个准则将部件分离延迟到前窗之后，但忽略了发动机舱（就航天飞机而言）。

最后一方面，我们在这里没有明确考虑的是关于小倾角部分是平直（机翼）还是圆形（机身）的分析。第 5 章中定义的外形参数是优先确定的，而不是由算法来确定的。对于不能手动的以鲁棒方式区分的几何形状，可以使用 Dirkx 和 Mooij（2011 年）描述的算法。

必须注意的是，这里定义的算法有 6 个自由参数。表 3.3 给出了一个参数列表，这些参数在我们已经分析过的许多几何外形中表现良好。图 3.8 给出了所选方法的一个例子。

■ 3.4 热传递

由于再入过程会达到非常高的热流密度，因此再入飞行器的气动加热给其设计带来了巨大的挑战。对于飞行器全机身的高超声速气动加热详细的分析，需要使用 CFD 和/或试验数据，这对于本书所描述的方法是不可行的。幸运的是，可

以使用一系列概念设计工具来估算飞行器关键部位的热传递。在第 3.4.1 节中将讨论对流换热模型，随后在 3.4.2 节中，将讨论返回舱气动加热的一些具体的考虑。我们略去了辐射加热的影响，因为对于我们所考虑的近地轨道再入，这些影响通常是可以忽略的。

3.4.1 对流换热

在黏性连续流中，飞行器机体表面（壁面）必然成立的两个条件是速度和温度无滑移条件，它们可以表示为

$$V_{\perp,\text{w}} = 0 \tag{3.68}$$

$$T_\text{w} = T|_{y=0} \tag{3.69}$$

式中，y 坐标垂直于壁面，第一个方程表示与壁面正切的气流速度等于 0，第二个方程表示壁面上的气流温度一定等于壁面温度。对流换热速率的基本方程假设为非反应流，遵循能量的黏性传递并可以表示为

$$q_\text{w} = \left(k \frac{\partial T}{\partial y} \right)_\text{w} \tag{3.70}$$

式中，k 为传导率。由于热边界层的形成，温度分布将在该层产生变化，其在壁面上的梯度决定了热传递。通常用来分析热传递的相似性参数是斯坦顿数 St：

$$St = \frac{q_\text{w}}{\rho_e V_e (h_{\text{aw}} - h_\text{w})} \sim \frac{\text{传递到本体的热量}}{\text{气体中的热}} \tag{3.71}$$

这是衡量气流中有多少能量对流进入飞行器机体内的度量。斯坦顿数是基于自由流的密度和速度的，这里用 St_∞ 表示，也用于某些应用中。在这个方程中，绝热壁焓是在壁面 $\frac{\partial T}{\partial y} = 0$ 处的焓，并且热传导率等于 0。它可以由下式来确定：

$$h_{\text{aw}} = h_e + r \frac{u_e^2}{2} \tag{3.72}$$

式中，下标 e 表示在边界层边缘的条件；u 表示相关的速度分量。可以看出，这个表达式与方程（3.14）中总焓的定义非常相似，恢复因子 r 是唯一的不同。这个因子是用来衡量气流中存在的总焓有多少能够在壁面上"恢复"的一个度量。近似值如下：

$$r = \begin{cases} Pr^{1/2} & (\text{层流}) \\ Pr^{1/3} & (\text{湍流}) \end{cases} \tag{3.73}$$

式中，Pr 是普朗特数，定义如下：

$$Pr = \frac{\mu c_p}{k} \sim \frac{\text{黏性耗散能量}}{\text{传导能量}} \tag{3.74}$$

对于标准大气，$Pr \approx 0.71$，因此恢复焓略低于方程（3.14）中的总焓，对飞行器的热载荷有所减轻。普朗特数在平衡气体中将总是 $\leqslant 1$，因此使用总焓作为恢复焓在某种意义上可被当做"极限值"来使用。此外，令 $Pr = 1$ 极大地简化了传热分析，并且通常用于传热的一次近似。

van Driest（1958）给出了传递到圆柱或半球驻点的传递关系：

$$St_\infty = K \left[\frac{\left(\dfrac{\mathrm{d}u_e}{\mathrm{d}x} \right)_e R}{V_\infty} \right]^{0.5} \left(\frac{\rho_\infty V_\infty R}{\mu_\infty} \right)^{-0.5} Pr^{-0.6} \left(\frac{\rho_e \mu_e}{\rho_\infty \mu_\infty} \right)^{0.5} \tag{3.75}$$

式中，斯坦顿数中的下标 ∞ 表示自由来流的条件（激波前），已经被用于无量纲传热。可以看出，这个关系式中需要用到壁面上的速度梯度。可以使用牛顿流的假设来获得该速度梯度。对于驻点的速度梯度，其结果为

$$\left(\frac{\mathrm{d}u_e}{\mathrm{d}x} \right)_e = \frac{1}{R} \sqrt{\frac{2(p_e - p_\infty)}{\rho_e}} \approx \frac{V_\infty}{R} \sqrt{\frac{2\rho_\infty}{\rho_e}} \tag{3.76}$$

除了包含斯坦顿数的驻点传热关系外，也可以使用能够直接得到驻点传热的半经验关系式（Chapman，1958）：

$$q_{c,x} = k\rho^{N_1} V^{N_2} \tag{3.77}$$

文献中所使用的 k、N_1 和 N_2 的值会有所不同。我们这里使用的值，假设是在层流条件下，为 $N_1 = 0.5$ 和 $N_2 = 3$（Tauber 等，1987）。k 则使用以下关系（Anderson，2006）：

$$k = \frac{1.83 \times 10^{-4}}{\sqrt{R_n}} \left(1 - \frac{T_w}{T_{aw}} \right) \tag{3.78}$$

其中，R_n 是前缘半径；T_w 是壁面温度；T_{aw} 是绝热壁温。作为一次近似，可以使用冷壁近似，因此假定 $T_w/T_{aw} \approx 0$。因为方程（3.77）求解要简单得多，不需要计算边界层边缘的条件，所以相比于方程（3.75）优先选用该关系式。但是，方程（3.77）只是作为传热率的保守估算，因为当忽略壁面催化作用时（Smith，1997），流动分离将降低热传递，正如 Anderson（2006）所详细讨论的那样。

对于有翼飞行器，这里对具有后掠角 Λ 机翼的前缘使用了对流换热的关系式，根据 Tauber 等（1987）有

$$q_{c,LE} = \left[\frac{1}{2} q_{c,s} \cos^2\Lambda + q_{c,FP} \sin^2\Lambda \right] \tag{3.79}$$

式中，下标 LE 代表前缘；FP 代表平板。这可以看作是驻点和平板的平均值。这里，平板加热的近似值的关系式是方程（3.77）的形式，但使用的是表 3.4（Tauber 等，1987）中的值。在这个表中，x 是沿着平板的运行变量，x_T 是从湍

流边界层的虚拟点开始的运行变量。

表 3.4 用于平板加热的方程（3.77）中的参数（Tauber 等，1987）

条件	$k/(\text{W}^{1-N_1} \cdot \text{m}^{5N_1-N_2-2} \cdot \text{s}^{-3N_1+N_2})$	N_2	N_1
层流	$2.53 \cdot 10^{-5} \cos^{1/2}\theta \sin\theta \, x^{-1/2} \left(1 - \dfrac{T_\text{w}}{T_\text{aw}}\right)$	3.2	0.5
湍流 $V \leqslant 2\,962$ m/s	$3.35 \cdot 10^{-4} \cos^{1.78}\theta \sin^{1.6}\theta \, x_\text{T}^{-1/5} \left(\dfrac{T_\text{w}}{556}\right)^{-1/4} \left(1 - 1.11\dfrac{T_\text{w}}{T_\text{aw}}\right)$	3.37	0.8
湍流 $V > 2\,962$ m/s	$2.20 \cdot 10^{-5} \cos^{2.08}\theta \sin^{1.6}\theta \, x_\text{T}^{-1/5} \left(1 - 1.11\dfrac{T_\text{w}}{T_\text{aw}}\right)$	3.7	0.8

我们所描述的方法非常适用于概念设计，因为它们考虑了典型飞行器设计中的关键问题，同时省略掉了许多复杂的数学 – 物理建模问题。然而，为了在后一个设计阶段（或在概念设计期间进行设计验证）提高精度，需要对传热模型进行各种扩展。例如，通过对飞行器整体进行黏性分析，可以确定整个飞行器表面的加热率和热载荷，这与本研究中所采用的简单方法不同。通过这样做，热载荷的总体影响所需的 TPS 质量和飞行器的可行性就可以被确定。此外，像黏性相互作用这些忽略的问题也可以包含在内。同时，也可以采用通过研究强激波相互作用对大流动偏转角的影响这种特定的方式，来选择飞行器控制面的偏转限制。通过使用压力分布法和 Kenwright 等（1999）描述的方法可以确定飞行器上的流线形式。Kinney（2004）也使用了这种方法。Theisinger 等（2010）在再入飞行器外形优化中所使用的加热分析方法，由 Brykina 和 Scott（1988）研究提出，也可用于本研究的后续工作。然而，这些扩展对于我们的方法来说是不划算的，因为我们所用的方法的优点是在于能够对许多不同的飞行器外形进行快速分析。

3.4.2 返回舱的情况

关于返回舱外形的飞行器，驻点区域通常是球形的，只有一个很小角度的范围将会影响到驻点区域的流场，这是由于与驻点区域相比，这个很小的范围具有不同的激波形状、曲率以及下游流动特性。Zoby 和 Sullivan（1965）提出了一个将有效前缘半径 R_eff 作为返回舱参数 R_N、R_m 和 R_S 函数的半经验关系式（5.1 节）。这个关系式是基于相同条件下，对大量的具有半球形的返回舱式飞行器的热速率进行测量得到的，曲线如图 3.9 所示。可以看出，返回舱和半球之间的差

异随着 $R_{\mathrm{m}}/R_{\mathrm{N}}$ 值的减小而变得更加明显。其原因是在这些情况下，激波的形状将会受到更加剧烈的影响。可以看出，当 $R_{\mathrm{m}}/R_{\mathrm{N}}$ 的值大于 0.6，R_{S} 的影响几乎是可以忽略不计的。

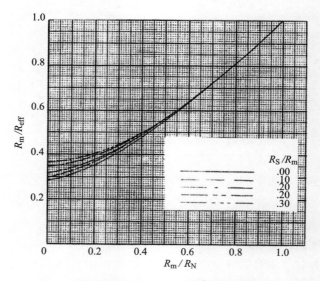

图 3.9　返回舱式飞行器有效前缘半径的关系

Robinson 和 Wurster（2009）的一项研究中使用了有效前缘半径，其中分析了从火星和月球轨道再入的情况。这篇论文及 Crowder 和 Moote（1969）的研究报告指出，返回舱式飞行器必须考虑额外的热传递。具体来说，最大加热率的位置不是在驻点，这是由于飞行器肩部的曲率半径要比热防护罩的曲率半径小得多。如此小的曲率半径将会导致产生较大的速度梯度，因此显著地增加了该区域中的热传递。此外，返回舱外形的飞行器通常采用有一定迎角的再入，因此飞行器上的流场就不再是对称的，并且驻点将接近飞行器肩部。Lee 和 Goodrich（1972）给出了风洞中迎风中心线上的压力分布和飞行结果的对比，表明驻点非常靠近飞行器肩部（$s/R = 0.732$）。正如 Robinson 和 Wurster（2009）所指出的，这导致了我们讨论的热速率预测的两个问题：

①非轴对称情况下流场和激波的形状不同，因此有效前缘半径的修正不够，并且针对 20° 的迎角仍将产生约 15% 的偏低的预估；

②最大热传递的点位于肩部而不是前缘区域。这里的冷壁热传递要比驻点处的大约 60%。然而，由于肩部将会产生瞬态效应并具有较高的温度，在轨道再入期间，最大热速率点的差别只有 20% 左右。

如 6.3.2 节中讨论的部分，减弱这两种差异的影响，最大迎角将会受到限制。

　　然而，由于肩部区域的表面积通常要比前缘区域的表面积小得多，因此其对总热载荷的影响是有限的，所以肩部热速率差异的问题得到了缓解。针对这个面积与前缘区域相似的情况，R_S 的值将远高于阿波罗号飞船，因此热角效应将会得到一定程度的缓解。

　　在本项研究中，肩部加热的问题将通过使用 Marvin 和 Sinclair（1967）、Wadhams 等（2009）、Jones（1963）等的风洞试验结果，以及来自 Lee 和 Goodrich（1972）的飞行数据来进行处理。虽然这些数据不足以对所有独立变量（M，α，R_S，R_N，R_m）的影响进行适当的评估，但可以确定总体趋势，并且能够对肩部加热进行估算。圆弧半径自身的影响是用 Marvin 和 Sinclair（1967）给出的数据推导出来的。在零迎角和马赫数 10.5 的情况下，分析不同 R_S/R_m 值的圆形平面圆柱体，其值在表 3.5 中给出。我们注意到更为精细的方法，如基于 Marvin 和 Sinclair（1967）或者 Brykina 和 Scott（1998）的研究，可以用于更加详细的研究。当然，这将会以显著提高计算复杂度为代价。

表 3.5　**圆弧半径对最大角加热的影响**（**Marvin 和 Sinclair，1967**）$M = 10.5$，$\alpha = 0°$

$R_S/R_m[-]$	0.05	0.15	0.25	0.5
$q_{c,max}/q_{c,s}[-]$	1.35	1.28	1.2	1.1

　　其他的数据来自 Jones（1963），其中分析了尖锐形的（$R_S \to 0$）返回舱在马赫数为 8 时的情况。在该研究中，使用了两个不同的后半锥角 θ_c：11.5° 和 23°。二者存在一致的差异性，其中第二个锥角在每种情况下都产生了更高的角加热。这可能是由于附体/分离流动的差异，或是拐角最大热流点速度梯度的差异引起的。尽管如此，在 23° 时测量得到的保守值将被用于我们这里的评估，数据见表 3.6。

表 3.6　**迎角对最大角加热的影响**（**Jones，1963**），$M = 8$，$R_S \approx 0$

$\alpha/(°)$	0	15	30
$q_{c,max}/q_{c,s}[-]$	1.35	1.55	2.0

　　尽管表 3.5 和表 3.6 所示的测量条件相似，但从这些测量结果可以看出，在 $R_S/R_m = 0.05$ 和 $R_S/R_m = 0$ 之间角加热没有增加。

　　Wadhams 等（2009）通过使用猎户座载人探索飞行器（CEV）风洞试验的结果，对不同迎角的影响进行了评估。这里在不同迎角情况下对 $R_S/R_m \approx 0.05$ 的 CEV 进行了分析。尽管每种情况下的驻点位置没有明确给出，但依据 Lee 和 Goodrich（1972）、Robinson 和 Wurster（2009）对类似形状的阿波罗号飞船分析的结果，允许对其驻点的位置进行合理的估计。获得的相关数据如表 3.7 所示。

表 3.7 迎角对猎户座载人探索飞行器最大角加热的影响（**Wadhams** 等，**2009**）

$M = 10$，$R_S/R_m \approx 0.05$

$\alpha/(°)$	0	20	28
$q_{c,max}/q_{c,s}[-]$	1.25	1.5	1.7

这里给出的文献数据的组合已经用来生成 $q_{c,max}/q_{c,s}$ 值的近似函数。假定 $q_{c,max}/q_{c,s}$ 的函数关系如下：

$$\frac{q_{c,max}}{q_{c,s}} = f(M_\infty, \alpha, R_S/R_m, \theta_{sph1}) \tag{3.80}$$

由于数据点数量有限，精确的函数形式会比较简单。因为结果似乎对马赫数 M 的依赖性较弱，并且对 α 和 R_S/R_m 是近似线性的，所以可以使用以下形式：

$$\frac{q_{c,max}}{q_{c,s}} = c_1 M_\infty + c_2 \alpha + c_3 R_S/R_m + c_4 \theta_{sph1} + c_5 \tag{3.81}$$

由于可获得的数据点数量有限，因此对 R_N/R_m 依赖性的假设难以确定。因此，我们可以忽略这种依赖性。

使用最小二乘曲线拟合得到了系数 $c_1 \cdots c_5$，结果如下，上述关系式中 α 的单位是度：

$c_1 = -0.0006$，$c_2 = 0.0185$，$c_3 = -0.5321$，$c_4 = -0.2939$，$c_5 = 1.360$

该拟合的判定系数 R^2 为 0.9532。判定系数是数据变化的比例，它可以根据所做的拟合来计算。值正好为 1 时表示拟合通过了所有的数据点。这里获得的值表示拟合能够较好地再现 $q_{c,max}/q_{c,s}$ 的原始值。大多数情况下，曲线拟合的结果与用于生成拟合的数据之间的偏差小于 5%。在表 3.7 中的数据点及表 3.6 的具有较大 α 值的数据点中观察到了最大的偏差。由于使用的数据点数量有限，一般情况下其关系的准确性难以确定。特别是对于需要从输入数据中进行外推的数据点，最值得注意的是具有较大值的 θ_{sph1}（5.1 节）可能会出现较大的误差。然而，鉴于该问题可用的计算方法及缺少具有足够计算能力的有效的评估工具，该关系仍将用于优化中，以计算约束函数，见第 6.3.2 节。

第四章　数值插值

　　数值插值是一种数学工具，用于将离散数据集扩展到连续域。该工具在再入飞行器动力学建模中的典型应用包括大气属性和气动系数的反演，这两种系数通常能以表格形式给出。然而在轨迹积分时，需要在连续的数值集中使用（见第2章）。除了这些典型的数值插值应用外，在这里对一个通用有翼飞行器外形的定义起核心作用。对于这个有翼飞行器的参数化（见5.2.1节），飞行器表面是由有限数量的飞行器表面上的点来定义的，这些点的位置是通过优化获得的。为了实现这一点，利用这些选点差值获得完整飞行器的外形，其中采用的方法是样条和样条曲面差值方法。

　　首先，本章4.1节将给出一些插值的基本数学概念；其次，将在4.2节讨论一个独立变量的样条差值；最后，将在4.3节讨论飞行器参数化的样条曲面差值。

■ 4.1　基本概念

　　在讨论插值的基本知识之前，将回顾一些曲线的基本数学性质和简单的插值例子。在4.1.1节，首先回顾连续性和凸性的概念，这些概念将在飞行器形状定义中起重要作用。其次，分别在4.1.2节和4.1.3节，对一维和二维线性插值进行讨论，作为后面章节中样条插值讨论的基础。

4.1.1　连续性和凸性

　　曲线"光滑度"的数学描述是定义一个形状的重要特征。这种特征可以通过所谓的 C^n 连续性来量化。通俗地讲，如果一个曲线的 n 阶微分在整个域上是连续的（但不一定平滑），则这条曲线是 C^n 连续的。这里将考虑三种类型的连续性：

①C^0 连续性：意味着曲线是连续的，在其值中没有"跳跃"；

②C^1 连续性：意味着曲线没有"弯曲"，因为一阶微分是连续的；

③C^2 连续性：意味着曲线的曲率 κ 没有跳跃，单变量 x 的函数 y 的曲率被定义为

$$\kappa = \frac{\left| \dfrac{d^2 y}{d x^2} \right|}{\left[1 + \left(\dfrac{d y}{d x} \right) \right]^{3/2}} \tag{4.1}$$

作为例子，图 4.1 显示了函数 $f(x) = x^2 |x|$ 和它的三阶微分图形。这个函数本身是 C^2 连续的，它的一阶微分是 C^1 连续的，二阶微分是 C^0 连续的，三阶微分是不连续的，因为它是不连续的（在 $x = 0$ 处）。

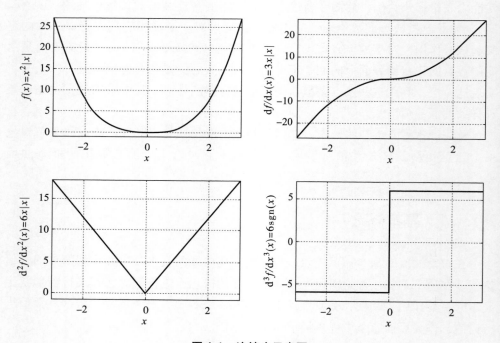

图 4.1　连续度示意图

针对多个独立变量的函数，可以定义独立方向上的多个曲率。例如，针对一个两独立变量函数，可以定义一个最小曲率方向和最大曲率方向。一个与曲率有

关的量——曲率半径 R，对于气动热力学分析是非常重要的（3.4 节）。它通过下式，与 κ 相关：

$$R = \frac{1}{\kappa} \tag{4.2}$$

在本节和 5.2 节中，将使用一个额外的几何概念——凸性。对于一条二维封闭曲线，下面是定义凸性的一个充分必要条件：

定义 4.1 对于连续函数 $f(t): \mathbb{R} \to \mathbb{R}^2$ 定义的一个封闭曲线，$t \in D \subset \mathbb{R}$，是凸的，当且仅当对于任意的 $t_1, t_2 \in D$，点 $f(t_1)$ 和点 $f(t_2)$ 的连线完全包含在以 f 为边界的区域内。

4.1.2 线性差值

最基本的 C^0 差值方法是线性差值。给定两个点，这个方法假定这两点之间的曲线是线性变化的。在点（x_0，y_0）和点（x_1，y_1）之间的二维线性差值结果可以表示为

$$y = y_0 + \frac{y_1 - y_0}{x_1 - x_0}(x - x_0) \tag{4.3}$$

虽然这种方法在概念上简单且计算速度快，但它有许多重要的局限性。如果它被用来近似一个曲线，截断误差只与步长大小呈线性关系，这意味着要达到一定的误差水平需要大量的数据点。当用超过两个点时，该方法一般（除非这些点共线）不会产生 C^1 连续的插值曲线。当使用这个差值时可能会导致数值计算上的困难。然而，它是一种低计算成本的差值方式，因此，在选择插值方法时，线性插值不应该因为它可能缺乏精确性和连续性而被预先丢弃。

4.1.3 双线性插值

线性插值可以应用到多维插值中。这种类型的插值很有趣，因为要定义的再入飞行器的优化形状是从 2 个独立的变量到 3 个笛卡儿坐标的映射 f，即 $f: \mathbb{R}^2 \to \mathbb{R}^3$。虽然在本书所描述的仿真中将不使用多维线性插值，但这里给出了一个简单的带有多自变量的函数插值的例子。

在三维空间中给定 4 个点，一般的二维线性插值即双线性插值，可以用来生成一个插值曲面。由于它有 2 个独立的变量，所以它可以由 $\mathbb{R}^3$ 中的一个二维矩形来构造。利用两个 0 到 1 的变量 u 和 v 参数化这个矩形。这个表面"小块" $x(u, v)$ 跨越 4 个点 $p_{i,j}$，其中 $i = 0$，1，$j = 0$，1，可以得到

$$x(u, v) = \sum_{i=0}^{1} \sum_{j=0}^{1} p_{i,j} B_i^1(u) B_j^1(v) \tag{4.4}$$

$$B_0^1(u) = (1 - u) \tag{4.5}$$

$$B_1^1(u) = u \tag{4.6}$$

生成的表面如图 4.2 所示。可以看出，在 u 或 v 方向上的线是直线段，表明它是一个一般化的二维线性插值。

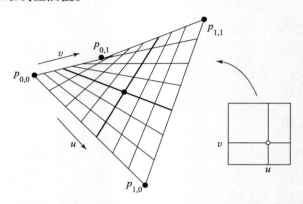

图 4.2 用 4 个角点和 $\mathbb{R}^2$ 中的参数 u、v 创建 $\mathbb{R}^3$ 中的双线性插值小块

■ 4.2 三次样条曲线

一种灵活且广泛适用的插值方法是样条插值，这种方法常用于计算机建模和曲线、曲面的可视化。Shirley 等（2005）对样条理论进行了很好的介绍，Farin（2003）进行了更广泛的讨论。样条曲线适合每两个后续数据点之间的拟合，通常使用一些附加的标准或数据来平滑曲线以获得高阶插值。不同的约束可以施加在不同样条段之间的连接处，如 C^1 和 C^2 连续性。所有样条段的组合称为样条。

用样条和样条曲面定义航空航天飞行器外形可以在各种文献来源中找到。利用样条函数的通用性在优化过程中具有明显的优势，因为它比 Thomas 等（2004）的经典方法在可能形状的范围内允许有更多的自由。用样条函数生成旋转体的表面是由 Grant 和 Braun（2010）发现的。利用这种方法，只需一条曲线就可以确定飞行器的形状，具有明显的计算优势。当然，缺点是这种方法仅限于轴对称结构。Theisinger 和 Braun 利用有理 B 样条定义了一个通用的飞行器形状，明确使用凸包和递减的变化特性（在下一节讨论）来控制飞行器的一个部分是凸的或凹的。这只是两个例子，表明样条曲面可以用来生成具有广泛自由度的飞行器形状。

本节介绍的材料将主要用于样条曲面定义的初期形式，这将在 4.3 节中讨论。这些将反过来用于产生 5.3 节描述的有翼飞行器的形状。这里讨论的材料仅限于与飞行器形状生成有关的材料，决不应被视为对样条曲线的详尽介绍。一些基本的样条概念在 4.2.1 节进行讨论，具体的三次 Bézier 和 Hermite 样条在 4.2.2 节给出。最后，在 4.2.3 节提出一种消除这种曲线自相交和凹性的方法。

4.2.1 基本概念

一个样条可以用一组 m 维数据点定义，使它成为一个 $\mathbb{R} \to \mathbb{R}^m$ 的映射，这里仅仅考虑应用二维或者三维。根据这些数据点，一个曲线作为独立变量 u 的函数在生成样条时产生。结果，样条曲线在三个维度中将产生以下结果：

$$
\begin{aligned}
x &= f(u) \\
y &= g(u) \\
z &= h(u)
\end{aligned}
\tag{4.7}
$$

式中，f、g 和 h 是关于 u 的函数。u 值在样条上不断增加。对于此处的讨论和应用，定义了随后在 $u=0，1，2，3\cdots$ 的插值点（即离散数据可用）。注意，插值点不等距的样条，被称为非均匀样条，可以在曲线形状上提供额外的自由度，这里不要求一般化。

在本书中，样条的微分是相对于参数化变量 u 的导数，所以：

$$
\begin{aligned}
x' &= \frac{\mathrm{d}f(u)}{\mathrm{d}u} \\
y' &= \frac{\mathrm{d}g(u)}{\mathrm{d}u} \\
z' &= \frac{\mathrm{d}h(u)}{\mathrm{d}u}
\end{aligned}
\tag{4.8}
$$

对于 n 个数据点的样条插值，任务是找到 $n-1$ 条数据点之间的插值曲线。然而，在某些情况下，除了要插入的点以外的附加点（称为中间点）将用于形成样条。在这种情况下，样条曲线不（不一定）穿过这些中间点。在这里，原始数据点（通过样条的）被称为控制点。

多种类型和阶的样条存在，这里将具体到 B 样条，即三阶 Bézier 曲线。选择一个三阶样条，Shirley 等（2005）给出以下原因：

- 它是具有拐点的最低阶多项式。
- 曲线通常相当平滑，从而避免了龙格现象。当使用高阶多项式插值时，可能会出现龙格现象，其中控制点本身是适当地插值，但控制点之间的区域表现出强的、不希望的函数值变化。
- 通过定义端点处的值和斜率，可以完整定义三次曲线。

　　在这里讨论的三次样条的定义，将是 Bézier 样条和 Hermite 样条。这两种类型的样条函数有一对一的关系，在每个 Bézier 样条，存在一个唯一的 Hermite 样条，产生相同的曲线，反之亦然。它们的差异只出现在曲线的构造中。对于 n 阶 Bézier 曲线，需要定义两个插值点和 $n-1$ 个中间点。对于一个有 n 个奇数的 Hermite 样条，要求两个插值点和关于 u 的一阶导数直到 $[(n-1)/2]$ 阶导数都在控制点中。在这里讨论的两个曲线类型中，Hermite 样条的构造更容易与样条形状关联，在 4.2.3 节将介绍使用 Bézier 样条曲线形式的好处，即可以施加一定的约束。

　　创建这两个样条曲线的基础是一组 n 个控制点：

$$p_1, p_2, \cdots, p_n \tag{4.9}$$

以及这些点所在的自变量 u 的值：

$$u_1, u_2, \cdots, u_n = 0, 1, \cdots, n-1 \tag{4.10}$$

虽然独立变量 u 中的点的间距不需要是均匀的（也不是统一的），但这里将假定是均匀的。

4.2.2　Bézier 和 Hermite 样条

　　对于从式（4.9）的数据点生成一个 Bézier 样条的第 j 段，需要 4 个点 $b_{3j} = p_j$，b_{3j+1}，b_{3j+2} 和 $b_{4j} = p_{j+1}$。在这些点，样条差值在控制点 p_j 和 p_{j+1} 间使用了中间点 b_{3j+1} 和 b_{3j+2}（这个构造将在下一节讨论），构造代数如下：

$$b^{n,j}(u) = \sum_{i=0}^{n} b_{3j+1} B_i^n(u) \tag{4.11}$$

$$B_i^m(t) = \binom{m}{i} t^i (1-t)^{m-i} \tag{4.12}$$

式中，m 表示曲线的阶；3 表示 3 次样条；$B_i^m(t)$ 是一个伯恩斯坦（Bernstein）多项式。Bézier 曲线可以利用的诸多实际特性如下（可参见 Shirley 等 2005 年相关资料的证明）：

- 凸包属性（见图 4.4）。

定义 4.2：一个样条的凸包是由所有控制点组合之间的所有连接线所包围的区域定义的多边形。

定理 4.1：一个样条曲线由它的凸包完全界定。

- 曲线是仿射不变的。

定理 4.2：转化、缩放、旋转或倾斜样条上的控制点的结果与对样条本身的操作相同。

- 变化递减性质。

定理 4.3：如果所有控制点组合之间的连接线相交于一个给定线 m 次，通过这些控制点定义的样条与这条线相交次数 $\leq m$。

粗略地说，这可以看作是样条震荡性的一种量度，在本书中不会被明确地采用。凸包和递减的变化特性给出了区域的边界、曲线位置和震荡方式，而仿射不变的属性允许对曲线透明的操作通过操纵它的控制点。

还有一种定义是 Hermite 样条，它是通过控制点 $\boldsymbol{p}_i$ 和其导数 $\boldsymbol{m}_i$（下标表示第 i 个）定义的，而不是使用额外的中间控制点。注意，这个导数是关于参数变量 t 的，而不是其中一个物理坐标 x，y 或者 z［见式（4.8）］。上面给出的 Bézier 曲线的三个属性中的前两个也适用于 Hermite 曲线。然而，一般情况下，仿射不变性是不可继承的。关于式（4.10）的假设，这个属性对于 Hermite 样条也是成立的。Hermite 样条的构造如下：

$$\boldsymbol{p}(u) = \boldsymbol{p}_i H_0^3(t) + \boldsymbol{m}_i H_1^3(t) + \boldsymbol{m}_{i+1} H_2^3(t) + \boldsymbol{p}_{i+1} H_3^3(t) \tag{4.13}$$

$$H_0^3(t) = (1 + 2t)(1 - t)^2 \tag{4.14}$$

$$H_1^3(t) = t(1 - t)^2 \tag{4.15}$$

$$H_2^3(t) = t^2(t - 1) \tag{4.16}$$

$$H_3^3(t) = t^2(3 - 2t) \tag{4.17}$$

图 4.3（a）给出了基础函数 $H_i^3(t)$ 的图形。

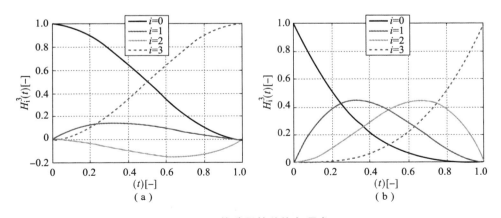

图 4.3　构造用的差值多项式

（a）Hermite 样条；（b）Bézier 样条

Bézier 和 Hermite 曲线对于相同曲线的表达是略有不同的。不同之处在于是否定义了中间 Bézier 点或者控制点导数。两者之间的关联如下：

$$b_{3i} = p_i$$

$$b_{3i+1} = p_i + \frac{1}{3}m_i$$

$$b_{3i+2} = p_i - \frac{1}{3}m_{i+1}$$

$$b_{3i+3} = p_{i+1}$$

(4.18)

这些自身特征如图 4.4 中的图形表达，其中给出了大量 Hermite/Bézier 曲线。而且，给出了相应的中间点和控制点导数，表明了两者之间的关系。

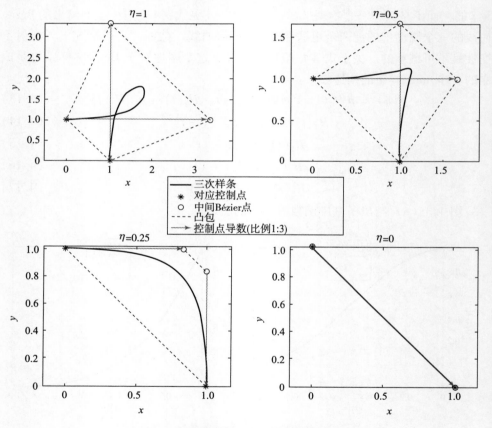

图 4.4 曲线紧缩的影响和凸壳说明

式 (20) 中使用变化值 η 并且控制点为：$p_0 = (0, 1)$，$p_0 = (1, 0)$，$m_0 = \eta(10, 0)$，$m_0 = \eta(0, -10)$

基于每个点导数已知的情况，由于一个三次样条具有 4 个自由度，上述过程对任意两点间的三次插值产生唯一结果。然而，在实践中，导数的值不能预先指定。一种相对简单的方法仅能保证 C^1 连续性，用有限差分近似控制点上的导数。

这个使用的近似的类型和阶数是一个优先的选择。因此，这不会产生一个唯一的样条曲线，但形状将取决于近似导数的方法选择。一阶中心差分：

$$\boldsymbol{m}_i = \frac{1}{2}(\boldsymbol{p}_{i+1} - \boldsymbol{p}_{i-1}) \tag{4.19}$$

还有其他可用的构造样条函数的方法，如 2007 年 Press 等提出的 C^2 三次样条函数法。然而，这里提出的方法的优点是控制点的局部变化只对样条的形状有局部影响，大大简化了点位置对飞行器形状影响的物理解释。

对于上述控制点上的导数确定的过程，也可以在若干控制点上施加这些值，同时从数值方法中确定其他的值。这可能是有利的，例如，当曲线上部分的特征是先验已知的，可以直接施加。

也可以在控制点的位置插入一个"结"（C^1 不连续）。这是在控制点上做的 $\boldsymbol{m}_i = 0$。在一个控制点本身，从式（4.13）~式（4.17）和图 4.3（a）可以发现，仅仅 $\boldsymbol{p}_i$ 的值影响样条在 $u = 0$ 的位置，但是 $u = 0$ 的导数仅仅受 $\boldsymbol{m}_i$ 影响。

4.2.3　避免自相交和凹形

当从随机控制点位置和/或导数生成样条时，可以得到自相交或凹形的样条。本书中再入飞行器外形的生成产生了非物理设计，这不能成为可行设计空间的一部分。在本节中提出了避免这种自相交的方法。

自相交和凹面的出现是由控制点导数过大引起的。有一个修改式（4.19）的样条的方法可以使用，其中参数 η 是用来收紧或放宽样条。这是通过修改控制点导数的一阶中心差分近似来完成的：

$$\boldsymbol{m}_i = \frac{1}{2}(1 - \eta)(\boldsymbol{p}_{i+1} - \boldsymbol{p}_{i-1}) \tag{4.20}$$

当 $\eta = 0$ 时，可看作式（4.19）。通过改变 η 的值，曲线可以变得更松或更紧。在图 4.4 中，给出了一个实例插图。通过降低 η 的值，可以去掉自相交和凹形。为了以一致的方式应用此方法，一个修改样条曲线以去除不必要的行为的、确定 η 值的方法是必要的。这是通过利用一个等价的三次样条的 Bézier 和 Hermite 定义实现的，由式（4.18）及凸包性质给出。

从式（4.18）可以看出，辅助 Bézier 点都在线上且通过 $\boldsymbol{p}_i$ 和 $\boldsymbol{p}_{i+1}$，斜率分别为 $\boldsymbol{m}_i$ 和 $\boldsymbol{m}_{i+1}$。作为一个结果，通过改变式（4.20）的 η 值，在这些线上的辅助点的位置是可以控制的。为了分析自相交和凹面是否会出现，定义了两条直线，一个通过 $\boldsymbol{p}_i$ 和 $\boldsymbol{b}_{3i+1}$，一个通过 $\boldsymbol{p}_{i+1}$ 和 $\boldsymbol{b}_{3i+2}$。这两条线之间的交点将被表示为

p_{int}。此时，用下面的定理：

定理 4. 4：一个三次 Bézier 样条段将是非自相交和凸的，如果

b_{3i+1} 位于 p_i 和 p_{int} 之间且 b_{3i+2} 位于 p_{i+1} 和 p_{int} 之间

此时，利用控制点导数的未修正的值，确定使得辅助点都位于点 p_{int} 的导数放大因子 c_i 和 c_{i+1}，这样曲线就可以达到凹面的界限。由于紧缩只适用于二维样条曲线（保持整个曲线的第三分量为常量），其余的推导只针对两个因变量 x 和 y 的样条函数执行：

$$p_i + c_i m_i = p_{i+1} + c_{i+1} m_{i+1} \tag{4.21}$$

$$\begin{pmatrix} x'_i - x'_{i+1} \\ y'_i - y'_{i+1} \end{pmatrix} \cdot \begin{pmatrix} c_i \\ c_{i+1} \end{pmatrix} = \begin{pmatrix} x_{i+1} - x_i \\ y_{i+1} - y_i \end{pmatrix} \tag{4.22}$$

$$\begin{pmatrix} c_i \\ c_{i+1} \end{pmatrix} = \frac{1}{x'_{i+1} y'_i - x'_i y'_{i+1}} \begin{pmatrix} -y'_{i+1} & x'_{i+1} \\ -y'_i & x'_i \end{pmatrix} \begin{pmatrix} x_{i+1} & -x_i \\ y_{i+1} & -y_i \end{pmatrix} \tag{4.23}$$

得到了 c_i 和 c_{i+1} 的值，式（4.18）和定理 4.4 可以用来确定样条是否是自相交的或凹的。如果该值小于 $\frac{1}{3}$，Bézier 辅助点不满足这个条件。在这种情况下，控制点导数被缩放，以便辅助点 b_{3i+1} 此时和点 p_{int} 重合：

$$m_{i,\text{new}} = 3c_i m_{i,\text{old}} \tag{4.24}$$

且对于 m_{i+1} 是相似的。

■ 4.3 Hermite 样条曲面

为了描述飞行器表面，上一节提出的概念需要推广到曲面上。这涉及使用两个独立的变量（这里表示为 u 和 v），因此，不是将直线段映射成一个空间曲线，而是将矩形平面映射到空间中的一般曲面上。为此，应用了一种类似于构造 Bézier 曲线的方法。应用分段二元插值从 $m \times n$ 的点 $b_{i,j}$ 中获得 Bézier 表面 $b^{m,n}$。

这里的讨论将限于双三次曲面（$m = n = 3$）。对 Bézier 样条曲面的构造，类推方程（4.11），要求 16 个 Bézier 点，其中只有 4 个指定为角点。在图 4.5 中，给出了所需的 Bézier 点的例子，以及这些点之间的分段线性插值。

使用双三次 Hermite 样条的小块，这将产生一个表面，整个小块的边界是 C^1 的。使用这种形式是因为它使几何形状的产生更直观。双三次样条的小块写成 Hermite 形式如下：

$$x(u,v) = \sum_{i=0}^{3} \sum_{j=0}^{3} h_{i,j} H_i^3(u) H_j^3(v) \tag{4.25}$$

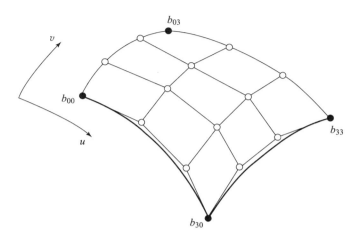

图 4.5　一个双三次 Bézier 曲面生成所需的点

表明点之间是分段线性插值且 Bézier 曲线在两个边上

由式（4.13）推出的 $\boldsymbol{h}_{i,j}$ 系数矩阵（$0 \leqslant u,\ v \leqslant 1$）如下：

$$
\boldsymbol{h}_{i,j} = \begin{bmatrix}
\boldsymbol{x}(0,0) & \boldsymbol{x}_v(0,0) & \boldsymbol{x}_v(0,1) & \boldsymbol{x}(0,1) \\
\boldsymbol{x}_u(0,0) & \boldsymbol{x}_{uv}(0,0) & \boldsymbol{x}_{uv}(0,1) & \boldsymbol{x}_u(0,1) \\
\boldsymbol{x}_u(1,0) & \boldsymbol{x}_{uv}(1,0) & \boldsymbol{x}_{uv}(1,1) & \boldsymbol{x}_u(1,1) \\
\boldsymbol{x}(1,0) & \boldsymbol{x}_v(1,0) & \boldsymbol{x}_v(1,1) & \boldsymbol{x}(1,1)
\end{bmatrix} \tag{4.26}
$$

　　为了评估上面的矩阵，第一步是创建划定曲面边界的曲线，这可以通过前面一节中描述的概念来完成。这种产生曲线的连续性水平将传递到这些曲线上的表面，但不一定是整个表面。如此，在整个将要描述的几何图形上，已经获得了"网状"的结构，将表面分割成一般的 4 个边界，2 个在 u 方向，2 个在 v 方向。此外，上述矩阵中的 16 个系数中的 12 个是已知的，因为在 u 和 v 方向的控制点上的导数是生成曲线所需的（如果它们是以 Hermite 形式构造的）。此时，在控制点的表面定义的方程是已知的，因为在这个边界使用的唯一的 Hermite 多项式是非零的 H_0^3 或者 H_3^3（分别对应三次曲线的始点和终点）。

　　形成样条曲面小块所需的额外的信息是交叉导数 $\boldsymbol{x}_{uv}$，也被称为扭曲。存在许多确定这些扭曲的方法。然而，这里将使用一个简单的有限差分方法来确定它们。这意味着在控制点（不是在控制网格的边界处），以下公式适用于 u 和 v 方向的等间距控制点：

$$
\frac{\partial^2 \boldsymbol{x}}{\partial u \partial v} \approx \frac{1}{u_{i+1} - u_{i-1}} \left[\left(\frac{\partial \boldsymbol{x}}{\partial v} \right)_{i+1,j} - \left(\frac{\partial \boldsymbol{x}}{\partial v} \right)_{i-1,j} \right] \tag{4.27}
$$

$$\frac{\partial^2 \boldsymbol{x}}{\partial u \partial v} \approx \frac{1}{v_{j+1} - v_{j-1}} \left[\left(\frac{\partial \boldsymbol{x}}{\partial u} \right)_{i,j+1} - \left(\frac{\partial \boldsymbol{x}}{\partial u} \right)_{i,j-1} \right] \tag{4.28}$$

在这种情况下,上面的第一个导数已经使用一阶有限差分法〔如式 (4.19)〕进行评估,两者的关系将计算为同一扭曲值。如果不是这样,可以取两个值的平均值。在 5.2.1 节给出了飞行器参数化中导数确定的选择细节。当在边界上的每个小块的边定义的曲线是由相同的系数生成的,即当它们是相同的曲线时,则保证了在共享边界上的表面是 C^1 连续性的。

5

第五章　飞行器几何形状

本章将描述用于优化的飞行器外形的外部几何形状。定义它们参数的同时给出各种形状参数的（相互依存）约束。在 5.1 节，将给出一个舱形状的参数化。随后，在 5.2 节将描述一个有翼飞行器外形。最后，在 5.3 节将描述用于空气动力学分析的表面离散化方法。

在讨论特定外形参数前，注意实现优化的参数值的表达是至关重要的。具体来说，不直接使用物理参数数值来表示外形，而是使用一种规范化参数来代替，其中所有外形参数都是定义在 0 和 1 之间的。采用这种方法允许形状独立的最小和最大参数值。因此，对于一个物理参数 x（例如，一个前缘半径 R_N），从它的最小和最大允许值（分别表示 x_{min} 和 x_{max}）及 0 和 1 之间的缩放参数 r_x 可以确定它的大小。这组参数 r_x 是归一化的形状参数。然后，x 的物理值大小可通过其内部 r_x 确定如下：

$$x = x_{min} + r_x(x_{max} - x_{min}) \tag{5.1}$$

这些参数 r_x 的集合跨越了用于优化的参数空间。这有助于使用最小和最大形状值的参数间的依赖关系。也就是说，不管其他外形参数，给定参数允许值的范围总是在 0 到 1 之间。然而，这个参数映射的物理形状影响可能有所不同。例如，取决于当前的最小和最大前缘半径值，一个给定的参数值 r_{R_N} 可以映射到 R_N 的值不同。

例如，r_{R_N} 通过定义它的值相对它的最小值和最大值的大小，可定义舱外形的前缘半径大小。取 $R_{N,min} = 0.5$ m，$R_{N,max} = 1.0$ m 和 $r_{R_N} = 0.3$，可以得到 $R_N = 0.65$ m。在某些情况下，讨论 r_x 值的表现将比讨论 x 的值更有启发性，因为它的值是定义在 0 到 1 之间的。因此，无论参数位于或接近其最小值或最大值，它都变得更加显而易见。

5.1 解析参数

许多飞行器的形状可以由解析曲面的组合定义。将在这里讨论的解析形状如图 5.1 所示。这是一个近似阿波罗太空舱的参数。可以看出，它由 4 个匹配的解析几何体，即一个球体段、一个圆环段、一个圆锥体（即一个顶部切断的圆锥体）和一个球面段组成，在图 5.2 中给出了进一步解释。虽然不存在唯一的参数集定义这个形状，但需要 5 个独立的参数来定义它。由于形状是轴对称的，所以整个表面几何形状是由图 5.1 所示的横截面的上半部分来定义的。定义本书研究的形状所选择的参数如下：

① 前缘半径 R_N；

② 面半径 R_S；

③ 后锥半角 θ_c；

④ 中径 R_m；

⑤ 后锥体部分长度 L_c。

在这里选择参数 L_c，而不是返回舱长度 L，是由于它与其他飞行器参数之间的约束更简单，后面将进行详细讨论。

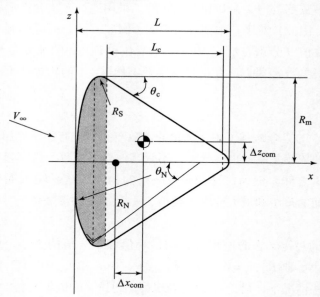

图 5.1 再入飞行器舱形状示意图（Ridolfi，2013）

以形状参数和解析形状的划分表示

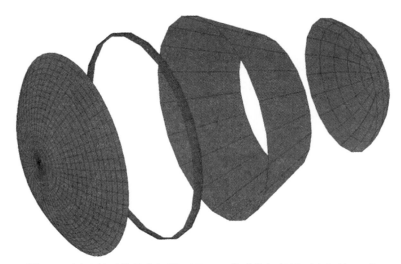

图 5.2　返回舱形状的分解图（显示了构成的解析图形之间的区别）

从图 5.3 中可以看到组成的解析图形的截面和参数的定义。通过以下简单的几何关系，可以得出返回舱的参数与这些解析的子形状参数之间的关系。

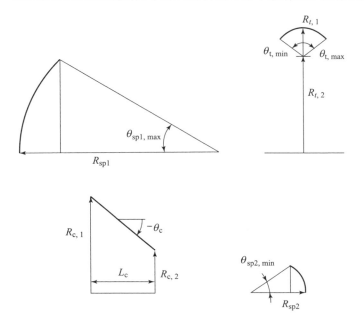

图 5.3　具有形状参数的返回舱形状示意图

关于前缘体：

$$R_{\mathrm{sp1}} = R_{\mathrm{N}} \qquad\qquad (5.2)$$

$$\sin(\theta_{\mathrm{sp1,max}}) = \frac{R_{\mathrm{m}} - R_{\mathrm{S}}}{R_{\mathrm{N}} - R_{\mathrm{S}}} \tag{5.3}$$

前缘体与后锥之间的环形连接的参数：

$$\theta_{\mathrm{t,min}} = \theta_{\mathrm{sp1,max}} \tag{5.4}$$

$$\theta_{\mathrm{t,max}} = \theta_{\mathrm{c}} \tag{5.5}$$

$$R_{\mathrm{t,1}} = R_{\mathrm{S}} \tag{5.6}$$

$$R_{\mathrm{t,2}} = R_{\mathrm{m}} - R_{\mathrm{S}} \tag{5.7}$$

关于锥的连接：

$$R_{\mathrm{c,1}} = R_{\mathrm{m}}(1 - \cos\theta_{\mathrm{c}}) \tag{5.8}$$

关于后球面：

$$\theta_{\mathrm{sp2,min}} = \frac{\pi}{2} - \theta_{\mathrm{c}} \tag{5.9}$$

$$R_{\mathrm{sp2}} = \frac{R_{\mathrm{c,1}} - L_{\mathrm{c}}\tan\theta_{\mathrm{c}}}{\cos\theta_{\mathrm{c}}} \tag{5.10}$$

此时，返回舱的总长度 L 为

$$L = L_{\mathrm{sp1}} + L_{\mathrm{t}} + L_{\mathrm{c}} + L_{\mathrm{sp2}} \tag{5.11}$$

$$L_{\mathrm{sp1}} = R_{\mathrm{N}}(1 - \sin\theta_{\mathrm{sp1,max}}) \tag{5.12}$$

$$L_{\mathrm{t}} = R_{\mathrm{S}}(\sin\theta_{\mathrm{t,min}} - \sin\theta_{\mathrm{t,max}}) \tag{5.13}$$

$$L_{\mathrm{sp2}} = R_{\mathrm{sp2}}(1 - \sin\theta_{\mathrm{c}}) \tag{5.14}$$

当生成一个返回舱形状时，参数最小值和最大值之间的约束是相互依赖的。也就是，除了对各个变量的先验约束，R_{N} 和 θ_{c} 的选择影响可供选择的 R_{m} 和 L_{c} 的大小。在按照上述顺序生成变量时，要遵守以下约束：

$$R_{\mathrm{m}} < R_{\mathrm{N}} \tag{5.15}$$

$$L_{\mathrm{c}} < \frac{R_{\mathrm{m}} - R_{\mathrm{S}}(1 - \cos\theta_{\mathrm{c}})}{\tan\theta_{\mathrm{c}}} \tag{5.16}$$

第一式能保证 $\theta_{\mathrm{sp1,max}} < 90°$，所以 $\theta_{\mathrm{t,min}} > 0°$。第二式能保证 $R_{\mathrm{c,2}} > 0$。对于每个形状参数，施加一个最小值和最大值，如表 5.1 所示。7.3.2 节将讨论 R_{m} 的值固定的情况。

表 5.1　最小和最大外形参数值

参数	最小值	最大值	注释
R_{N}	3.0 m	7.0 m	—
R_{S}	0.02 m	0.40 m	—

续表

参数	最小值	最大值	注释
θ_c	$-60°$	$-5°$	—
R_m	2.0 m	2.0 m	值固定
L_c	0.2 m	2.0 m	上界由式（5.16）约束
$\dfrac{\Delta x_{cog}}{L}$	-0.05	0.10	—
$\dfrac{\Delta z_{cog}}{h}$	0.0	0.10	—

除了飞行器的外形外，也可以改变航天器内部的质量分布。虽然在这里不考虑飞行器内部布局的所有细节，但本书将在某种程度上包含允许的质量中心的变化。这个质量中心的变化是众所周知的飞行器特征中的一个重要因素，因为重心在 z 方向上的偏移量允许飞行器在非零迎角下被修正，从而使它以非零的 L/D 飞行。此外，质心的位置可以用来进一步调节力矩曲线，扩展可能的修正角度范围。这有利于降低过载系数和最大热流，以及增加飞行器的飞行路径长度，从而增加其占用空间的大小。Hirschel 和 Weiland（2009）给出的例子中，重心的偏移值都可以被认为是非零的。质心 x 和 z 轴位置的参数化是首先确定由形状包围的容积的质心，然后对这个中心位置的横向和纵向偏移进行参数化。这些参数分别通过飞行器长度归一化，沿中心线偏移 $\Delta x_{com}/L$，以及通过飞行器外形的局部半径 h 归一化，垂直方向上局部偏移 $\Delta z_{com}/h$。质心位置只是偏离返回舱的轴向对称面。

由于返回舱型飞行器缺乏一般的质量模型，这里做一个简单的等密度近似。也就是说，假设所有生成的返回舱都有一个相同的均匀密度，然后再乘以飞行器的容积来获得质量。由于不同飞行器形状的平均密度不同，虽然这种处理将引入一个错误，但在这项研究中没有发现考虑这些影响的模型。这个返回舱的密度是以阿波罗舱为基础的，质量为 5 470 kg（Hirschel 和 Weiland，2009），通过飞行器网格（5.3 节描述的方法）获得它的容积，为 20.02 m^3，因而飞行器的密度为 273.29 kg/m^3。

需要注意的是，在多学科优化中，（例如）形状、轨迹和系统特性是同时分析和/或优化的，这里提出的模型和方法也可以通过使用系统模型来推导质量和质心等方法来做特性分析。

5.2 有翼飞行器参数化

有了返回舱的形状参数的描述，我们进行可能存在更宽泛的自由形状参数的飞行器翼的形状定义。这里提出了一个可能的形状定义，飞行器使用 Hermite 样条曲面生成（见 4.3 节）机翼和机身以及机身前端的球体段。对于襟翼，只使用一个矩形板。一般的形状是基于 HORUS – 2B 参考飞行器，如图 5.4 所示。

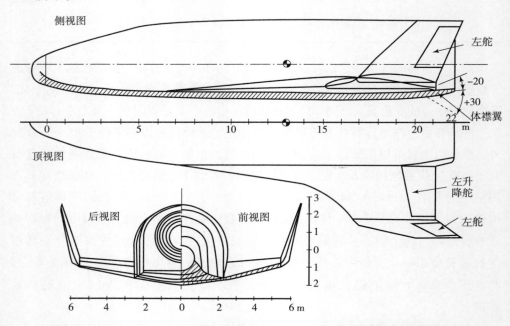

图 5.4 由 MBB（Ridder 和 Mooij，2011）设计的 HORUS – 2B 飞行器

本节将分别描述机身和机翼的参数化，然后讨论这两个参数如何匹配。随后，描述了用于翼形飞行器的质量模型。由于这部分的复杂性，在附录 B 中，给出了从飞行器形状的相关参数生成一个单翼飞行器外形的例子。

5.2.1 机身

机身形状是由样条曲面定义的，它由（近似的）球体段的前缘和由自由曲面样条定义的其余部分机身组成。选择保持前缘为球形，因为这个形状能够最好地分配在再入过程中遇到的极端热载荷。在这样的参数化中，作为一个额外的优势，已知的前缘半径可以直接用于计算热流。

前缘部分可由两个参数完全确定，即 R_N 和 θ_N。这些对应于图 5.3 中返回舱参数 R_{sp1} 和 $\theta_{sp1,max}$，因为有翼飞行器的前缘参数与返回舱前缘区完全相同。定义轴：根据定义，前缘点位于 $y=0$ 和 $z=0$，前缘和其余机身之间的过渡定义 $x=0$ 的点。x 轴在纵向方向上，y 轴在横向方向上，z 轴在向上的方向上。

样条曲面几何是由垂直于机身纵轴的 N_c 横截面定义的（见图 5.5 和图 5.6），每一个区域都由 N_p 点定义（与所有轮廓的 N_p 相等）。图 5.5 为一个有代表性的截面和形状侧视示意图。N_c 横截面上的 N_p 点用于生成两个独立方向（横向和纵向）的样条，随后用于生成样条曲面控制点网。图 5.6 显示了一个例子，纵向和横向样条分别用灰色和黑色表示。

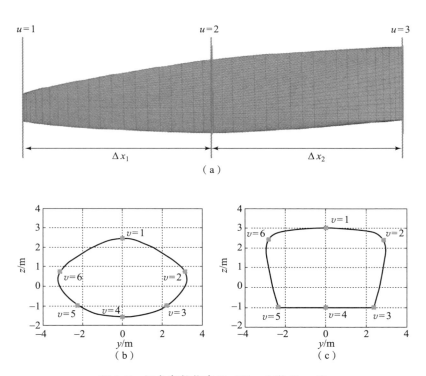

图 5.5　机身参数化表示（$N_c=3$ 和 $N_p=6$）

（a）剖视图显示横截面样条的位置；（b）控制点中间截面（$u=2$）样条曲线；

（c）控制点后截面（$u=3$）样条曲线

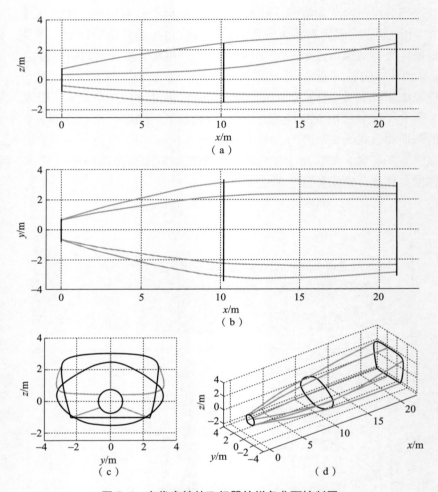

图 5.6 有代表性的飞行器的样条曲面控制网

　　该样条曲面 u 向是在纵向方向，$u=1$ 表示前缘的接口，$u=i$ 表示第 i 个截面。当沿着等高线顺时针方向移动时，从飞行器前部观察（图 5.5），v 的方向是横向的，$v=1$ 表示等高线的顶点，$v=j$ 表示第 j 个点。在讨论样条曲面控制网格的独立样条时，"样条 i" 将表示定义第 i 横截面形状的样条（即 $u=i$）。

　　该样条曲面的第一等高线（即图 5.5（a）中 $u=1$）是由前缘段位置和形状完全定义的，用控制点位置和导数选择最佳近似圆（只有 6 个控制点时误差小于 0.5%）。其他截面的位置由参数 Δx_i 定义，其中 $i=1,\cdots,N_c-1$，Δx_i 是横截面 i 和横截面 $i+1$ 之间的距离。

　　每个横截面是关于 xz 平面中各截面上的垂直中心线和两个控制点对称的。

其中一个定义了一个截面的顶部，另一个定义了它的底部，所以每个截面需要 $N_p/2+1$ 个控制点，甚至需要施加 N_p 个。图 5.5 给出 $N_p=6$ 的示例。截面 i 上的点表示为 $p_{i,j}$（带有 x_{ij}，y_{ij} 和 z_{ij}）。

定义自由曲面机身参数化的挑战在于形状参数 r_x 与定义每个横截面的点的位置之间的联系。不可能随意指定每个样条曲面控制点的 y 轴、z 轴的位置为一个值并使用该值为飞行器几何外形产生器的输入值。这大多将导致飞行器的外形出现非物理的或不期望的特征，如强凹。因此，输入参数 r_x，参见式（5.1），需要转换为控制点位置，这样它们将形成可接受的形状，同时该形状也可保持充分的自由度。为此，在给定截面上控制点的位置已经制定了 8 个约束条件。这些约束基于广泛的限制，保持机身形状在合理的范围内，凸度具有可取性，并且样条曲面控制网的非交点满足要求。一个有代表性的约束的例子如图 5.7 所示。下面将详细地给出这些约束中每一个约束的理论基础和实施方式。

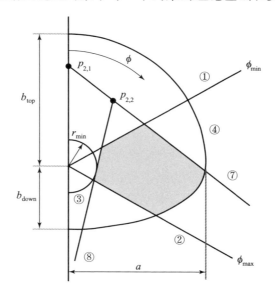

图 5.7 第二截面第三点的机身控制点选择的约束条件示意图

首先将 yz 平面（等高线定义的地方）分成 N_p 个部分，生成角度 ϕ 的范围相等（见图 5.7），并且要求等高线上的第 j 个控制点必须在第 $j-1$ 段（$y=0$ 为第一点）。这将确保控制点合理地分布在整个飞机上，防止它们群集从而导致不实的飞行器形状。约束由两条线定义，这些线限定了允许的角度的面积，如图 5.7 所示：

① 线 $\phi \geq \phi_{min}$，有

$$\phi_{\min} = \frac{2\pi(j-1)}{N_p} \tag{5.17}$$

②线 $\phi \leqslant \phi_{\max}$ ，有

$$\phi_{\max} = \frac{2\pi j}{N_p} \tag{5.18}$$

因为要求附加约束条件，控制点位置的其余自由度为它的位置在其 y 和 z 坐标定义的角度范围内。

为保持机身尺寸在 y 和 z 方向均在合理的范围之内，定义一个最小和最大形状包络，它们大致表示了飞行器高度和宽度的最大值和最小值。需要注意的是，这些形状包络的尺寸取决于所考虑的飞行器/任务的类型。这里将给出一个一般性的表述，并为具体分析案例提供数值大小。这些约束中的第一个约束③定义了最小飞行器尺寸如下：

③控制点必须位于半径为 $r_{\min}$ 的圆外。最小允许半径的约束设置为第一等高线半径的两倍，与前缘球面相匹配。另外，飞行器用非常小的 R_N 和/或 θ_N 时，为防止机身过薄，强加一个绝对的最小半径 $a_{\min}$ 约束，设置为 1.0 m，所以

$$\sqrt{y^2 + z^2} > r_{\min} \tag{5.19}$$

$$r_{\min} = \max(a_{\min}, 2R_N\sin\theta_N) \tag{5.20}$$

通过对一些典型再入飞行器形状的观察，最大外形包络线不选择为圆。首先，机身底部通常比机身顶部平坦。其次，飞行器的形状如 X – 38 和 X – 33 宽高比更大进而形成升力体，而没有发现飞行器有相反的情况。虽然参数化不应局限于已知形状，但这些形状应成为参数化的起点。对于宽度 $a_{\max}$、z 的最小值 b_{down} 和 z 的最大值 b_{top} （如图 5.7），分别选择定义独立的半径。这自然会导致一个顶部和底部约束曲线是分开的椭圆段的双椭圆形状，由下列条件量化：

④控制点必须位于双椭圆内部，半长轴为 a，这里定为 4 m，半短轴 b_{top} 和 b_{down} （即顶、底半部不同的半短轴）这里分别定为 3.5 m 和 2.0 m。

$$\left(\frac{y}{a_{\max}}\right)^2 + \left(\frac{y}{b_{\text{top}}}\right)^2 \geqslant 1 \tag{5.21}$$

$$\left(\frac{y}{a_{\max}}\right)^2 + \left(\frac{y}{b_{\text{down}}}\right)^2 \leqslant 1 \tag{5.22}$$

允许区域上的附加约束来自机身截面（近）凸形状的可取性。选择能放宽整个机身样条曲面的凸约束，以扩大可能的形状类。相反，只需定义样条曲面控制网的样条是凸的。

施加与纵向凸度有关的约束（即在 x 方向增加）。对于 $i = 2$ （与前缘匹配后的第一等高线，如图 5.5），这是通过将一个圆台形与前缘光滑连接起来，并使

整个截面样条在 $i=2$ 时位于这个圆台在 x_2 定义的圆内。对于 i 的更高值，凸约束由轮廓上的每个控制点 j 分别处理。对于每个控制点 j，必须位于一个半径为 $r_{max,c}$ 的球体内。创建通过点 $(i-1,j)$ 和 $(i-2,j)$（即前面的两个等高线上的相同标志 j）的线并继续到 x 的当前值。半径 $r_{max,c}$ 则定义为从原点到这条线上 $x=x_i$ 的点的距离，定义约束⑤如下：

⑤这个点必须位于半径 $r_{max,c}$ 的圆内，有

$$r_{max,c}\big|_{i=2} = R_N\sin\theta_N + \frac{\Delta x}{\tan\theta_N} \tag{5.23}$$

$$r_{max,c}\big|_{i>2} = r_{i-1,j} + (r_{i-1,j} - r_{i-2,j})\frac{\Delta x_{i-2}}{\Delta x_{i-1}} \tag{5.24}$$

作为纵向凸度的附加约束，要求未来横截面上的控制点（即具有高于当前点的 i 值）可以满足约束条件⑤。最后，在飞行器的后轮廓上，可以画一条从点 (i,j) 到半径为 r_{min} 的圆（约束③）上 $\phi=\phi_{i,j}$ 处的线。值 $r_{min,c}$ 定义为原点到线上 $x=x_i$ 处的距离。施加约束⑥：

⑥点必须位于半径 $r_{min,c}$ 的圆的外部：

$$r_{min,c} = r_{i-1,j} - (r_{i-1,j} - r_{min})\frac{\Delta x_i}{\sum_{k=i-1}^{N_c-1}\Delta x_i} \tag{5.25}$$

对于横向凸度，约束采用两条线的形式，见图 5.7。通过前两个控制点产生一条线 L_1（或对于 $j=2$，在 $z=b_{top}$ 处的水平线）。然后凸约束如下：

⑦这一点必须位于比线 L_1 更大的 ϕ 值上（给定 r）。

此外，不能选择由于截面上未来点的凸约束而使允许区域的面积减少为零的点。为了避免这种情况，通过前面的控制点与半径 r_{min} 的圆相切或者通过约束⑥产生一个线 L_2（两者占主导地位的）。然后最终约束定义为

⑧点必须位于比线 L_2 更小的 ϕ（对于给定的 r）值上。

施加这 8 个约束将产生一个由线段、圆弧和椭圆弧所包围的区域。定义横截面上的每个样条曲面控制点，需要 2 个形状参数，一个 y 向上的和一个 z 向上的位置。这些形状参数上的点的物理位置可通过式（5.1）得到。如图 5.7 所示的遮蔽区，在有界区域的 z 向的最小值和最大值先用来确定该点的 z 向值，有下式：

$$z_{i,j} = z_{min} + r_{z_{i,j}}(z_{max} - z_{min}) \tag{5.26}$$

然后，用产生 $z_{i,j}$ 的相似方法，从 y 的最小值和最大值的包围区产生 $y_{i,j}$。

截面样条的控制点导数由中心有限差分确定。由于控制点微分较大，如果得到的样条函数是非凸的或自相交的，则重新调整该微分以收紧样条（见 4.2.3）。与前缘球体的光滑匹配得到第一截面上的纵向微分。剩余部分的微分又是从中心

差分（或者后轮廓向后差分）获得的。

利用该算法和指定值 a，b_{top} 和 b_{down}，以及一个前缘球形状，可以定义通过决定每个控制点位置的一组形状参数集 r 的机身形状。然而，除了前缘球体，机身必须与机翼和机身襟翼正确连接。5.2.3 节讨论了与翼的接口，同时需要根据机身的形状修改机翼的形状，但不是反之亦然。然而，与体襟翼的接口对机身的形状提出了要求，即在最后轮廓的底部要有一个襟翼可以附着在上面的平坦部分。这样平坦的底部对于保证体襟翼的效率至关重要。形状参数修改如 $z_{N_c, N_p/2+1}$ 值（即最后的底部的轮廓控制点）不再是自由选择的，而是选择等于 $z_{N_c, N_p/2}$ 的值。通过施加额外的 $\dot{p}_{N_c, N_p/2} = 0$，后方轮廓最后两个控制点间的底部将是直的，并与 y 轴平行，如图 5.5（c）所示。图 5.8 显示了体襟翼附件。

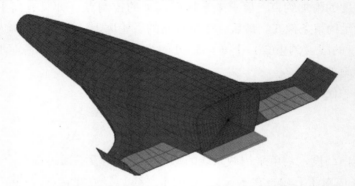

图 5.8　控制面以浅灰色显示的整车配置（正如下文论述的，注意副翼铰链线不是笔直的）

总之，机身形状是由以下步骤生成的：

①通过参数 R_N 和 θ_N 生成前缘体段。

②生成 $\Delta x_1 \cdots \Delta x_{N_c-1}$ 的横截面样条的纵向位置值。

③从前缘体段生成第一轮廓截面。

④飞行器中间轮廓（$i = 2 \cdots N_c - 1$）生成方式如下：

a. 确定轮廓顶点 z 值的最小值和最大值，从相关参数值生成顶部轮廓点。

b. 对于第二个通过第 $N_p/2$ 的点，确定约束曲线，从这些曲线中，确定控制点的边界形状。从相关参数，确定控制点 y 和 z 的位置，表示为 $y_{i,j}$ 和 $z_{i,j}$。

c. 确定底部轮廓点 z 值的最大值和最小值；产生底部轮廓点相关的参数值。

⑤飞行器后面轮廓生成方式如下：

a. 确定轮廓顶点 z 值的最小值和最大值，从相关参数值生成顶部轮廓点。

b. 对于第二个通过第 $N_p/2$ 的点，确定约束曲线，从这些曲线中，确定控制点的边界形状。从相关参数中确定控制点位置。

 c. 采取底部轮廓点的 z 值等于第 $N_p/2$ 控制点的 z 值的方式。

 ⑥从第一个通过第 N_c 横截面的样条中产生 u 方向样条。

 ⑦从与前缘体接口生成第一轮廓处的 u 方向导数。

 ⑧设定后轮廓 u 方向导数为 0。

 ⑨设定后轮廓在点 3 和 4 上 v 方向导数为 0。

 ⑩用中心差分法产生剩余控制点的导数和扭转。

 图 5.9 中展示了 $N_c=3$ 和 $N_p=6$ 时横截面样条和由此产生的机身形状，其中每个控制点的边界形状也用于说明目的。

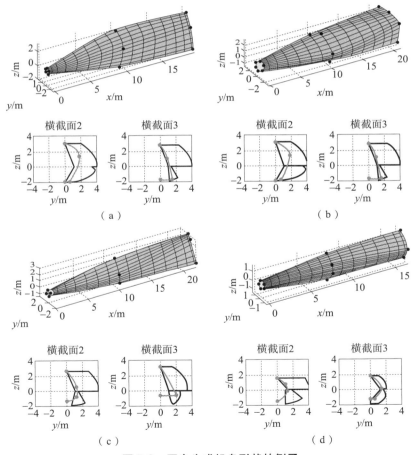

图 5.9　四个生成机身形状的例子

其中 N_c 为 3 和 N_p 为 6，在所有三个横截面上都有控制点位置。样条曲面控制点的
约束区域、生成的控制点和得到的截面样条用第二和第三横截面的单独图形表示

这里描述的算法适用于任意的 N_c 和 N_p 值。虽然这两个值的增加通常会导致生成的可能形状的增加，但也会导致优化过程中独立变量数量和搜索空间的维数的增加。因此，通过增加 1 个 N_c 的值将增加搜索空间的维度 N_p，反之亦然。为了减少这一维度，同时保持各种形状的功能，在优化中选择 N_c 为 3，N_p 为 6。定义机身导致 13 个独立变量，特别是 Δx_1，Δx_2，R_N，θ_N，$z_{2\cdots3,1\cdots4}$（除点 $z_{3,4}$ 外）和 $y_{2\cdots3,2\cdots3}$。飞行器外形参数（包括机身）的完整列表见表 5.2，其中包括先验和相互依赖的参数值约束。

表 5.2 最小和最大有翼飞行器外形参数值

参数	最小值	最大值	注释
R_N	0.4 m	1.0 m	—
θ_N	22.5°	77.5°	—
$\{y_{2\cdots3,2\cdots3} \cup z_{2\cdots3,1\cdots4}\} \setminus \{z_{2,4}\}$	见 5.2.1 节	见 5.2.1 节	—
$\Delta x_{1,2}$	7.0 m	12.0 m	—
R_{LE}	0.2 m	0.4 m	—
θ_{LE}	见式（5.27）	30°	—
L_w	$0.35L_{fus}$	$0.8L_{fus}$	L_{fus} 表示机身总长
L_{mid}	$0.25L_w$	$0.6875L_w$	—
t_{mid}	R_{LE}	0.6 m	—
$\dfrac{x_{w,2}}{x_{w,1}}$	0.4	0.6	—
$\dfrac{x_{w,4}}{x_{w,1}}$	0.05	$0.9\dfrac{x_{w,3}}{x_{w,1}}$	—
$y_{w,1}$	4.0 m	8.0 m	—
$y_{w,3}$	$\dfrac{y_{w,1}}{4}$	$\dfrac{y_{w,1}}{3}$	—
Δx_f	0.0 m	$x_{w,4}$	—
θ_f	45°	90°	—
L_{bf}	0.25 m	2.0 m	体襟翼长度必须比宽度小
f_{El}	0.5	0.95	$= L_{el}/x_{w,3}$

5.2.2　翼

定义机身外形后，将进行飞行器机翼外形的参数化和创建。与机身形状一样，机翼形状是对称的，所以左机翼的形状等于右机翼的形状。机翼参数根据两组参数定义，一组定义机翼的形状，另一组定义平面形状。机翼的参数化有机翼外形 u 和 v 的两个独立方向，如图 5.10 和图 5.11 所示。机翼的形状由它的横截面形状（在 u 向上）和平面形状（在 v 向上）定义。此外，升降副翼是插在每个机翼的后部，如图 5.8 所示。

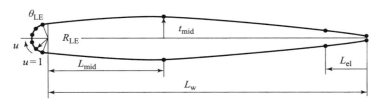

图 5.10　翼型形状参数化

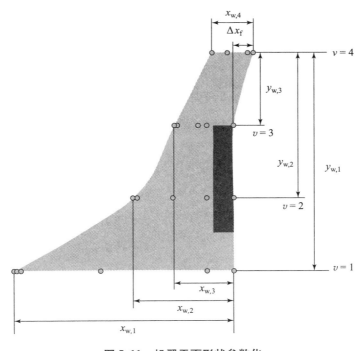

图 5.11　机翼平面形状参数化

首先讨论翼型的参数化和离散化。为了限制所需参数的数量，对翼型截面形状进行了一些简化假设：

- 机翼的每个翼型截面由相同的形状定义，但要进行相应的缩放以适应局部弦长。即每个截面在 $v=0，1，2，3$ 处机翼的形状是相同的，所有的线性尺寸是相同的恒定比例（平面参数化定义）。

- 机翼形状相对水平面是平直的和对称的。由于上翼面对高超声速力和力矩系数贡献不大（见 3.1.2 节），因此增加自由度以改变表面形状是低效的方式。

翼型外形现在由下面的参数完全定义，如图 5.10 所示。这个参数大致基于 PARSEC 机翼参数化（Sobieczky，1998）：

- 前缘半径 R_{LE}；
- 前缘圆角范围 θ_{LE}；
- 省略圆形前缘，翼面总长 L_w；
- 中间控制点位置 L_{mid}；
- 中间控制点翼面厚度 t_{mid}；
- 升降副翼长度 L_{el}。

对于前缘与 L_{mid} 之间的凸区域，必须满足以下不等式：

$$\tan\theta_{LE} > \frac{t_{mid} - R_{LE}\cos\theta_{LE}}{L_{mid}} \tag{5.27}$$

这是前缘段通过中线连接到中点的极限情况。

平面形状通过这样的方式参数化，以便能够近似以下飞行器形状，如 HORUS、航天飞机、Hermes、HOPE – X 等。对于参数化，使用翼尖小翼而不是垂直尾翼进行横向控制，如在 HORUS、航天飞机、Hermes、HOPE – X 上。翼尖小翼通过机翼顶部向上弯曲形成，如图 5.12 所示。由于仅考虑横向稳定性，不考虑横向控制，翼尖小翼上不包括舵。

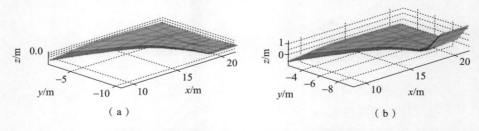

（a）　　　　　　　　　　　　（b）

图 5.12　样条位置在 $v=1，2，3，4$ 的翼形表示

（a）前弯曲；（b）后弯曲

图 5.11 显示翼面形状是基于翼型弯曲前的参数。为了清楚起见，样条控制点也被显示出来。可以看出，定义了 4 个翼型截面。每一个翼型的定标由 $x_{w,i}$ 与 $x_{w,1}$ 的比值确定。因此，在这四个位置中的每一个的弦长和横截面形状由上述的翼型形状定义，即直接用第一横截面，而参数 $\dfrac{x_{w,i}}{x_{w,1}}$（$i = 1$，2，3 时），定义了在其他横截面上的比例因子。翼的总跨度，前弯曲通过参数 $y_{w,1}$ 定义，而弯曲区域跨度通过 $y_{w,3}$ 的值定义。选择 $v = 1$ 和 $v = 2$ 之间的距离以及 $v = 2$ 和 $v = 3$ 之间的距离相等（即 $y_{w,1} - y_{w,2} = y_{w,2} - y_{w,3}$）。翼梢向上扫掠的角度及该梢的扫回都是参数，而弯曲的曲率半径是固定的。扫回是通过参数 $\dfrac{\Delta x_f}{x_{w,4}}$ 定义的。

总的来说，翼由 Hermite 样条曲面定义，其控制网由四个由局部弦长缩放表示相同的翼型形状的 Hermite 样条定义，每个轮廓由 12 个控制点组成（如图 5.10 所示）。前 6 个控制点近似为圆形截面。两个控制点限定了翼型的后部，两个控制点限定了前缘和后部之间的整体形状，两个控制点定义了升降舵位置。

因为升降副翼应该具有直铰线，所以定义升降副翼的节点位置不能与其他样条一起缩放。为了近似，该控制点的位置是在样条缩放之后重新确定的。以这样的方式选定它的位置和导数，从而在样条的整体形状上引起最小的变化。

升降副翼长度 L_{el} 由 f_{el} 的值参数化，它代表 $x_{3,7}$ 和 $x_{3,9}$ 之间的距离，即升降副翼为

$$L_{ev} > \frac{x_{w,3}}{x_{w,1}}(L_w - L_{mid})f_{el} \tag{5.28}$$

总结，翼生成算法如下：

①从相关参数及其的最小值和最大值生成所有翼形参数，如表 5.2 所示。

②适当缩放产生每个轮廓的基本翼型曲线：

a. 生成前缘样条，其近似为圆；

b. 确定除升降舵前端控制点之外的剩余控制点位置；

c. 从当前轮廓缩放值和给定的升降副翼长度确定升降副翼前部控制点位置。

③从未投影的翼型曲线产生 $v = 2$，3，4 的样条。

④确定导数和交叉导数作为样条曲面控制点。

⑤向上弯曲翼梢。

最后，将机翼与机身匹配使用的一种算法，将在下一节讨论。

⑥精确匹配机身前翼型曲线的正确定位：

a. 根据后缘应与机身后部齐平的要求确定 x 平移；

b. 根据机翼和机翼之间的 z 值间的最小差值确定 z 平移；

c. 从前缘的前侧点投影到机身上确定 y 平移。

⑦根据 5.2.3 节算法将机翼曲线投影到机身上。

5.2.3 机身与机翼界面

使用前面两部分描述的方法，可以生成单独的机翼和机身形状。然而，为了产生一个完整的飞行器，必须通过匹配机身与两个机翼这两个不同的形状而组合成一个统一的形状。首先，这需要定义机翼关于机身的相对位置，即机翼上的参考点与机身上的参考点之间的距离偏移量。其次，机翼或机身形状必须局部变形，以允许两个形状顺利地连接，没有缝隙或交叉口。假设机翼形状关于机身形状没有旋转，即它们的局部 x、y 和 z 轴取在相同的方向上。

首先定义机翼和机身的相对位置。对于机翼的纵向相对位置（即 x 位置），机翼的后部选定为与机身的后部齐平，如图 5.8 所示。其次，确定机翼的 z 变换，即机翼附着在机身上的"高"或"低"。作为这个平移的第一个标准，要求整个飞行器的最底部在机身底部，而不是机翼底部。这样做是为了充分利用机身形状的大自由度。为了实现这一点，我们确定了当机翼下移时，机翼上的第一个位置也就是整个飞行器上的最低点。这个点标记为 $x_{w,zmin}$。当向下移动机翼时，$x_{w,zmin}$ 是机翼首先完全遮盖机身底部的位置（假设左翼和右翼通过某种方式连接）。然后进行机翼关于机身在 z 方向上的放置，使得机身和机翼在 $x_{w,zmin}$ 的 z 向距离成为给定的等于翼型参数 t_{mid} 的"缓冲"值。最后，在 x 和 z 方向上平移之后，定义了 y 方向（横向）的相对位置，并通过该位置来平移机翼。这是通过定义机翼根部的前部正好位于机身上来完成的。

然而，由于机身和机翼不能顺利匹配，机翼连接尚未完成。由于要连接的机翼是在 xz 平面中定义的，并且要连接的机身具有一些一般的、双弯曲的形状，所以必须使机翼或机身（或两者）变形，以获得平滑的附着。在这里，选择仅仅变形机翼的第一横截面（在局部 $v=0$）以平滑地匹配机身。通过在 y 方向上以 $v=0$ 移动样条控制点来实现这种变形，以使它们直接位于机翼上。采用这种方法不损害翼型形状，且能保持形状参数和机翼的实际形状之间的透明度。

希望机翼和机身之间的匹配通过保持前缘半径不变的方式去完成，尽管因此对于翼的前缘上的控制点略有不同，但这也是可取的，因为前缘热流是施加在飞行器上的约束（见 6.3.2 节）。因为热流与 R_{LE} 的值成正比（见 3.4.1 节），如果可能，在优化时将 R_{LE} 直接与某个参数相关联是很有效的方式。这不仅使参数的含义更加透明，并且简化了前沿计算，还将产生更真实的飞行器形状，并在参数空间和约束空间之间提供更平滑的映射。

为了在不改变 R_{LE} 值的情况下实现前沿匹配，在前缘沿 v 方向（翼展方向）修改了机翼的曲线。具体地，取决于样条曲线的根点是在机身外面还是在机身内部，要么将样条曲线进一步延伸到机身上，要么将它缩短到机身上。图 5.13 显示出机翼前视图细节。可以看出，机翼的顶部和底部已经位于机身上，因为它们的匹配是通过前面讨论的相关控制点的简单 y 变换来实现的。然而，对于前缘，图 5.13 中（a）和（b）的图片显示了前缘匹配前后的情况。如图所示，去除机身内部的前缘部分以获得匹配而不使前缘变形。类似地，在不变形的情况下，延伸在机身外侧前缘部分的展向样条曲线，最终形成图 5.13（b）所示的形状，其中机翼与机身平滑地匹配。

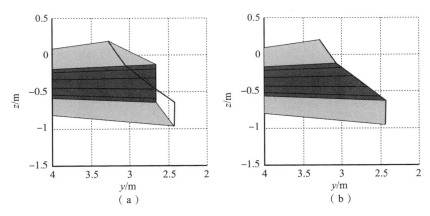

图 5.13　机翼匹配的前视图细节

（a）前沿匹配前；（b）前沿匹配后

5.2.4　质量模型

为了评估再入飞行器的性能，需要飞行器质量的模型。由于有翼再入飞行器的强结构复杂度，与返回舱相比，使用恒定密度假设是不可取的。此外，由机翼引起的附加质量是提升再入飞行器（通常是可重复使用）成本的一个因素。升力的增加和质量的增加之间存在折中，因此成本是这种飞行器设计中的一个重要因素。为了更准确地评估这些飞行器的性能，使用一个由 Harloff 和 Berkowitz（1988）开发的经验性尺寸工具，高超声速航空航天尺寸分析（HASA）。该工具可初步评估高超声速飞行器的尺寸和质量，包括轨道再入飞行器。这种工具先前应用在高超声速飞行器的设计优化中的例子，可以在 Tsuchiya 等（2007）的文献中找到。虽然本研究不使用该工具的尺寸部分，但是由参数化获得的尺寸被用作该工具的质量估计中的输入参数。现在将介绍工具中的使用关系。应该注意的是，这里给出的相关性使用的是英制单位（即 ft，lb，psi），而不是 SI（国际标准）单位。

机身质量 W_{fus} 由以下关系估计：

$$W_{\text{fus}} = 0.341 C_{\text{mf}} \left[\left(\frac{L_b n_{\max}}{D_{b_e}} \right)^{0.15} q_{\text{dyn,max}}^{0.16} S_{\text{fus}_{\text{tot}}}^{0.15} \right] \tag{5.29}$$

式中，L_b 是机身的长度；$n_{\max}$ 是极限过载系数；$q_{\text{dyn,max}}$ 是最大动压；$S_{\text{fus}_{\text{tot}}}$ 是总机身表面积；C_{mf} 是一个修正因子；D_{b_e} 是有效的体直径，通过下式确定：

$$D_{b_e} = \sqrt{\frac{V_{\text{tot}}}{L_b \frac{n}{4} \eta_V}} \tag{5.30}$$

式中，V_{tot} 是机身容积；n 等于 2 和 η_V 是容积效率。根据 HASA 中的信息，修正因子 C_{mf} 取 1.12。

翼的总质量 W_w 通过下式确定：

$$W_w = 0.295\,8 C_{\text{mf}} \left\{ \left(\frac{W_{\text{emp}} n_{\max}}{1\,000} \right)^{0.52} S_w^{0.7} (\text{AR})^{0.47} \left(\frac{1+\lambda}{\frac{t}{c}} \right) \left[0.3 + \frac{7}{\cos (\lambda_{1/2})} \right] \right\}^{1.07}$$

$$\tag{5.31}$$

式中，S_w 是通过机身将机翼连接在一起时机翼的总平面面积；AR 是机翼纵横比；λ 是机翼锥度比；$\lambda_{1/2}$ 是中间弦的扫掠角。应该注意的是，纵横比是根据 S_w 的值确定的：

$$\text{AR} = \frac{b^2}{S_w} \tag{5.32}$$

式中，b 代表飞行器的总翼展。可以看出，机翼质量可表示为飞行器总空载质量 W_{emp} 的函数，因此机翼和总质量的最终解是通过迭代求解的。在机翼质量方程中，可以看出机翼厚度的增加意味着机翼质量的减小，这似乎是与直观相反的。然而，Udin 和 Anderson（1991）给出的描述亚声速机翼质量估算工具的数据表明这很可能是因为需要额外的质量来承受弯矩。

TPS 质量的关系如下：

$$W_{\text{TPS}} = W_{\text{TPS}} (S_w + S_{\text{fus}_{\text{bot}}} + S_{\text{cs}}) \tag{5.33}$$

式中，W_{TPS} 是单位面积 TPS 质量的平均值，对于所有飞行器来说，它将被假定为常数；$S_{\text{fus}_{\text{bot}}}$ 是机身底部直接暴露于流动的区域面积，但并不考虑通过机身连接机翼

的 S_w 值；Harloff 和 Berkowitz（1988）给出用于轨道再入飞行器的 W_{ins} 的值是 3 lb[①]/ft²，本书将采用该近似值。

　　飞行器子系统的质量也可以用 HASA 的关系来近似，起落架的质量、液压、航空电子和电气系统近似于：

$$W_{gear} = 0.009\ 16W_{emp}^{1.124} \tag{5.34}$$

$$W_{hydr} = 2.64\left[\frac{(S_w + S_{cs})\ q_{dyn,max}}{1\ 000}\right]^{0.334}(L_b + b)^{0.5} \tag{5.35}$$

$$W_{avcs} = 66.37W_{emp}^{0.361} \tag{5.36}$$

$$W_{elect} = 1.167W_{emp}^{0.5}L_b^{0.25} \tag{5.37}$$

式中，S_{cs} 表示控制表面的表面积；b 表示翼展。在 HASA 中还包括有效载荷和设备质量的关系，但是由于一个再入飞行器没有考虑到有效载荷，所以此处不包括该关系。考虑再入飞行器的尺寸，设备重量的关系式会产生一个 10 000 lb 的最小值，在这里使用似乎是完全不合适的。然而，由 Harloff 和 Berkowitz（1988）列出的实例中，设备的质量占 1% ~ 2%，因此忽略此项是可接受的。

　　由于 HASA 被设计用于分析相对较大的飞行器（长度为 150 ~ 400 ft），所以使用 HASA 关系和 HORUS – 2B 飞行器（MBB – Space，1988；Mooij，1995）的几何信息，可获得空质量估计值。合成的质量为 13 538 kg，而飞行器的空质量为 18 394 kg。与 HASA 文档中的示例相比，差异是相对较大的。为了改善有翼再入飞行器的质量估计，针对生成的飞行器，使用一个与 HORUS 质量估计中相对误差同等的校正因子。

　　在分析有翼飞行器外形性能的过程中，发现当允许飞行器的质心从名义位置变化时，将显著地减少可行解的数量。因为该数值只有大约 10%（9.1 节），所以可以通过保持质心位置不变来确定可行解。计算了各质量贡献的质心，并将质心作为这些点的质量加权平均。

5.3　网格曲面

　　关于 3.3 节中所描述的气动分析方法，需要一个翼板的表面网格。所使用的几何输入文件格式是兰利线框几何（Langley Wireframe Geometry，LaWGS）格式（Craidon，1985）。它将线框定义在构成对象的离散点上，然后可以从任意数量的这些对象中定义整个配置。对象可以定义在（右手笛卡儿）全局坐标系或局

----

①　1 lb（磅）= 0.454 kg。

部坐标系中，其中必须给出从局部坐标系到全局坐标系的平移和旋转的规范。此外，xy、xz 或 yz 平面的镜像对称性可以在对象的局部坐标或全局坐标中定义。

单个对象由多个轮廓组成，这些轮廓又由多个点组成，其中每个轮廓上的点的数量必须相等。通过将每个点连接到同一轮廓上的相邻点和在后续轮廓上具有相同指标的连接点，得到四边形的线框。图 5.14 为航天飞机的线框模型。这种网格格式的一个缺点是，因为平面由 3 个点定义，所以使用 4 个点用于一个面板可能会导致定义它们的点不完全位于面板上。为了从 4 点 $p_{i,j}$，$p_{i+1,j}$，$p_{i,j+1}$，$p_{i+1,j+i}$ 定义面板，面板法线 $\hat{n}_{i,j}$，质心 $\bar{p}_{i,j}$ 和面积 $A_{i,j}$ 通过下式确定：

$$\bar{p}_{i,j} = \frac{p_{i,j} + p_{i+1,j} + p_{i,j+1} + p_{i+1,j+1}}{4} \tag{5.38}$$

$$n_{i,j} = (p_{i+1,j+1} - p_{i,j}) \times (p_{i+1,j} - p_{i,j+1}) \tag{5.39}$$

$$A_{i,j} = \frac{1}{2} |n_{i,j}| \tag{5.40}$$

$$\hat{n}_{i,j} = \frac{n_{i,j}}{|n_{i,j}|} \tag{5.41}$$

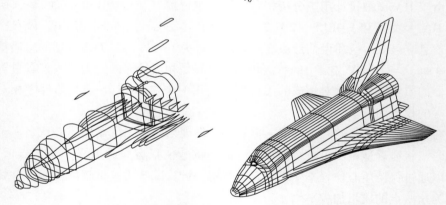

图 5.14　兰利线框几何标准的航天飞机线框模型

注意梭形和平面几何形状的差异（Craidon，1985）

从这个定义中，可以看出法向向量是通过面板的两个交叉向量定义的。在这两个交叉向量相交的情况下，所有四个点都将位于面板上。然而，在其他情况下，有效面板被"平移"，使得它的质心与上面确定的质心重合。面板的面积是通过"有效"平行四边形的面积确定的。对于空气动力学系数的计算（见 3.3 节），面板的确切形状是不相关的，代替使用的是根据质心定位及法线定向的"集中区域"。对于翼板遮蔽，为防止虚假结果，水密网格是很重要的。然而，由于面板遮蔽算法将所有面板投影到 yz 平面上，面板的所有点将始终位于同一平面内。

为了保持一致性，Craidon（1985）在"两端渐细的"和"平面的"对象中讨论了两种主要的几何类型，还有在 LaWGS 中定义它们的相关推荐方法。梭形物体，如机身或发动机机舱，应该包含从前缘开始并在后端结束的轮廓线，每行上的第一个点 z 位置最低，连续点以顺时针方向给出（当从前面观察时）。对于平面体，如翼或尾部，轮廓应该在后缘开始，并且应该首先定义"底部"。图 5.14 显示了梭形和平面几何形状之间的区别。

为了将样条曲面或分析表面转换成网格表面，需要确定两个网格设置精度。必须定义轮廓的数目 N_c 和每个轮廓的点数 N_{pt}。然后将第一独立变量和第二独立变量划分为相应数量的部分。例如，对于一个 $1 \leqslant u \leqslant 5$ 和 $1 \leqslant v \leqslant 4$ 的样条表面，$n_c = 9$ 和 $n_p = 5$，网格点在如下独立变量值上：$u = 1, 3/2, 2, \cdots, 5$ 和 $v = 1, 7/4, 5/2, \cdots, 4$。然后，第一轮廓对应于 $u = 0$ 所取的点和 v 的给定值，第二轮廓对应于 $u = 1/2$ 及给定的 v 值等。对于通过固定单个独立变量所获得的曲线闭合的表面，如机身，当固定 v 值，在确定网格点的位置时考虑该闭合。

从飞行器网格确定总表面积 S 和内部容积 V 如下：

$$S = \sum_{i=0}^{N_c-1} \sum_{j=0}^{N_{pt}-1} A_{i,j} \tag{5.42}$$

$$V = \frac{1}{2} \sum_{i=0}^{N_c-1} \sum_{j=0}^{N_{pt}-1} \left[(\bar{\boldsymbol{p}}_{i,j} - \boldsymbol{p}_{ref}) \cdot \hat{\boldsymbol{n}}_{i,j} \right] A_{i,j} \tag{5.43}$$

第一个关系是不言自明的，但第二个则需要更多的解释。对于容积的计算，为顶点在点 $\boldsymbol{p}_{ref}$ 上，每个面板形成金字塔，然后对其容积求和。金字塔的基础是这样形成的，它们垂直于向量（$\bar{\boldsymbol{p}}_{i,j} - \boldsymbol{p}_{ref}$）。基座的面积是面板面积的一小部分。这个分数是从求和中的点积获得的。

6

第六章 优 化

本章将讨论用于本研究的优化过程。将解决一般的（设计）优化问题和有特定外形的返回舱和有翼飞行器的优化问题。首先，6.1 节将提出多个单目标和多目标优化的基本概念。随后，将在 6.2 节中讨论本书使用的优化算法，即粒子群优化（PSO），最后，6.3 节将概述这里所关注的设计问题的优化过程，提供所使用的目标函数和约束函数的定义和原理。

6.1 一般概念

在这一节中，将讨论与当前问题相关的全局优化的一些基本概念。广泛讨论了如 Wahde（2008）和 Deb（2000）给出的关于优化问题的基本原理及其实现。首先，6.1.1 节将讨论一个单一函数优化问题的定义，接着 6.1.2 节讨论如何将相关概念推广到区域的多目标优化。

6.1.1 问题描述

在优化中，目标是为某一物理问题找到最佳的解决方案。为了能够定量地比较不同的解决方案，在数学上将公式化解决方案的性能或成本作为函数 $f(x)$，其中向量 x 表示解或搜索空间中的位置。问题的解空间涵盖优化中考虑的独立变量的所有值。独立变量的数目表示为 n_S，是搜索空间 S 的维数。当函数 f 最大化时，它通常被称为适应度函数，更高的适应度表示更好的解。当寻求最小值时，它被称为成本函数，成本越低，解越好。更一般地，它被称为目标函数。

应当指出，通过将函数 f 转化为 $-f$（或者 $1/f$，如果对于任意的 x，$f > 0$），任何最小化问题总是可以转化为一个最大化问题，反之亦然，因此，单目标优化问题可以在不损失一般性的情况下按以下形式进行：

$$\min_{\boldsymbol{x}} f(\boldsymbol{x}) \tag{6.1}$$

在上面，没有对搜索空间 S 给出明确的限制，并且隐含地假定搜索空间是 $\mathbb{R}^{n_S}$。然而，实际问题通常伴随着不等式和等式约束，其可以采用以下形式：

$$g_i(\boldsymbol{x}) \leqslant 0, \quad i = 1, \cdots, p \tag{6.2}$$

$$h_j(\boldsymbol{x}) = 0, \quad j = 1, \cdots, q \tag{6.3}$$

这些 $p + q$ 附加函数限制了 $\mathbb{R}^{n_S}$ 中允许解的域。不损失一般性，因为最大化问题可以被转换成最小化问题的形式，等式（6.2）中的符号 $\geqslant$ 可以用 $\leqslant$ 来代替。定义约束时，重要的是 S 不是空的，也就是说，完整的约束集不会导致空的搜索空间。

对于在本研究中分析的问题，张成解空间的参数是形状 r_x 的相关参数值（参见第五章开始部分）。选择这些参数中的每一个，使得单位区间 $[0, 1]$ 是其无约束范围。因此，无约束的解空间可扩张成 $\mathbb{R}^{n_S}$ 中的 n_S 维单位超立方体，其中关于返回舱形状的 $n_S = 6$，关于有翼飞行器的 $n_S = 29$。在这两个问题中使用的目标和约束在 6.3.1 节和 6.3.2 节中讨论。由于没有考虑等式约束，因此不需要进一步考虑等式约束。

6.1.2 多目标最优性

对于复杂的优化问题，目标函数不能表示为一个函数，因此出现多目标优化概念。为了实现这一点，将方程（6.1）推广到允许多个代价函数：

$$\min_{\boldsymbol{x}} [f_1(\boldsymbol{x}), \cdots, f_m(\boldsymbol{x})] \tag{6.4}$$

因为不同的目标函数间会相互竞争（如果它们没有，则可以消除一些），这个公式有利于一个明显更复杂和不适定的问题优化。这意味着，对于 $\boldsymbol{x}$ 中的某个变化，在一个成本函数中的减少可能导致另一个成本函数的增加。因此，问题变为如何定义多个函数的并行最小化的最优解。一种选择是通过引入一个新的单目标函数 $F(\boldsymbol{x})$ 将目标合并为一个"加权全函数"：

$$F(\boldsymbol{x}) = \sum_{i=1}^{m} w_i f_i(\boldsymbol{x}) \tag{6.5}$$

式中权重 w_i 根据当前问题选择。这样的优点是，现在使用目标函数 $F(\boldsymbol{x})$ 将问题简化为方程（6.1）所定义的单一问题的类型。这样的方法有许多缺点，其中一个是明确如何定义要使用的权重 w_i。通常，对于这些权重，通常不会有一个"正确"的选择（如果存在的话，问题本质上是一个单目标问题）。这意味着，权重的选择通常会影响到最终找到的最优值。

不同的是，经常需要保持问题的多目标性质不变，这导致 Pareto 最优的概念。解 x^* 是 Pareto 最优的，如果不存在 x 的另一个值，则至少存在一个成本函数 f_i 改进而不恶化一个或多个其他解。也就是说，远离 Pareto 最优解意味着至少一个目标函数会恶化。这与优性的概念有关。如果向量 x^* 比另一个向量 x 占主导（表示为 $x^* \leqslant x$），则下面的条件成立，如 Price 等（2005）给出的：

定义 6.1 $x^* \leqslant x$，当且仅当下面两个条件成立：

$$\forall k \in \{1,\cdots,m\} : f_k(x^*) \leqslant f_k(x)$$

$$\exists k \in \{1,\cdots,m\} : f_k(x^*) < f_k(x)$$

因此，主导向量至少在所有的成本函数 f_i 中都是"好"的，并且至少在一个方面更好。现在，一个解如果不被任何其他解所主导，则被称为 Pareto 最优。Pareto 最优的一组解称为 Pareto 前沿。这个 Pareto 前沿典型地表示，在目标空间中，它是由目标函数 f_i 所能承担的所有可能的值所张成的空间。

或者，可以在解空间中表示解。决策向量的值导致目标函数值跨越 Pareto 前沿，被称为 Pareto 最优集。两者之间的映射由式（6.4）确定。Pareto 前沿的形状是非常普通的，它不需要是凸的，也不是连续的（见图 6.1）。事实上，使用式（6.5）的加权累加方法的缺点之一是它不能通过任何权重的选择来表示 Pareto 前沿的非凸部分（DEB，2005）。在图 6.1(a) 中示出了这样的 Pareto 前沿，以及当使用式（6.5）中 w_i 的等步长值的加权累加法时得到的点。

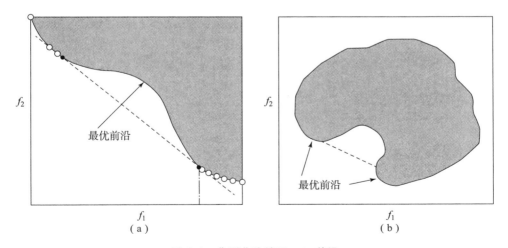

图 6.1 典型非连续 Pareto 前沿

（a）非凸 Pareto 前沿，显示 w_i 的等步长值；（b）间断 Pareto 前沿

■ 6.2　粒子群优化算法

对于给定问题的优化器的选择通常包括不断大量的摸索、反复尝试，因为某一优化器对某一类型的优化问题可能不是最好的选择。本研究所采用的优化方法是粒子群优化算法（PSO），它是求解全局优化问题的一种直接方法，类似于遗传算法的一般方法。由于这里不是比较分析目标来执行不同优化器，因为 PSO 算法提供了解决当前问题的鲁棒性结果，故只讨论该方法。其他全局优化器包括遗传算法（GA）和差分进化（DE）算法（例如，Whade，2008；Deb，2000；Price 等，2005）。提供的 PSO 方法在 6.2.1 节进行概述，接着在 6.2.2 节讨论处理约束的方式。最后，在 6.2.3 节讨论将 PSO 算法推广到多目标问题的相关方面。

6.2.1　方法概述

PSO 是基于鸟类的群集行为的模型，其中行为被抽象，使得每个鸟在解空间中代表一个"粒子"。这些粒子以位置 x 和速度 $v(=\dot{x})$ 随机初始化。该方法首先由 Kenedy 和 Eberhart（1995）提出，并讨论了该方法的基本原理。

每个被初始化的粒子代表一个可能的解决方案。初始化后，允许它们以其当前速度在搜索空间周围移动，它们的速度基于群体和个体（或认知）更新。个体特征包含其能"记住"每个个体在搜索空间中的最优位置，群体特征包含允许不同的粒子彼此关联，以便个体知道其他个体的最优特征。以这种方式，每个粒子都有一个"个体最优"和"最优组"。最优组可以基于整个群，一组预定的粒子中的每个粒子彼此间或与某个邻域可互相通信（Wahde，2008）。个体和组的最优用来更新每个粒子 i 的速度，速度从第 j 到第 $j+1$ 的迭代如下：

$$v_i^{j+1} = \omega v_i^j + c_1 q \frac{x_i^{\mathrm{pb},j} - x_i^j}{\Delta t} + c_2 r \frac{x_i^{\mathrm{gb},j} - x_i^j}{\Delta t} \tag{6.6}$$

式中，上标 pb 代表个体最优；gb 代表全局（或社会）最优；而 Δt 代表两次迭代之间的"时间"差异；q 和 r 都是 $U(0, 1)$ 的随机数；系数 c_1 和 c_2 表示个体和群体的影响系数，并且分别被称为自信和群置信参数。在 Coello Coello 等（2004）的一篇论文中，描述了多目标 PSO 方法（下面讨论），这些置信参数被完全省略，隐式取值 1。

如果速度增加，在给定的迭代次数之后粒子不在最优状态附近沉降，则解的发散是可能的。还有几种避免这种情况的方法，其中一种是在每个速度分量上（或在速度的范数上）施加最大速度 v_{max}。另外，式（6.6）中的惯性权重 ω（<1）可以用来防止速度偏离，这是本书所采用的方法。参数 ω、c_1 和 c_2 不一定是常数，因为初始解空间的探索比利用当前最优解的信息更重要。这种探索与开发的概念在 PSO 和 GA 等优化器中是常见的，因为首先搜索空间应该能探索并识别更高性能的区域。然而，迭代次数越大，正确地识别全局最优区域的说谎概率就越大。通过对已经确定了的区域进行更精细的搜索来开发这些区域的信息是极其重要的。在 PSO 中，这种质量可以通过让 ω、c_1 和 c_2 的值随着迭代次数的增加而变化。

6.2.2　约束处理

将 PSO 的概念扩展到涉及约束的问题可以通过以下几种方式来完成。一种典型的方法是惩罚函数的使用，使得目标函数在违反约束时变得不太有利。这将导致解决方案向有利于非约束违反解决方案方向演变。在数学上，这可以通过修改（单）目标函数来完成：

$$F(\boldsymbol{x}) = f(\boldsymbol{x}) + \sum_{j=1}^{p} R_j \langle g_j(\boldsymbol{x}) \rangle + \sum_{k=1}^{q} r_k |h_k| \qquad (6.7)$$

式中，$\langle a \rangle$ 算子返回 0 则 a 是正的（不违反约束），如果 a 是负的则返回 $|a|$。术语 R_j 和 r_k 分别表示不等式约束 g_j 和等式约束 h_k 的乘数。然而，这种方法具有明显的缺点，即需要用户定义 R_j 和 r_k 值。

此外，添加罚函数通过以下的方式改变目标函数，根据罚参数的大小，$F(\boldsymbol{x})$ 的最优可能不接近 $f(\boldsymbol{x})$ 的真约束最优。也就是说，$F(\boldsymbol{x})$ 可能表现出与真实解根本不同的解，并显示其中没有存在局部最优的解，模糊了解的实际解。这类似于通过使用式（6.5）将多个目标函数组合成一个单目标函数而引入的模糊性。

一种避免用户定义参数的约束处理的替代方法是"不可行的可行性"方法。它是基于以下三个原则："选择"什么是个体最优和全局最优。

- 不违反任何约束（可行解）的解决方案总是优于违反约束（不可行解）的解决方案。

- 比较两种可行解，优选目标函数较好的解（与无约束情形相同）。

- 对于两个不可行解的比较，具有最小约束违反的解是优选的。

6.2.3　多目标粒子群算法

许多修改 PSO 的方法用来处理多目标优化问题是可用的。Reyes Sierra 和

Coello Coello（2006）给出了许多方法的概述，以及一般 PSO 的简短介绍。在此使用的算法，是 Coello Coello 等（2004）描述的多目标粒子群优化（MOPSO）方法，和 Castellini（2012）、Castellini 和 LavaGNA（2012）提出、实现和应用的双网格 MOPSO（DG‐MOPSO）方法的改进算法。

MOPSO 算法也采用 6.2.1 节中描述的单目标 PSO 使用范例进行优化。然而，为了包含 Pareto 最优的概念，MOPSO 方法使用所谓的由优化器找到的一组 Pareto 最优解的存档。存档的最大大小由用户设置，同时新的 Pareto 最优解代替旧的。

为了初始化多目标算法，PSO 中添加两个额外的方案。首先，非支配初始解成为档案的初始条目。其次，通过限制允许在给定的迭代中填充给定超立方体的解的数量，探索的目标空间被划分成若干个 n_s 维盒（或在特定情况下的超立方体），这用来防止解的拥挤。拥挤是目标空间中的一个区域在存档中包含大量 Pareto 最优解的现象，而其他区域在存档中包含的解少得多。这并不意味着没有真正的 Pareto 最优解存在于这些弱探索的区域中，只是它们没有被优化器找到。拥挤可能是由于过早收敛到目标空间的一个区域，或者是在某一区域内更容易找到解决方案的体现。其他防止拥挤的方法包括 Tan 等（2003）所描述的禁忌搜索方法。

优化迭代与一维 PSO 方案类似，并做以下修改。

● 使用式（6.6）更新速度向量，但显然需要某种修改来定义什么是构成个体和全局的最优。全局最优是使用以下选择方案选择的解。每个包含在存储库中的解的超立方体被分配一个 x 除以它包含的那些解的数量的适应值。x 的值可以选择为任何值 >1，Coello Coello 等（2004）选用值 x 为 10。在此之后，轮盘选择程序（下面讨论）用于超立方体最优选择问题。如果在选定的超立方体中有一个以上的存储库解决方案，则随机选择一个。个体最优解是基于 Pareto 优势选择的，因此如果当前解支配当前的个体最优解，则替换它。如果个体最优控制了当前的解，则不进行任何修改。如果两个都不占主导地位，则随机选择一个。以这种方式，更新所有个体的位置和速度。

● 如果发现在当前由超立方体覆盖的目标空间的区域之外的任何解，则网格能适配它覆盖已经找到的全部解范围。每次迭代后，存储库更新如下：发现在库中没有被解支配的任何解都添加到该解中；如果当前存储库中的任何解都被这种新的解所支配，那么它们将被丢弃；在存储库达到其最大规定大小的情况下，基于它们共享超立方体的数量解来执行将要保留的非支配解的选择。最后一个方面防止了存储库中的解拥挤。

对于轮盘赌选择，计算每个 j 的相对适应度函数，定义如下：

$$\phi_j = \frac{\sum\limits_{i=1}^{j} f_i}{\sum\limits_{i=1}^{n} f_i} \tag{6.8}$$

然后从 $U(0,1)$ 和最小 j 的个体取随机数 r, 满足 $\phi_j < r$。以这种方式, 具有更高适应度函数的个体将有更高的机会被选择, 因为它们的跨度（即区间 $\phi_{j+1} - \phi_j$）比低适应度个体能满足更大部分的"轮盘赌"。

因为搜索空间在收敛之前没有被完全探索, 所描述的 MOPSO 优化器显示出非常快的收敛, 防止它发现整个 Pareto 前沿。出于这个原因, 可以将突变算子应用于该问题。为了激励初始探索, 变异算子应强烈促进探索在初始阶段的优化, 而其影响应随着迭代次数的增加而减少。

该突变应用如下。每个粒子某种形式下被选择的概率为 p_{mut}。如果粒子 i 被选择成模板, 章动定律应用到粒子 $\boldsymbol{p}_i$ 的每个独立变量值 $p_{i,j}$。从 $U(0,1)$ 中随机取变量 r_j, 用预先定义的变量 η 来对该值进行突变

$$p_{i,j,\mathrm{mut}} = p_{i,j} + \delta_j(x_{j,\max} - x_{j,\min}) \tag{6.9}$$

$$\delta_j = \begin{cases} (^2 r_j) \dfrac{1}{1+\eta_{\mathrm{mut}}} - 1, & r_j < 0.5 \\ 1 - (2(1-r_j)) \dfrac{1}{1+\eta_{\mathrm{mut}}}, & r_j \geqslant 0.5 \end{cases} \tag{6.10}$$

正如前面所提到的, PSO 算法的各种参数随着迭代次数的增加而变化, 这是可能的并且确实是有利的。这是通过使参数随迭代次数在优化器中线性变化而实现的。由于迭代次数是在优化初始化之前设置的, 因此允许在给定迭代次数上线性确定每个参数的值。在第一次和最后一次迭代中, 这些参数的值在表 6.1 中给出。

表 6.1　用于仿真的 MOPSO 算法的默认设置

变量	初始值	终止值
惯性参数 ω	0.5	0.2
自信参数 c_1	1.7	1.0
群置信参数 c_2	1.0	1.7
突变概率 p_{mut}	0.5	0.1
突变分布参数 η	0	5
外网格划分数 $n_{\mathrm{gr,out}}$	4	4
内网格划分数 $n_{\mathrm{gr,in}}$	1	1

■ 6.3 外形优化

本节将描述这项工作在形状优化问题中考虑的细节。在 6.3.1 节和 6.3.2 节中将分别具体的定义和解释性能函数和约束。将在 8.1 节和 9.1 节中分别讨论返回舱和有翼飞行器，在蒙特卡洛分析中进一步评估允许的约束函数值。

6.3.1 性能指标

性能准则的选择是在优化过程中在群中操纵粒子的主要驱动力，因为它们确定什么代表最优行为。由于这项研究是一个概念分析，而不是一个特定的飞行器的完整设计，因此这里的指标定义可以很好地指示某一再入飞行器一般化的质量设计。

再入飞行器的功能是将载荷速度从（超）轨道速度安全地转为到太阳系体某一天体（地球）大气层中的亚声速/超声速。根据不同类型，飞行器可以重复使用或专门用于单次再入。返回舱飞行器通常不再重复使用，再入能力主要用于样品返回或宇航员运输。因此，使这种返回舱的有效容积最大化是有利的。在这方面，返回舱质量的标准是容积效率，其定义如下（Theisinger 和 Braun，2009）：

$$\eta_V = 6\sqrt{\pi}\frac{V}{S^{3/2}} \tag{6.11}$$

这个量是对一定的气室容积所需的结构质量分数的一个尺度。它是容积和表面积的比，因此最大化的 η_V 等于使一定容积内的表面积最小化。该值被归一化，在这样的假设下，球面的 $\eta_V = 1$，这是它的最大可能值。对于返回舱型飞行器，使用容积效率作为目标之一。

在空间飞行器的发展中，质量始终是一个重要的设计驱动力，因为质量大大提高了发射成本。特别是对于有翼再入飞行器，升力面及其 TPS 需要额外的结构质量，飞行器质量以这样的方式增加使得该项目在经济上不可行。对于有翼飞行器，使用自下而上的模型来确定给定形状的质量，如在 5.2.4 节中所详述的用设计参数来确定基于经验关系的质量。

由于质量被用作有翼飞行器的目标函数，考虑到除了质量之外，有翼飞行器的容积效率还会在目标函数中产生"重叠"。相反，有翼飞行器的机身容积将被直接优化。机身的容积是飞行器能够进入轨道的有效载荷的量度，增加内部系统（例如推进系统）的灵活性。直接考虑质量和容积可以更直接地评估任务成本，部分成本是由质量和经济效益或科学回报方面的潜在利益驱动的。

对于不是有翼飞行器的返回舱，质量优化部分包括在容积效率目标中。这与有翼的飞行器形成对比，其中翼质量或形状几乎不被包括在 η_V 中，使得使用 η_V 不适合有翼飞行器。

为了将飞行器质量包括在返回舱优化中，注意到总质量的一个强大的驱动力是 TPS 的总质量。虽然基于总热载荷 Q 的 TPS 质量存在经验相关性，但在确定轨迹时，它们的使用将需要迭代过程。这是因为需要 m 作为轨迹传播的输入，而 m 又产生 Q 的值，由此可以确定 m_{TPS} 的值。采用这样的方法将大大增加当前问题的计算工作量，使概念分析不受欢迎。

为此，利用驻点热载荷 Q_s 作为目标函数，将返回舱的 TPS 质量间接包含在优化中。在包含厚 TPS 的大部分区域上的热流和热载荷通常与驻点处的热流和负载密切相关，因此 Q_s 的高值表示 m_{TPS} 的高值。虽然角加热对总 TPS 质量也有影响（3.4.2 节），与前缘相比，该区域的面积相对较小。另外，构成角部的环面段的加热在大部分方位角上相对较低，进一步限制了由于角部加热所需的 TPS 质量。由于这些原因，只考虑驻点热载荷作为最小化目标。

有翼飞行器和返回舱的第三目标函数考虑再入飞行器在执行再入时的灵活性。对于完全轨迹的、不受控制的飞行器，整个轨迹从初始条件被完全定义。对于受控飞行器，可以修改飞行器的空气动力特性以影响飞行器所需的轨迹。这样做可以改变 TAEM 界面位置，且将有更多种从给定再入点到达着陆点的轨迹。因此，也可以减少轨道插入或离轨中的意外情况。此外，可以飞行的任务轮廓通过增加更大的可能范围而自动增加。虽然目标 TAEM 接口不包括在本研究中，但测量这种灵活性是通过优化地面轨迹长度 s_g 来完成的。

概括起来，返回舱型飞行器的目标函数是：

驻点热载荷 Q_s；容积效率 η_V；地面轨迹长度 s_g。

对于有翼飞行器，目标函数是：

再入飞行器总质量 m_e；机身容积 V_{fus}；地面轨迹长度 s_g。

除了有翼飞行器的地面轨迹长度外，还将考虑另一个第三目标函数。在恒定热流下，基于迎角指令（2.3.2 节）的制导方案被用在了收集测量数据的实验飞行器上（Mooij 和 Hänninen，2009）。可以收集的数据量随着在该基准热速率下飞行时间的增加而增加。出于这个原因，当考虑参考热速率下的时间 $t_{q_{ref}}$ 而不是总地面轨迹长度 s_g 时也可进行优化。通过这样做，飞行器的任务在本质上从一般的再入飞行器变为特定的任务，以收集与高热速率下发生的热物理效应有关的数据。

6.3.2 约束

为了使飞行器安全地再入大气层，需要满足许多条件。在优化中，这些条件以约束的形式被量化。有两个典型的再入飞行器的分析和优化约束，将用于如下的有翼和返回舱型飞行器中：

最大驻点热流 q_s，由式（3.77）确定：

$$\left(\max_{t_i} q_s\right) \leq q_{s,\max} \tag{6.12}$$

也就是说，所有时间步长 t_i 下的 q_s 的最大值应该小于 $q_{s,\max}$。

最大载荷系数 n_{tot} 是飞行器所经历的最大总空气动力减速度，由下列方程确定（假设飞行器侧向力为零；3.2 节）：

$$n_{tot} = \frac{\sqrt{D^2 + L^2}}{mg} \tag{6.13}$$

$$= \frac{q_{dyn}B}{g} \sqrt{1 + \left(\frac{L}{D}\right)^2} \tag{6.14}$$

使用此公式时，约束方程如下：

$$\left(\max_{t_i} n_{tot}\right) \leq n_{tot,\max} \tag{6.15}$$

空气动力学系数仅在一个返回舱的轨迹上略微变化（见 7.2.2 节）。这与方程（6.14）的形式一致，这将导致最大载荷因子的点非常接近最大动态压力 q_{dyn} 的点。出于这个原因，对于返回舱型飞行器单独考虑 q_{dyn} 约束是不必要的。然而，对于有翼飞行器而言，由于飞行器飞行的 α 的范围较大，以及控制表面偏转的变化值 δ_{bf} 和 δ_e，空气动力学系数变化很大。这意味着载荷系数和动压力几乎没有密切的关系。此外，由于控制表面的存在，动态压力变得更加重要，其铰链力矩强烈地依赖于动态压力。因此，此约束表示为

$$\left(\max_{t_i} q_{dyn}\right) \leq q_{dyn,\max} \tag{6.16}$$

返回舱型飞行器特有的是对驻点位置的约束。正如 3.4.2 节讨论的那样，驻点位于飞行器肩上，会大大增加最大热传递。牛顿近似将给出一个驻点位置，它比真实驻点更朝向肩部方向。为此，施加了要求驻点位置始终位于返回舱前缘区域的约束。这是由 Crowder 和 Moote（1969）和 Robinson 和 Wurster（2009）给出的信息证实的。约束表达式如下：

$$\left(\max_{t_i} \Delta\theta_s\right) \leq 0 \tag{6.17}$$

式中，$\Delta\theta_s$ 表示驻点位置与从球形到环形截面过渡的角位置之间的角度差，因此（参见图 5.3）：

$$\Delta\theta_s = \theta_s - \theta_{spl,max} \tag{6.18}$$

与返回舱形状有关的约束是角区域中的最大热流约束。在3.4.2节中导出了该量的经验关系式。这种热流的大小与驻点热流的比值 >1，因此很可能这个位置的 TPS 类型或布局是不同的，并且可以承受更高的热流。因此，$q_{cor,max}$ 值的约束将不同于 $q_{s,max}$。表达如下：

$$(\max_{t_i} q_{cor}) \leqslant q_{cor,max} \tag{6.19}$$

类似地，除了驻点加热（即前缘加热），有翼飞行器还有其他重要的加热需要考虑，如3.4.1节中所讨论的。以与其他加热约束相同的方式，将其表述为

$$(\max_{t_i} q_{LE}) \leqslant q_{LE,max} \tag{6.20}$$

动态压力和迎角的乘积是对飞行器施加弯矩的一阶量度。考虑到飞行器的长度，弯曲载荷约束将被推广到不同形状的飞行器。这一选择是基于这样一个事实，即在相同的条件下，一个较长的飞行器施加相等的力，将经历一个大的弯矩，与长度呈线性关系（在研究中是一个可变的量）。以下将用于限制有翼飞行器的弯矩：

$$\left[\max_{t_i}\left(q_{dyn} \cdot \alpha \frac{L}{L_{ref}}\right)\right] \leqslant (q_{dyn} \cdot \alpha)_{max} \tag{6.21}$$

式中 $q_{dyn} \cdot \alpha$ 是参照给定的飞行器长度的最大允许值。依据 HORUS 飞行器的长度，L_{ref} 的取值将在 25 m。

除了飞行器上的载荷所产生的约束外，必须满足关于稳定性和可控性的若干准则。对于在这里使用的控制方案（2.3.3节），可控性可以通过可测量性来测量。具体地说，是飞行器能够在给定的控制范围内达到修整状态。对于返回舱型飞行器，这意味着：

$$(\forall t_i : \exists |\alpha_{tr}| \leqslant \theta_N) \tag{6.22}$$

也就是说，α_{tr}（被动地实现）应该使得 $\Delta\theta_s$ 的值保持在式（6.17）的约束内。然而，当使用牛顿流线近似，这两个约束产生相同的结果时，只需要考虑一个。

对于有翼飞行器，可控性为

$$(\forall t_i : (\exists(\delta_e, \delta_{bf}) : C_m = 0)) \tag{6.23}$$

为了分析飞行器的稳定性，将分析一些稳定性导数的值。这些问题在2.2.3节讨论过，即考虑导数 C_{m_α}，C_{l_β} 和 C_{n_β}。

对于返回舱型飞行器，旋转对称意味着迎角的改变和侧滑角的变化对飞行器具有相似的影响。对于任何给定的总迎角，不管侧滑角和迎角的独立贡献如何，返回舱的气动特性都是相同的，C_{m_α} 和 C_{n_β} 不需要单独分析。此外，由于这种对称性，在总迎角基准系统中的 C_l 值总是为零，因此不需要对该值进行分析。由于

返回舱型飞行器的控制能力受限制，要求如下：

$$(\forall t_i : C_{m_\alpha} < 0) \tag{6.24}$$

然而，对于有翼飞行器，形状不是轴对称的，因此上述简化不能应用于稳定性分析，并且将分别考虑 3 个稳定性导数。对于俯仰力矩导数，通常要求保持式 (6.24)。然而，Hirschel 和 Weiland （2009） 注意到，在高超声速状态下，GNC 系统用于主动稳定飞行器时，大多数有翼再入飞行器在中等 （<20°~25°） 的迎角下不是这样的。根据之前的有翼再入飞行器的特点，执行下列措施：

$$(\forall t_i : 若 \alpha_i > 25°: C_{m_\alpha} < 0) \tag{6.25}$$

对于横向稳定性导数，文献表明航天飞机 （Rockwell International，1980） 和 HORUS （MBB – Space，1988） 的 C_{l_β} 和 C_{n_β} 的值都是负的，因此 β 中的扰动会引起力矩校正扰动。此外，这些约束用于 Johnson 等 （2007） 所描述的形状优化工作中。因此，施加以下约束：

$$(\forall t_i : C_{l_\beta} < 0) \tag{6.26}$$

$$(\forall t_i : C_{n_\beta} < 0) \tag{6.27}$$

以上是飞行器设计中的保守方法。如果蒙特卡洛模拟表明它们是非常受限制的，则可以考虑修改这些准则。

限制飞行器的长度，作为返回舱形状的最终约束。由于其参数化方式，一个小的绝对值 θ_c 和一个大的 L_c 值可以导致非常大的飞行器总长度。这是由于后球冠的半径将变得非常大。返回舱的长度将是有限的，因此，使用式 （5.13），确定返回舱的长度并施加以下约束：

$$L < L_{max} \tag{6.28}$$

总结，以下约束用于返回舱型飞行器：

- 最大驻点热流；
- 最大拐角热流；
- 最大载荷因数；
- 驻点位置/修正迎角；
- 俯仰稳定性；
- 总飞行器长度。

对于有翼飞行器，使用以下约束：

- 最大驻点热流；
- 最大前沿热流；
- 最大载荷因数；
- 最大动压；

- 迎角产生的长度加权动态压力；
- 可配平性；
- $\alpha > 25°$静态俯仰稳定性；
- 静态滚转稳定性；
- 静态偏航稳定性。

除了这些间接约束，可直接施加形状参数的最小和最大允许值的显式约束。对于返回舱型和有翼飞行器形状，这些约束分别在表 5.1 和表 5.2 中进行了总结。

7

第七章 模拟器设计

本章将会介绍前几章中讨论的方法是如何实现和测试的。首先，在 7.1 节中将讨论仿真软件的布局。随后，7.2 节中，将基于阿波罗飞船和航天飞机的文献数据，对仿真代码进行验证。最后在 7.3 节中，将讨论仿真和优化代码的不同设置，并且将给出所选数值的理论依据。

■ 7.1 仿真代码

本节将详细介绍当前问题所需的仿真代码的实现。我们将前几章中所提出的理论思考结合起来分析飞行器的气动特性、飞行轨迹并解算其质量的计算过程。对飞行器外形性能的单次分析（即将一组外形参数映射到目标和约束函数中）称为功能评估。该功能评估依次利用后面章节中所介绍的蒙特卡洛分析（8.1 节和 9.1 节）和优化过程分析（8.2 节和 9.2 节）。图 7.1 给出了功能评估的顶层流程图。

尽管用于返回舱和有翼式飞行器的代码架构很大程度上是相同的，但在这两种情况下使用的选项存在差异（遮蔽、控制面偏转、质量估算方法等），因此，必要时将分开讨论图 7.1 中所示的各个模块的内部运行。在下面的流程图中，红色表示仅在有翼式飞行器的情况下所采取的步骤或传递信息，绿色则仅用于返回舱的情况。

图 7.2 和图 7.3 显示了几何形状的生成。两者都要接收外形参数的最小和最大允许值以及关联参数 r_x（见第五章，式（5.1））作为输入值。5.1 节和 5.2 节分别讨论了用来生成返回舱型和有翼飞行器的数学模型。生成飞行器的外形后，就可以计算得到其气动特性。气动特性计算的顶层流程图如图 7.4 所示。在生成

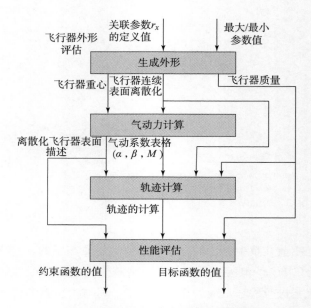

图 7.1 飞行器外形评估的顶层流程图

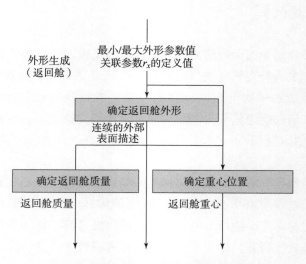

图 7.2 返回舱外形生成的顶层流程图

气动系数之前，将会由一组面元离散连续的表面，如 5.3 节所介绍的那样。按照 3.3.2 节所讨论的，对于离散后的表面，将选取不同的气动方法。此外，飞行器的气动参考量（c_{ref}，S_{ref} 和 r_{ref}）则直接由未离散的飞行器描述来确定。选择力矩

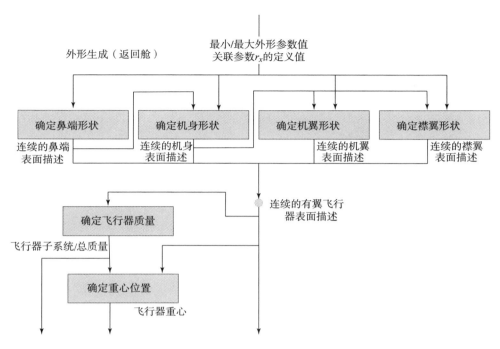

图 7.3　有翼飞行器外形生成的顶层流程图

参考点与质心重合，并假定在再入过程中是恒定的。对于有翼和返回舱型飞行器，选取整个飞行器的长度为其参考长度。选取半径为 R_m 的圆面积作为返回舱的参考面积 S_{ref}，对于有翼飞行器的参考面积，则选取包含穿过机身部分的整个机翼平面的面积。

确定了参考量和气动方法后，就可以生成两组数据库，即低高超声速和高高超声速数据库。对考虑遮蔽的有翼飞行器，被遮挡的面元部分从被调用的高高超声速生成器传递到低高超声速生成器。这样做将会节省计算时间，因为被遮挡的部分与马赫数无关。生成低高超声速和高高超声速系数之后，采用 3.2 节中所介绍的方法对结果进行合并。这将会形成最终包含了有翼飞行器外形的控制增量的气动系数数据库，其作为马赫数 M、迎角 α 和侧滑角 β 的函数，用于式（2.50）和式（2.51）中对静态稳定性导数进行数值计算。

气动系数生成之后，就可以进行飞行器轨迹的仿真计算。该过程的顶层流程图如图 7.5 所示。第一步是初始化轨迹计算中的目标和变量。除了前面步骤中生成的飞行器几何外形和气动性能外，还将初始化以下要素：

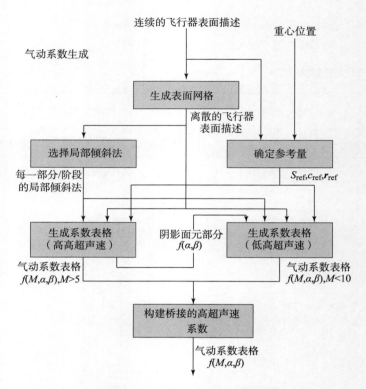

图 7.4 气动系数生成的顶层流程图

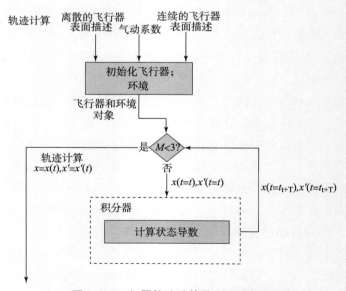

图 7.5 飞行器轨迹计算的顶层流程图

- 环境：包含大气模型、重力模型、中心体模型。
- 制导、导航与控制（GNC）系统：包含导航系统、制导系统、控制系统（仅针对有翼飞行器）。
- 其他的飞行器子系统：控制面（仅针对有翼飞行器）、热防护系统（用于热流分析）。
- 飞行器的初始条件。

本研究中，GNC 子系统的实现都是"理想的"。这意味着用于确定飞行器状态的导航系统，可以精确地确定飞行器的状态。对于制导系统，如果给定允许的角速率约束（见 2.3.3 节），"理想的"意味着飞行器能够准确、立即达到指定的姿态。2.3 节中给出了这两类飞行器详细的制导方案。如 2.3 节所述，返回舱型飞行器所采用的理想控制，是假定迎角始终等于飞行器配平状态下的迎角，忽略掉了倾斜角调节的精确方法。对于有翼飞行器，则通过计算控制面的偏转来配平给定指令迎角下的飞行器。再次，使用理想的控制，意味着控制面能够精确地达到所需要的偏转。

由于驻点热载荷被认为是返回舱型飞行器而不不是有翼飞行器的一个约束函数，所以在轨迹计算中使用的状态向量对有翼和返回舱型飞行器是不同的。由于热载荷是通过对热流积分得到的，所以它包含在状态向量中。地面航迹长度同样也包含在状态向量中。由此形成了以下有翼和返回舱型飞行器的状态向量：

$$
\boldsymbol{x}_{\text{capsule}} = \begin{pmatrix} x_{\text{I}} \\ y_{\text{I}} \\ z_{\text{I}} \\ \dot{x}_{\text{I}} \\ \dot{y}_{\text{I}} \\ \hat{z}_{\text{I}} \\ Q_{\text{s}} \\ s_{\text{g}} \end{pmatrix} \qquad
\boldsymbol{x}_{\text{winged}} = \begin{pmatrix} x_{\text{I}} \\ y_{\text{I}} \\ z_{\text{I}} \\ \hat{x}_{\text{I}} \\ \hat{y}_{\text{I}} \\ \hat{z}_{\text{I}} \\ s_{\text{g}} \end{pmatrix} \qquad (7.1)
$$

请注意，对于有翼飞行器，驻点热载荷并没有作为一个状态向量只是因为其没有被直接视为约束或目标。所以，对于两类外形飞行器，如图 7.6 所示的计算流程，其状态导数如下：

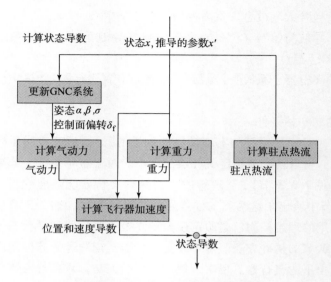

图 7.6 状态导数计算的顶层流程图

$$\dot{\boldsymbol{x}}_{\mathrm{capsule}} = \begin{pmatrix} \dot{x}_{\mathrm{I}} \\ \dot{y}_{\mathrm{I}} \\ \dot{z}_{\mathrm{I}} \\ \dfrac{F_{\mathrm{g,I},x} + F_{\mathrm{a,I},x}}{m} \\ \dfrac{F_{\mathrm{g,I},y} + F_{\mathrm{a,I},y}}{m} \\ \dfrac{F_{\mathrm{g,I},z} + F_{\mathrm{a,I},z}}{m} \\ q_{\mathrm{s}} \\ V_{\mathrm{R}} \cos\gamma \left(\dfrac{R}{h+R} \right) \end{pmatrix} \quad \dot{\boldsymbol{x}}_{\mathrm{winged}} = \begin{pmatrix} \dot{x}_{\mathrm{I}} \\ \dot{y}_{\mathrm{I}} \\ \dot{z}_{\mathrm{I}} \\ \dfrac{F_{\mathrm{g,I},x} + F_{\mathrm{a,I},x}}{m} \\ \dfrac{F_{\mathrm{g,I},y} + F_{\mathrm{a,I},y}}{m} \\ \dfrac{F_{\mathrm{g,I},z} + F_{\mathrm{a,I},z}}{m} \\ V_{\mathrm{R}} \cos\gamma \left(\dfrac{R}{h+R} \right) \end{pmatrix} \tag{7.2}$$

当计算中需要用到在 α、β 和 M 处的气动系数时，利用多重线性插值从数据库中获得相应的气动系数。因为使用了理想的制导系统，并且所有情况下的侧滑角都被限制为 $0°$，所以在轨迹计算前最大迎角是已知的。这意味着迎角或侧滑角不会超出数据库点的范围。马赫数的下界也是已知的，因为它定义了轨迹计算的结束点。关于高马赫数的情况，马赫数有可能会超出数据库中的最大值。但是，根据马赫数无关性原理，允许在数据库中选取最大马赫数处的值作为气动系数的值。

■ 7.2 模型验证

本节将介绍气动代码的验证，以及其对轨迹的性能和约束影响的评估。为此将使用阿波罗号飞船和航天飞机，因为它们是优化中所考虑的两类飞行器外形的典型代表。Underwood 和 Cooke（1982）、洛克威尔国际公司（Rockwell International、1980）、Maus 等（1983）、北美航空公司（1965）、Hillje（1969）、Lee 和 Goodrich（1972）、Crowder 和 Moote（1969）、Lee（1972）及 Dirkx 和 Mooij（2011）等均对这些飞行器开展了广泛的理论和实验研究。

7.2.1 气动

优化中物理模型简化程度最大的是气动模型（第三章）。数学模型中任何的误差都将影响 Pareto 最优解在决策和解空间中的位置。因此，必须确定误差大体上的量级，以便能够对求得的最佳保真度做出判断。本节中，将对由 3.3.2 小节所述方法生成的气动系数与现有的气动数据库进行对比，并分析其对差异的影响。

（1）阿波罗号飞船。

阿波罗号飞船的几何形状用 5.1 节给出的参数化方法建模的，其外形参数来自 Hirschel 和 Weiland（2009）的研究：

$$R_{\mathrm{N}} = 4.694 \text{ m}, \ R_{\mathrm{m}} = 1.956 \text{ m}, \ R_{\mathrm{S}} = 0.196 \text{ m}, \ \theta_{\mathrm{c}} = 33°, \ L_{\mathrm{c}} = 2.662 \text{ m}$$

然后就可以生成气动系数，并将之与北美航空公司（1965）的风洞试验数据进行对比。相关的参考量为

$$S_{\mathrm{ref}} = 39.441 \text{ m}^2, \ c_{\mathrm{ref}} = 3.911 \ 6 \text{ m}, \ \boldsymbol{r}_{\mathrm{com}} = (1.036 \ 7, \ 0, \ 0.136 \ 9) \text{ m}$$

其中坐标轴的定义如 5.1 节中所示。

图 7.7（a）和图 7.7（b）给出了我们所生成的阿波罗号飞船的阻力系数和升力系数与风洞试验数据对比的结果。可以清楚地看到，我们生成的数据与风洞试验数据结果是非常吻合的。两者之间最重要的不同之处是在 $M = 10$ 情况下的过度预测。因为真空压力系数几乎接近于 0，在这个马赫数下，膨胀压力系数的贡献非常小。因此，其结果几乎完全由压缩压力分布所决定。由图 3.6 可以看出，在给定的倾角下，所使用的方法中修正的牛顿法给出了最小的压力系数值。由于 $M = 10$ 时，该方法在所有的压缩面上使用，并且仍然产生非常高的轴向力，表明这种情况下没有合适的局部倾斜法能够产生足够低的结果。这很可能是由于流线以低于 90° 的某个角度穿过了激波，导致了较低的驻点压力系数，而由

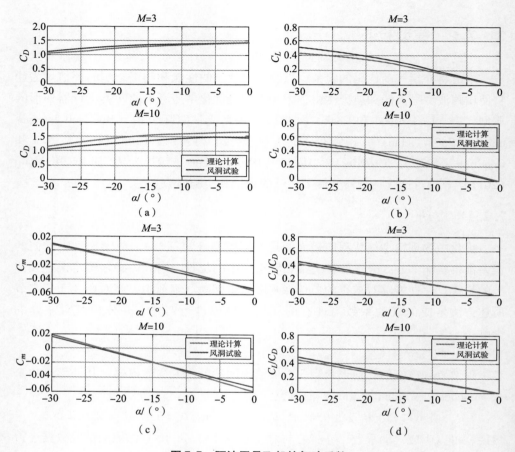

图 7.7 阿波罗号飞船的气动系数

（a）阻力系数；（b）升力系数；（c）力矩系数；（d）升阻比

式（3.53）可知这将进而产生较低的压力系数，如 3.3.1 节中所述。

阿波罗号飞船的俯仰力矩系数如图 7.7（c）所示，可以看出其结果与风洞试验数据非常吻合。对我们来说，重要的是配平迎角 α 和升阻比 L/D 都得到了很好的预测。从图 7.7 中可以看出，配平迎角 α_{trim} 的值在 $M_\infty = 10$ 时大约是 $1°$，在 $M_\infty = 3$ 时大约是 $0.1°$。在这两种情况下，由于力和力矩系数误差导致的升阻比 L/D 的误差都是约 10%。对于概念设计工作来说，这些误差是可接受的。它们的误差对于返回舱轨迹的影响将在第 7.2.2 小节中讨论。

Bohachevsky 和 Matos（1965）对利用牛顿近似法和欧拉（无黏）解得到的流线进行了对比，得到了非常明显的差异。尽管流线形态存在着显著的差异，如最明显的是流线的曲率，但对于这里所示的情况，差异对力和力矩系数的影响是极小的。然而，如果使用根据这里的压力分布计算得出的流线模态来确定黏性效应，那么边界层厚度和流速分量导数将与实际值显示出更大的差异。这表明，尽管这里的方法对于无黏计算是非常准确的，但将该方法扩展到黏性分析则需要对底层的无黏计算进行严格的评估。

　　Crowder 和 Moote（1969）给出了阿波罗号飞船飞行前的风洞试验数据与真实飞行中气动系数之间的差异，Schneider（2006）对其进行了讨论分析。因为衡量真实气体效应的是自由来流速度而不是雷诺数或马赫数，所以在马赫数为 36 时观察到存在认为是由效应所引起的约 15% 的差异。我们这里考虑的是从近地轨道再入返回的过程，其中马赫数最大值为 25~30，因此真实气体效应不会对气动力和力矩产生显著的影响。

　　（2）航天飞机。

　　使用 3.3 节中所给出的方法来生成航天飞机的气动系数。这里，我们给出了其与风洞试验数据（洛克威尔国际公司，1980）的对比结果。尽管与真实的飞行数据相比，这些数据还存在一些误差，但相比只使用飞行数据，这些更多的数据点生成的气动系数可以用来做比较，它们组成了一组全面、连续的数据集。这些系数的参考量如下：

$$S_{ref} = 249.909\ 2\ m^2,\ c_{ref} = 12.057\ 9\ m,\ \boldsymbol{r}_{com} = (12.356,\ 0,\ 0.822\ 4)\ m$$

以轨道器的鼻端作为原点，正向 x 方向向后，正向 z 方向向上。

　　使用 3.3.2 小节中给出的默认的方法选择标准来进行分析。当比较图 7.8 中的升力系数和阻力系数时，可以看出这种方法很好地预测了这些气动系数。此外，对于使用非牛顿法作为压缩方法的低马赫数情况，该方法的精度要比修正的

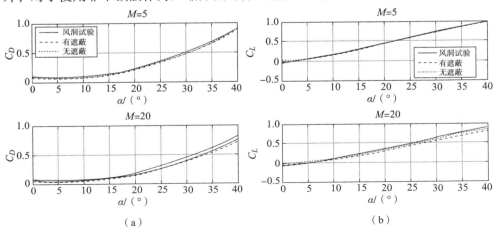

（a）　　　　　　　　　　　　（b）

图 7.8　有无遮蔽的航天飞机的升力系数和阻力系数与风洞试验数据的对比

牛顿法的结果好。然而，遮蔽对纵向力系数的影响是极小的。

力矩系数与数据库中的值差异更大，如图7.9（b）所示。然而，由于风洞数据和飞行数据之间存在已知的差异，因此在高马赫数下始终会得到力矩系数偏低的预测值（Maus 等，1983）。飞行数据和风洞试验数据的系数差异如图7.9（b）所示。由于本研究中产生的结果显示在 $\alpha > 20°$ 时系数预测偏高，因此它们可能比从这里的图中所看到的更接近真实的系数。

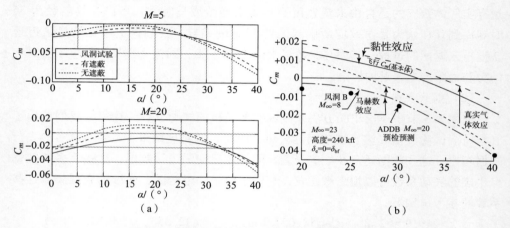

图7.9　航天飞机的力矩系数（Maus 等，1983）

（a）有无遮蔽情况下生成的系数与风洞试验数据的对比；（b）风洞试验数据与飞行数据的对比

遮蔽效应对力矩系数的影响要比对纵向力系数的影响更加显著。对于高马赫数的情况，似乎使得力矩曲线更接近于飞行测量的曲线。大迎角和低马赫数下的俯仰力矩受到遮蔽最强烈的负面影响。当然，由于我们这里考虑的飞行器不会在这种条件下飞行，所以这个误差不会传播至轨迹从而引起差异。

小侧滑角下横向系数的稳定性导数对飞行器再入过程中的稳定性分析具有重要的作用，如图7.10所示。可以看出，遮蔽效应对侧向力和偏航力矩的影响是非常显著的。很好地遵循了系数的整体趋势，没有遮蔽的情况则正好相反，同时也无法观测到这种趋势。在如图7.10（c）所示的滚转力矩导数的情况下，遮蔽的影响不是很积极，导致大多数情况下对系数的预测偏低而不是偏高。这将导致对飞行器稳定性的估计更加保守。

对于控制增量，因为这些值决定了配平飞行器所需的控制面的偏转，本研究的主要目标是俯仰力矩增量的合理预测。由此引起的升力和阻力增量可能占到总升力和阻力的约10%，所以它们不能被忽略掉。如图7.11、图7.12和图7.13中所示的控制导数表明，对升降副翼增量的预测相当不错，升力增量的预测准确度

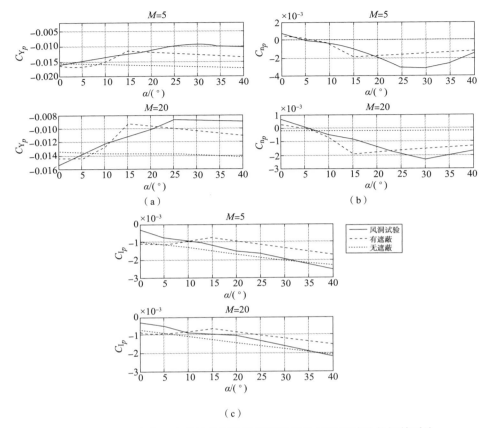

图 7.10　有无遮蔽下生成的航天飞机稳定性系数与风洞试验数据的对比

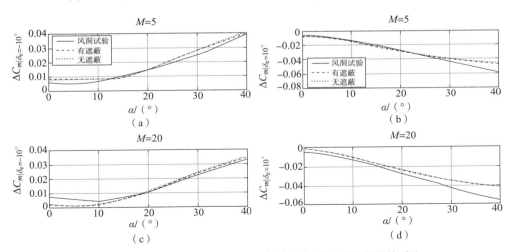

图 7.11　航天飞机升降副翼力矩的增量与风洞试验数据的对比

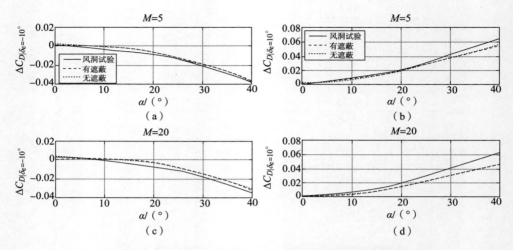

图 7.12　航天飞机升降副翼阻力的增量与风洞试验数据的对比

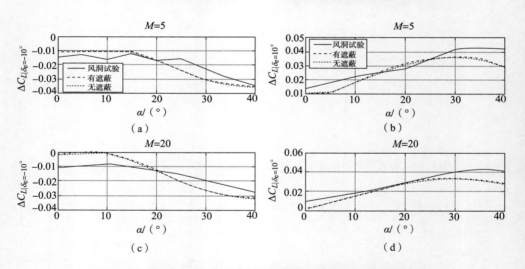

图 7.13　航天飞机升降副翼升力的增量与风洞试验数据的对比

最低，显示出具有的差异高达约 0.01。

　　对于正向偏转的情况，图 7.14、图 7.15 和图 7.16 中所给出的体襟翼增量显示出更大的差异。这可能是由许多因素造成的。首先，对于较小的偏转角，体襟翼将完全被浸没在机体边界层中，从而降低了体襟翼的效率。对于较高偏转角的情况，机体和激波之间的斜坡上会产生压缩激波，导致体襟翼上的表面压力增加。不过在体襟翼上的效应没有在升降副翼上的那么强烈，升降副翼表面上也会产生一种类似的斜坡效应。由于机翼的尺寸较小，升降副翼上的边界层不太厚，

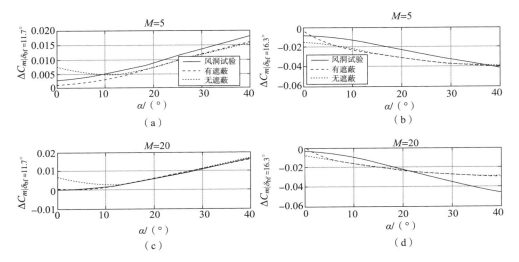

图 7.14 航天飞机体襟翼力矩增量与风洞试验数据的对比

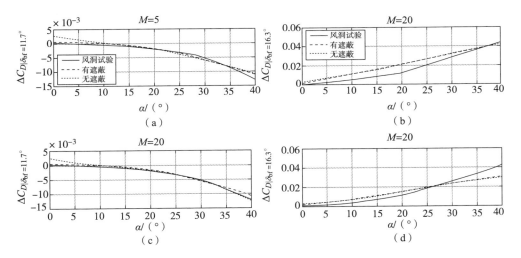

图 7.15 航天飞机体襟翼阻力增量与风洞试验数据的对比

从而降低了其对控制增量的影响。由于航天飞机配平需要一个正的体襟翼偏转，因此力矩增量预测中的误差将过度预测所需的体襟翼偏转，这对航天飞机性能的影响将在下一部分中讨论。

总之，可以说纵向力系数与风洞试验数据显示出很好的一致性。虽然俯仰力矩系数也可以被较好地预测，但在一些区域显示出较大的差异。为了较好地预测侧向力系数和偏航力矩系数，尽管这将稍微降低偏航力矩系数的准确性，使用遮

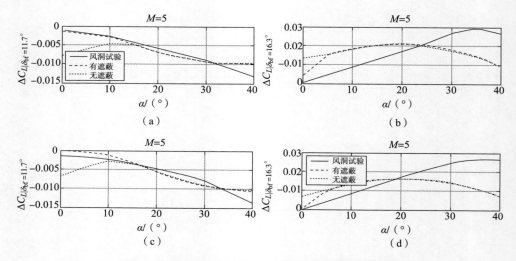

图 7.16 航天飞机体襟翼升力增量与风洞试验数据的对比

蔽还是有必要的。升降副翼增量要比体襟翼增量的预测更好。体襟翼力矩和升力增量的预测显示出最大的偏差，特别是在大迎角和高马赫数的情况下。

7.2.2 飞行器轨迹

这部分将会介绍由计算得到的阿波罗飞船外形的返回舱和航天飞机外形的飞行器的再入返回轨迹。我们这里得到的结果并不意味着其与这些飞行器真实的再入剖面很相似。实际上，它们只是用来评估气动误差对轨迹仿真的影响，计算中使用了 2.1 节和 2.3 节中所给出的制导律和环境假设。使用了四阶龙格 – 库塔定步长积分器对轨迹进行积分计算，步长为 0.1 s。

（1）返回舱轨迹。

该部分中，我们对使用由北美航空公司（1965）的风洞试验数据库计算得到的阿波罗号飞船轨迹和利用 3.3 节中给出的气动分析方法计算得到的轨迹进行了对比。二者气动系数之间的差异已经在前一部分讨论过。

图 7.17 给出了返回舱的再入轨迹，使用了以下初始条件：

$$h = 120 \text{ km}, \ \tau = 225.5°, \ \delta = -23.75°$$
$$V_R = 7.83 \text{ km/s}, \ \gamma = -4°, \ \chi = 49.6°$$
$$m = 4\,532 \text{ kg}$$

从图 7.17（a）中可以看出，由于接近式（3.53）中的马赫数无关性原理，再入初始阶段的配平迎角大致保持不变。由于气动力系数在低高超声速和高高超

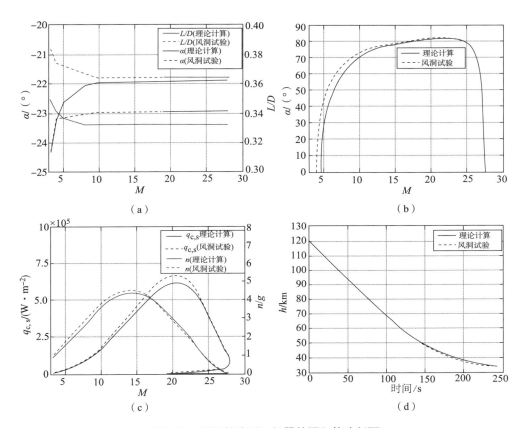

图 7.17　返回舱外形飞行器的再入轨迹剖面

（a）升阻比和配平迎角；（b）倾斜角；（c）驻点加热率和总过载；（d）高度

声速阶段之间的桥接，造成迎角 α 逐渐增加，并由此导致升阻比 L/D 降低。配平迎角在 $M < 10$ 的情况下要比在 $M > 10$ 的情况下变化更大，主要是因为在较小的迎角下马赫数无关性原理更为有效。使用局部倾斜法时，配平迎角的变化要略大于使用风洞数据时的变化。尽管如此，这两种情况下升阻比 L/D 的差异在所有迎角下大致都是不变的（≈ 0.03）。对于概念阶段来说，这种差异是可接受的，接下来将会进行讨论。如图 7.17（b）所示，需要在再入过程的部分阶段对倾斜角进行调节。在没有调节的情况下，轨迹上会产生小的跳跃。

　　这些图表明使用风洞气动系数所生成的轨迹和我们这里所生成的轨迹是非常相似的，这与我们前一节中所讨论的是一样的。由于升阻比 L/D 的预测有些偏高，所以飞行器的航程和驻点热载荷的预测同样也偏高。表 7.1 列出了这些值，可以看出其结果对于概念设计研究来说是足够准确的。由于飞行器升力有限，所

以其航程误差非常小。驻点热载荷的误差尽管显著大于航程的误差，但约 7.5%
的误差仍然是可接受的。

表 7.1　用于优化的阿波罗号飞船性能指标的比较

项目	风洞	局部倾斜法	百分数差/%
驻点热载荷	49.232 MJ/m^2	53.06 MJ/m^2	+ 7.775 4
地面航迹长度	1 425.6 km	1 430.2 km	+ 0.322 7

（2）航天飞机轨迹。

图 7.18 给出了使用 2.3 节中介绍的制导算法计算得到的航天飞机外形飞行
器的轨迹。计算中使用了以下初始条件：

$$h = 120 \text{ km}, \ \tau = 225.5°, \ \delta = -23.75°$$
$$V_\text{R} = 7.83 \text{ km/s}, \ \gamma = -1.5°, \ \chi = 49.6°$$
$$m = 75\ 000 \text{ kg}$$

姿态角受到的约束如下：

$$10° < \alpha < 40°, \ |\dot\alpha| < 2°/\text{s}, \ |\sigma| < 80°$$

即使在没有控制增益的情况下，加热率的参考值设定为 500 kW/m^2 时也能够
被很好地跟踪。此外，可以看出，一旦迎角 α 达到 10°，加热率跟踪就停止了。
该点处定值的加热率不能被继续跟踪，见式（2.42）~ 式（2.44），这是因为由
式（2.45）计算得到的所需阻力变得非常小，以至于飞行器无法实现。而且，可
以清楚地看到，倾斜角调节成功地防止了飞行器在达到加热率峰值之前跳出大
气层。

图 7.18（b）表明，体襟翼在再入的大部分阶段都能够配平航天飞机，这与
我们所预期的一致。从与图 7.19 的对比中可以看出，STS – 1 再入初始阶段的实
际偏转与我们的结果相当吻合。由于实际飞行中和我们的仿真中使用了不同的控
制方案，所以这只适用于迎角 α 的剖面很相似（保持在约 40° 恒定）的高马赫数
的情况。有些奇怪的是，配平是通过向下偏转体襟翼产生一个负的俯仰力矩增量
来实现的，如图 7.9 所示。然而，这是由于风洞试验和再入期间质心位置不同所
造成的。在风洞试验中，质心的位置大约比 STS – 1 再入期间要靠前 24 in①（Un-
derwood 和 Cooke，1982）。这个差别导致压心位于质心之前，而不是像风洞试验
中的那样位于之后，因此产生了一个正的未配平的俯仰力矩。

---

① 1 in（英寸）= 2.54 cm。

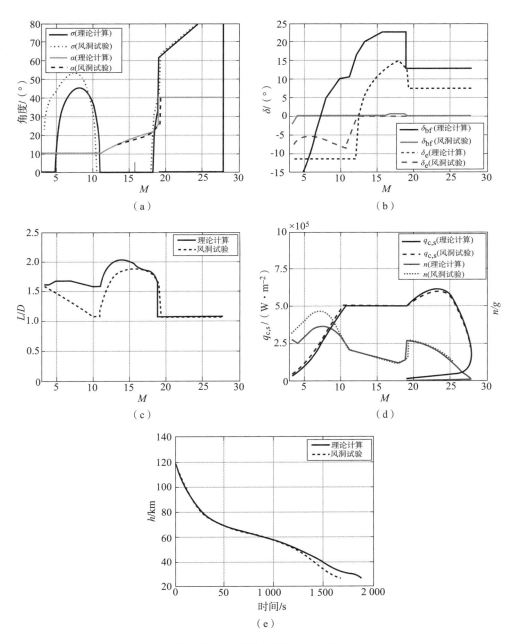

图 7.18　航天飞机再入轨迹剖面

（a）迎角和倾斜角；（b）控制面偏转；（c）升阻比；（d）驻点加热率和总过载；（e）高度

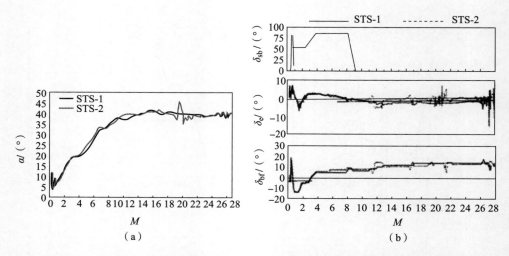

图7.19 STS−1 和 STS−2 选择的再入条件（图片来源：**Underwood** 和 **Cooke**，**1982**）

（a）迎角剖面；（b）控制面偏转

两次仿真中控制面偏转显示出的相对较大的差异是由多个误差的累加造成的，也就是说，在中等迎角情况下俯仰力矩的过度预测及体襟翼效率的预测不足，使所需的控制面偏转在俯仰机动过程中表现出相对较大的差异。这在俯仰机动开始后尤为明显。在这种情况发生之前，当 $\alpha = 40°$ 且马赫数较高时，俯仰力矩的差异相对很小。然而，在俯仰机动开始后，较低的迎角导致控制面偏转对升阻比 L/D 的影响增加，进而又影响了飞行器的轨迹。这可以从这两架飞行器的 L/D 曲线中清楚地看到，直到马赫数为16，迎角 $\alpha \approx 20°$ 时，这两条曲线一直重合得很好。

表7.2 列出了对性能指标的影响。尽管 L/D 曲线存在差异，但地面航迹长度的差异限制在7.5% 左右。虽然驻点热载荷的误差较高，但低于10%，同样也是可接受的。这表明，尽管航天飞机形状的复杂性和由此产生的气动系数误差，但在概念设计阶段飞行器的性能预测仍然达到可接受的精度水平。

表7.2 用于优化的航天飞机性能指标的比较

项目	风洞	局部倾斜法	百分数差/%
驻点热载荷	698.9 MJ/m²	762.9 MJ/m²	+9.160
地面航迹长度	9 608 km	10 288 km	+7.077 6

■ 7.3 仿真设置

这一节，我们将对用于后续章节中仿真的设置进行总结。首先，7.3.1 节给出了两种类型飞行器的通用设置，之后 7.3.2 节和 7.3.3 节分别给出了返回舱型和有翼飞行器的设置。

7.3.1 通用设置

这里，我们给出了用于仿真的通用设置。尽管许多设置已经在前面章节中提到了，本节将作一个总结以便快速查阅参考。

- 四阶龙格 – 库塔积分器，定步长积分器，步长为 1.0 s（注意，前一节中我们使用的是较小的步长）。
- 力（2.2.2 节）：只有气动力和重力。
- 气动模型（3.3 节）：高超声速局部倾斜法，根据 3.3.2 节中描述的算法来选择相应的方法。低高超声速段选为从 $M=3$ 至 $M=12$，而高高超声速段选为从 $M=5$ 至 $M=\infty$。由于返回舱外形定义曲线的轴对称性和凸性，遮蔽仅用于有翼飞行器。
- 重力模型（2.1.2 节）：只有地球引力，没有第三体的摄动影响。包含了由于扁率而导致的 J_2 项。使用了 EGM96 重力模型（Vallado，2007）中的数值，因此对于整个式（2.9）有：中心体项：$\mu=398\,600.47\times10^9$ m^3/s^2；一阶球谐项 $J_2=1.082\,626\,683\,553\times10^{-4}$；参考半径 $R_e=6\,378.137$ km。
- 大气模型（2.1.3 节）：US 1976 标准大气模型，密度 ρ、压力 p 和温度 T 作为高度 h 的函数。除了这些值外，声速 a 和比气体常数 R 也是给定的。
- 风力模型：没有风。
- 中心体特征（2.1.1 节）如下：

角速率：绕极轴（z_R 轴）的角速率为 $\omega_P=7.29\,211\,538\times10^{-5}$ rad/s，旋转轴和旋转速率假设为不变。

扁球中心体形状，赤道半径 $R_e=6\,378.137$ km（与重力模型中一样）

扁率 $f=1/298.257$。

7.3.2 返回舱设置

返回舱型飞行器使用了理想的制导和控制系统，因此对于给定的指令姿态角 $(\alpha,\ \beta,\ \sigma)$，假定飞行器是可以瞬间达到的。2.3.1 节中描述的制导算法总结如下：

- 迎角 α 由俯仰配平条件 $C_m = 0$ 得到。如果存在多个配平点，那么就选择 $C_{m_\alpha} < 0$（俯仰稳定）的配平点。
- 再入期间侧滑角 β 等于 0。
- 倾斜角 σ 由条件 $\dot{\gamma} \leqslant 0$ 得到。这个条件只在方程（2.31）中的升力项成为主导项之后才会被施加。

由于没有用来分析飞行器的特定任务，因此初始条件的选取在一定程度上是随意的。然而，使用已知的再入飞行器的真实初始值是可取的。因此，选取的初始值如下：

$$h_E = 120.0 \text{ km}, \quad \tau_E = 225.5°, \quad \delta_E = -23.75°$$
$$V_E = 7.83 \text{ km/s}, \quad \gamma_E = -2.0°, \quad \chi_E = 49.59°$$

表 5.1 中给出基于 Hirschel 和 Weiland（2009）给出的数据大致选定了外形参数的最大值和最小值。基圆半径 R_m 的值固定，以防止在目标空间附近会有许多不同的形状。虽然这可能会被认为是太过简化，但是这样做可以更好地评估返回舱型飞行器的目标函数和约束函数行为的总体趋势。本研究的目的不是为了完成特定的任务而对返回舱进行优化，而是为了确定外形影响的整体趋势。其他的线性参数可以看作是其与 R_m 的比值。

7.3.3　有翼飞行器设置

为了确定有翼飞行器的控制面，选取了如下偏转限制：

①体襟翼偏转限制：$\delta_{bf,max} = 20°$，$\delta_{bf,min} = -20°$；

②升降副翼偏转限制：$\delta_{e,max} = 25°$，$\delta_{e,min} = -25°$。

偏转限制的选取是基于航天飞机（洛克威尔国际公司，1980）和 HORUS（MBB-Space，1988）飞行器的相关数据。航天飞机控制面的最小和最大偏转要比 HORUS 飞行器的小。我们已经知道激波边界层的相互作用会导致过度加热，因此对于向下的体襟翼偏转，其最大值保守的选择为 20°。这比航天飞机的22.5° 和 HORUS 的 25° 的值都要小。与 HORUS 类似，最大的向下和向上偏转角选取为一样大。向下的最大升降副翼偏转角选为 25°，这比航天飞机的 20° 要大，但比 HORUS 的 40° 要小。然而，由于本研究中只考虑了纵向控制，因此必须要给升降副翼偏转留有一定余量。具体而言，就是在真实的飞行中必须要加以考虑，因为为了提供横向控制需要有额外的升降副翼偏转。向上的最大升降副翼偏转角的值再次选取为与向下的偏转值一样大。

至于返回舱型飞行器，其初始条件的选取并不是由特定的任务剖面决定的。

然而，对于有翼飞行器，使用真实的条件仍然是有用的，并且除了飞行航迹角之外，其余初始条件的值选取为与返回舱型飞行器的一样。初始条件选取如下：

$$h_E = 120.0 \text{ km}, \ \tau_E = 225.5°, \ \delta_E = -23.75°$$

$$V_E = 7.83 \text{ km/s}, \ \gamma_E = -2.0°, \ \chi_E = 49.59°$$

参考加热率选取为 700 kW/m^2，这与航天飞机驻点加热率的最大值是一样的。这表明需要正确认识该热流情况下的热物理现象。这一选择将在 9.1 节中进行评估，其中对有翼飞行器进行了蒙特卡洛分析。选取的外形参数的最小和最大值如表 5.2 中所示。

第八章 形状分析——返回舱

本章将使用前文中描述的模型和方法，展示和讨论返回舱的优化结果。首先，在 8.1 节中提出了 1 000 次蒙特卡洛仿真的解，其中呈现参数和约束对返回舱解性能的影响，并给出为优化选择的约束函数值的基本原理。接着将在 8.2 节中展示包括二维和三维 Pareto 前沿的优化结果。最后，在 8.3 节给出关于外形优化的一些结论。

■ 8.1 蒙特卡洛分析

根据 7.3 节的设置，随机产生 1 000 个样本以初步分析返回舱型飞行器。利用约束函数的值绘制图 8.1 中的直方图，相应的散点图在图 8.2 ~ 图 8.7 中给出。图 8.1 （a）中所示的驻点热流的值位于使用低 L/D 飞行器的 LEO 再入研究的经验预期的范围内。这里观察到最大驻点热流的显著变化，最小值和最大值之间的系数差异接近 3。可以看出最大肩部热流的行为具有相似的分布，显著差异在于"尾部"高热流分布更加伸展。这是因为肩部热流计算为驻点热流的几何相关倍数（通常在 1 和 2 之间）（见 3.4.2 节）。

从图 8.2 中可以看出，热流的最大变化是由前缘半径和后锥角引起的。虽然从方程式（3.77）中可以明显看出前缘半径的影响，但是，后锥角的影响亟待进一步讨论。热流的变化显然受到锥体半角的影响，这是因为绝对锥角的增加通常意味着容积的增加，即返回舱质量的增加。显然，流动所见的前部区域几乎不受 θ_c 变化的影响。因此轨迹系数（见方程（2.36））将增加，这将导致最大热流在更高密度的大气中变化，使得最大热流变大。值得注意的是，角半径对角加热的影响并不像预期的那样明显（见图 8.6）。3.4.2 节中提供的数据显示，侧半径对 $q_{cor,max}$ 的影响小于返回舱迎角在飞行中的影响。然而，需要强调的是，应谨慎对

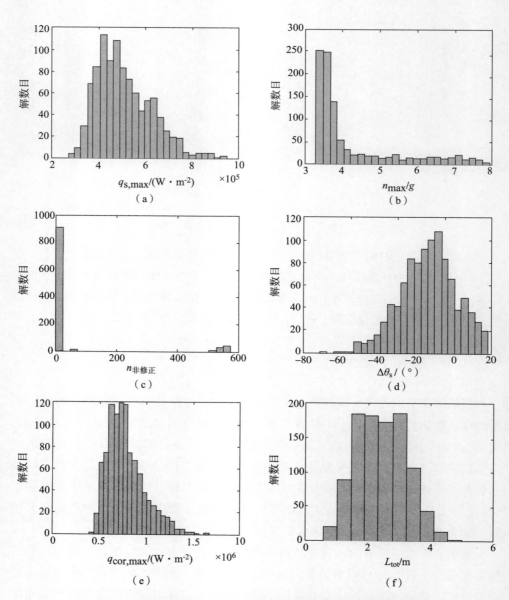

图 8.1　1 000 个随机生成的返回舱形状的约束函数值的直方图
（未显示稳定性约束；可发现所有解都是稳定的）

待角加热的效果，因为相应的经验程序基于有限的数据点。

最大载荷系数值如图 8.1（b）所示，大多数解的最大载荷系数低于 4.5，个别值高达 8，但出现频率较低。由图 8.3 可知，载荷系数的变化主要受 z 方向质

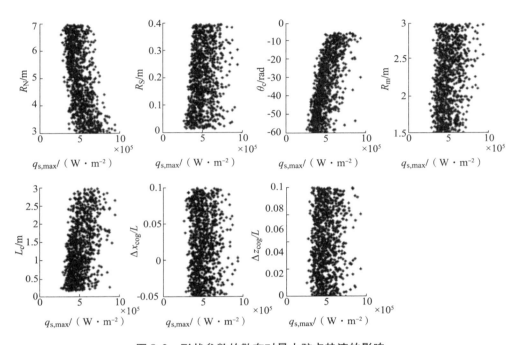

图 8.2 形状参数的散布对最大驻点热流的影响

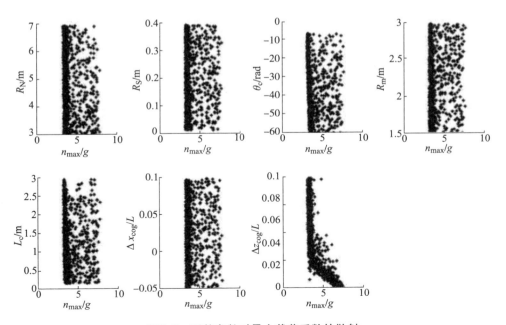

图 8.3 形状参数对最大载荷系数的散射

心位置的影响，这是由于该值直接与修剪的迎角相关。由于更大迎角的飞行器将经历逐渐增加的 L/D，因此在这种情况下飞行器的轨迹将更不像再入轨迹（有些类似于滑翔轨迹，但依然有偏离）。该图显示了返回舱型飞行器小质心偏移的基本原理，而这种小偏差大大降低了载荷系数。

从图 8.1（c）可以看出，所分析的大多数形状的配平点都在允许范围内，在数值积分期间约 10% 的形状有一个以上的时间步长，且在该数值积分过程中没有搜索出配平条件。图形具有双峰（除了 0 处的峰值），其中一个峰值约有 100 个时间步长，另一个约有 550 个时间步长。这种行为是由于受具有低马赫数的返回舱型飞行器的空气动力系数的影响（见 3.1.2 节）。在高马赫数下，空气动力系数几乎是不变的，而在较低的马赫数下，空气动力系数独立性会被破坏。图中观察到的两个峰值分别是由于低马赫数下的不可调节性和所有马赫数下的不可调节性产生的。图 7.7（c）中观察到的趋势表明，对于较低的马赫数，配平的迎角幅度将增加。这说明若飞行器在高马赫数下是不可调节的，那么 $|\alpha_{tr}| > |\alpha_{max}|$，此不等式也在低马赫数时成立。然而，事实恰恰相反。从图 8.4 可以看出，不可修正性与 θ_c 和 z_{cog}/h 的值相关。对于高 θ_c，力矩系数行为与阿波罗返回舱观察到的趋势不同，因为即使在适当迎角下，流动也直接撞击后体。质心位置对可修正性的影响是由于 z 方向上的高质量中心偏移产生的，这就是大幅度的迎角配平条件。

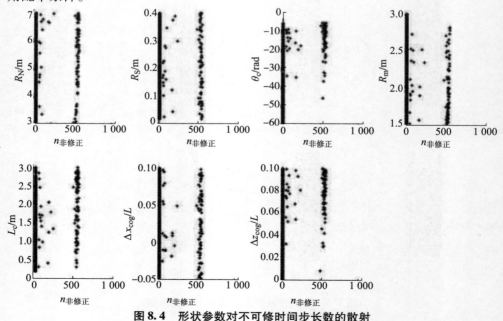

图 8.4　形状参数对不可修时间步长数的散射

牛顿驻点位置的行为可以在图 8.1（d）中得出：对于大多数情况，驻点仍将位于前隔热罩上。然而，在大约 25% 的情况下这一结论不成立（$\Delta\theta_s > 0$）。在驻点的角位置观察到可能值的变化看似接近 90°，但不是 90°，因为显示的值是从前缘球形和环形段之间的角度过渡位置开始测量的（见式（6.18）），它取决于飞行器的形状参数。因此在驻点位置观察到的部分变化是由于这种变化产生的。而数据以这种方式呈现，是因为偏离该过渡点的偏差被认为是确定此类违反约束的相关数量，如 6.3.2 节所述。图 8.5 中观察到的对 R_m 和 R_N 的依赖性可以由式（5.3）预测，它们对于确定球形和环形段之间的角度转变点很重要。对 z_{cog} 的依赖性是由于先前提到的 α_{tr} 的依赖性，显然影响驻点位置。

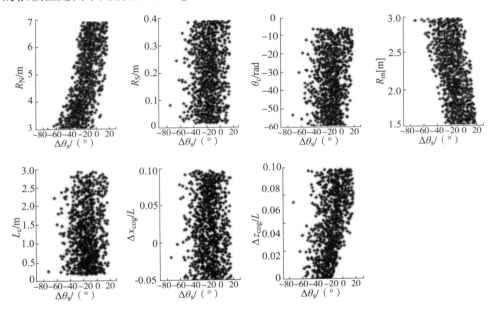

图 8.5　形状参数对驻点位置的散射

所有案例中分析的返回舱形状都是稳定的。虽然一些返回舱可能有两个配平点，其中一个是不稳定的（如 2.3.1 节举例），但是引导算法不变：即若存在一个稳定的配平点，则选择该点作为配平点。对于不可配平的形状，选择具有最小俯仰力矩值的迎角作为命令迎角。从这个意义上看，该算法不分析配平点的稳定性，因为飞行器未被配平的解是不可行的。但是，对于不稳定的配置的某些形状参数的组合，根据此处提供的结果，可较少发生违规事件。

最后，飞行器长度绘制在图 8.1（f）中。可知，长度分布相对均匀，在 1.5 ～ 3 m 范围内，异常值小到 1 m，大到 5 m（图 8.7 所示）。

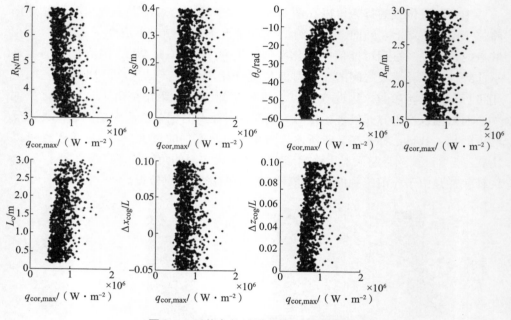

图8.6 形状参数对最大拐角热流的散射

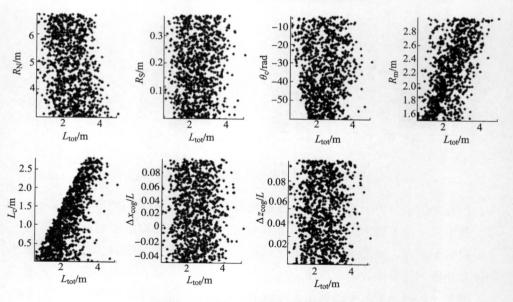

图8.7 形状参数对飞行器长度的散射

在图8.8的目标空间中绘制了1 000个随机返回舱,为清楚展示该三维散射,将结果投影到平面上。三个性能标准的可变性表明,其将作为成本函数参与优化过程。正如预期，驻点热载荷和地面轨道长度的最优性是不可兼得的。同样，容积效率的提高也将以更高的驻点热载荷为代价。因为，较高容积效率的飞行器具有较低的正面积与容积比，这恰恰意味着较高的轨迹系数和较高的热率。然而，容积效率和航程不成负相关关系，因为较高的 s_g 值通常意味着较高的 η_V 值。这很可能是因为具有较高 η_V 和较大质量的飞行器的空气动力较小。因此，减速峰值将在轨迹的后期产生，结果是飞行器将以较大的初始

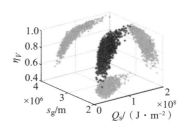

图 8.8　投影到平面上的性能空间中的蒙特卡洛解的散射

速度飞行较长时间，具有较长的地面轨道长度。此外，轨迹末端附近延迟出现的飞行路径角度的减小，将进一步增加其地面轨道长度。

为了评估约束值在性能空间中对可行解的影响，不可行解绘制在图 8.9、图 8.10 和图 8.11 中。由于可行的约束值是由物理意义设定的，因此该分析不涉及 θ_s 和不可控约束。在图 8.9 和图 8.11 中，驻点和拐角热流约束具有大的重叠，其中它们约束的解正如预期的那样。载荷因子约束主要影响具有高 η_V 的解，如图 8.10 所示。

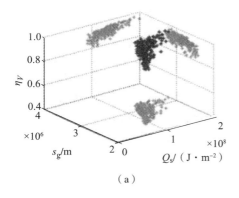
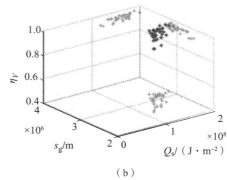

（a）　　　　　　　　　　　　　　　（b）

图 8.9　蒙特卡洛分析的解

（a）违反约束 $q_{s,\max}=600\ \mathrm{kW/m^2}$；（b）违反约束 $q_{s,\max}=750\ \mathrm{kW/m^2}$

这里获得的约束结果用于指导可行约束函数值的选择，即不以其不活跃或过度限制搜索空间的方式选择约束，同时将该值设定在物理上真实的范围内。为返回舱优化选择的最终基线约束如下：

- q_s，最大 $<700\ \mathrm{kW/m^2}$
- q_{cor}，最大 $<1\ 000\ \mathrm{kW/m^2}$

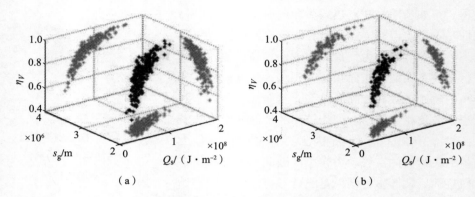

图8.10 蒙特卡洛分析的解

（a）违反约束 $n_{max} = 4$ g；（b）违反约束 $n_{max} = 6$ g

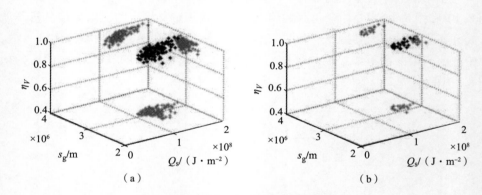

图8.11 蒙特卡洛分析的解

（a）违反约束 $q_{cor,max} = 1\,000$ kW/m²；（b）违反约束 $q_{cor,max} = 1\,300$ kW/m²

- $\Delta\theta < 0$
- $n_{tot} < 5g$
- $L_{tot} < 4$ m

图8.12（a）显示了蒙特卡洛分析的约束结果，图8.12（b）展示了受约束蒙特卡洛结果的 Pareto 最优解。在 1 000 种解中，有 446 种是可行的，其中 141 种是 Pareto 最优解。图8.13 显示了考虑两个目标函数的每个组合时的 Pareto 前沿。对于 Q_s 和 s_g 的优化，35 个解是 Pareto 最优；对于 Q_s 和 η_V，36 个是 Pareto 最优的，而 s_g 和 η_V 则有 7 个 Pareto 最优。在最后一种情况下，数量相对较少的 Pareto 最优解是由于 s_g 和 η_V 的一般趋势相似。

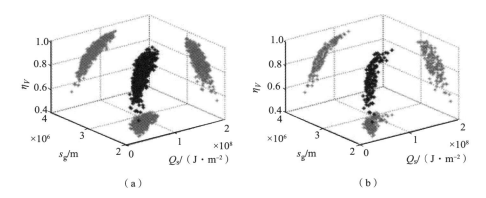

图 8.12 蒙特卡洛仿真的解

（a）可行的；（b）Pareto 最优的

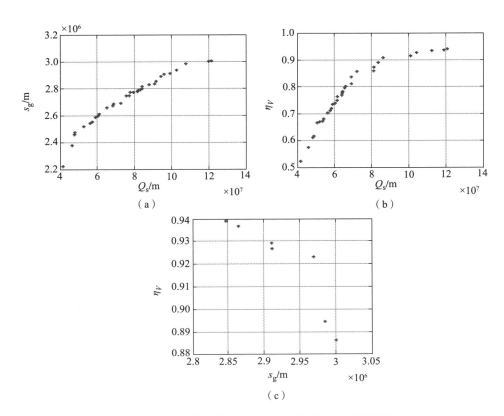

图 8.13 两目标函数蒙特卡洛仿真的 Pareto 最优结果

8.2 优化

利用 7.3 节的评价函数设置和前一节中涉及的约束函数值以及第六章中讨论的优化程序，本节将用作生成返回舱型飞行器外形的 Pareto 前沿。首先，3 个目标函数的组合将用于 8.2.1 节中生成 3 个二维（在真实空间中）Pareto 前沿，然后在 8.2.2 节中生成完整的三维 Pareto 前沿。

8.2.1　二维分析

本节将针对 3 个目标函数的组合讨论其二维优化。文中给出了发现的 Pareto 前沿，并用形状参数值和约束函数值以及高超声速和返回舱体积下的配平迎角、L/D 对其进行了呈现。

（1）航程与热载荷。

用于优化 s_g 和 Q_s 的 Pareto 前沿如图 8.14、图 8.15 和图 8.16 所示。前面在整个目标函数值范围内看起来是平滑和连续的，有两个显著的差异。首先，在高 s_g 和 Q_s 处存在稀疏解密度的区域。这里的低密度解是由于参数值的唯一组合形成不违反任何约束的最佳解。这也可以在图 8.17 中观察到，其上显示了 Pareto 前沿上的 5 个返回舱形状。由此可以看出最大热载荷和航程的形状与相邻形状显著不同，即后体形状和尺寸不同。

Pareto 前沿的第二个显著特征是 $s_g \approx 2.4 \times 10^6$ m 处的"扭结"。从图 8.15（c）可以看出这种效应的原因，其中给出了约束函数 $\Delta\theta_s$ 的值。可以看出该值在 s_g 的最小值和扭结的位置之间快速增加，最小值处达到其最大允许值 0。图 8.14（f）和图 8.16（a）显示了 $\Delta z_{cog}/h$ 和 $\alpha_{tr, M=2.0}$ 的正相关关系，而从图 8.14（a）可以看到前缘半径达到了此时的最大值。在此之后前缘半径减小是由于式（5.3），它表明前缘半径的减小增加了前缘到环面过渡的角度位置。这为迎角提供了更大的选择范围，且不会违反 $\Delta\theta_s$ 的约束。然而，如此操作时，由于 R_N 的减少，驻点热流和热载荷增加，这反过来导致定义 Pareto 前沿的曲线斜率的剧烈变化。这也可以通过在图 8.17 中，比较最小 Q_s 的返回舱形状和扭结后的形状发现。显然，在前部的初始区域上外部飞行器形状的变化非常小。飞行器行为的调制主要通过质心的变化来实现。

如图 8.14（c）所示，在扭结之后的高热载荷和航程内，后锥半角从最小值 $-60°$ 增加到最大值 $-5°$。如前所述，这是由于 θ_c 的增加导致了飞行器质量增加，并增加了航程和驻点热载荷。容积的增加也可以在图 8.16（c）中清楚地看到。

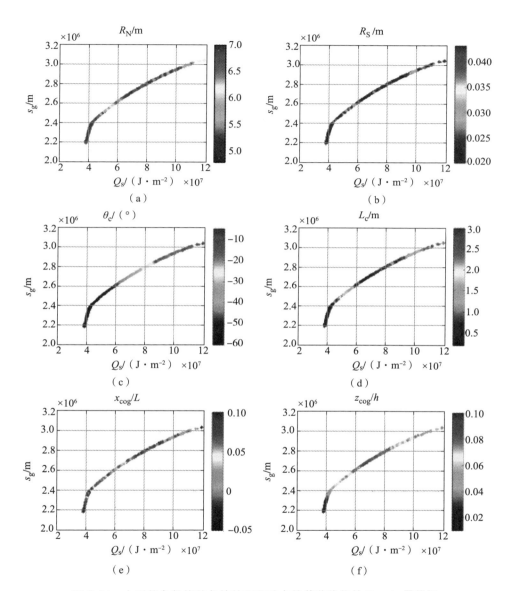

图 8.14 由形状参数值着色的航程和驻点热载荷优化的 Pareto 最优解

实际上，飞行器的容积和质量可连续增加并（在扭结之后）合理地均匀增加航程和热载荷。

在图 8.15（d）中，航程和热载荷的最小值处，载荷系数显示为约束因子，因为它在此处达到最大值 5。此外，为了最小化配平的 L/D [见图 8.16（b）]，质心在 x 方向和 z 方向上的位置分别接近最小值 [见图 8.14（e）和图 8.14

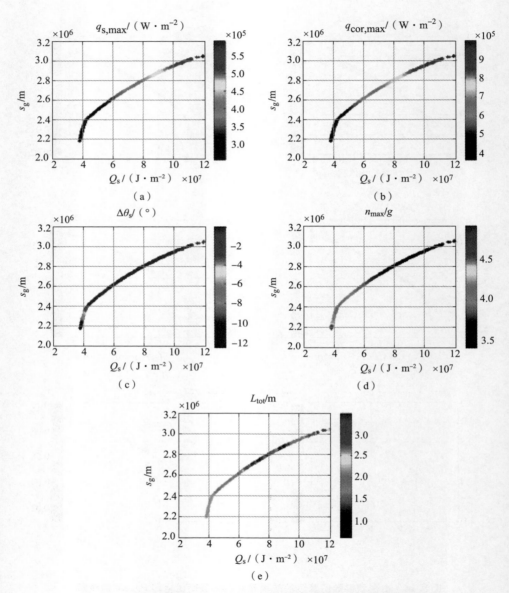

图 8.15 约束函数值着色的航程和驻点热载荷优化的 Pareto 最优解

（f）]。这种最小化的 L/D 减小了飞行器的航程。

从图 8.14（b）可以看出，在 Pareto 前沿的任何位置，R_s 的值都很小。它的增加将首先降低角部热流，接着增大容积效率。由于在该二维优化情况下不考虑后者，因此优化器不考虑侧半径对容积效率的影响。由图 8.15（b）可知，拐角

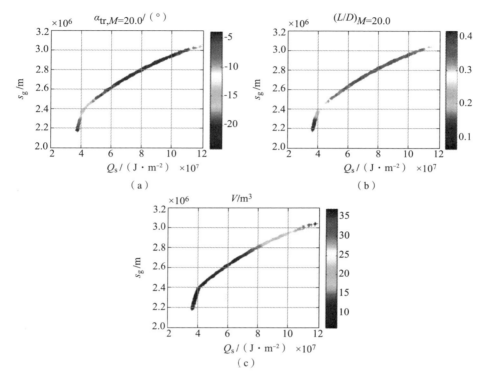

图 8.16　基于飞行器特性的航程和驻点热载荷优化的 Pareto 最优解

处加热将接近 s_g 和 Q_s 的最大值，其中 R_s 的增加会稍微减弱。然而，对于图 8.14（b）而言，具有高 R_s 值的 s_g，不存在用于 s_g 最大值的 Pareto 最优解。R_s 的这种增加也将增加 $\Delta\theta_s$ 的值，这又将要求飞行器以较低的绝对值 α 飞行，从而减小 s_g。这恰好显示了优化器如何在飞行器的冲突修正之间自动进行权衡。

在最高目标函数值区域中观察到了 Pareto 最优解的一些奇特行为。航程的增加是由 L/D 和质量的增加引起的。然而，在这个高 Q_s 和 s_g 的区域中，观察到 L/D 减小，且返回舱容积急剧增加。尽管从最小化热载荷来看，效率较低，但这似乎是优化器找到不违反该区域中 $\Delta\theta_s$ 和 $q_{cor,max}$ 的约束的解的唯一方式。但必须注意的是，由于质量预测的简单性，这些解的精度尚不确定。

总之，从 $m-s_g$ 优化中可以得出返回舱形状最优性的一般结论：

- 飞行器的质量与 Pareto 前沿的位置密切相关；
- 驻点位置限制了大多数 Pareto 前沿的最佳形状，却对低航程和质量无效；为了符合这一限制，必须减小飞行器前端半径并保持较低的侧半径；
- 对于最大航程和质量的解，驻点热流和角热流都（接近）有效；

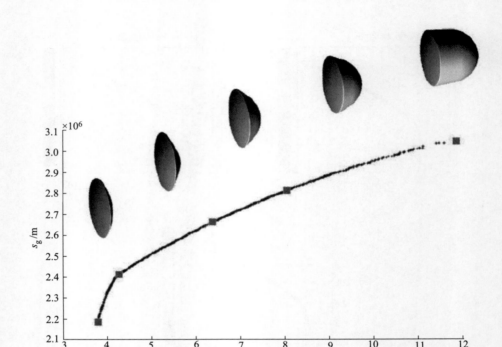

图 8.17 沿着 s_g - Q_s，Pareto 前沿的返回舱形状演变的表示

● 正常载荷约束限制了 Pareto 前端的 s_g 和 Q_s 的最低值；

● 尽管 z_{cog}/h 的增加会增加 L/D 并因此增大 s_g，但对于航程较大的情况，它必须减小，以满足解的约束。

（2）容积效率与热载荷。

关于 η_V 和 Q_s 的优化的 Pareto 前沿示意图见图 8.18，图 8.19 和图 8.20。虽然这里不存在 Pareto 前沿的扭结（如前一种情况所示），但可以看出 Pareto 前沿在 $Q_s = 80$ MJ/m² 附近具有高曲率区域。在该区域附近，许多形状参数开始显示异常行为。最值得注意的是，从图 8.18（b）可以看出，R_S 的值从最小值突然移动到最大值。R_S 的高值将增加 η_V，因此可以预期在高 η_V 区域它的值将是高的。从图 8.18（c）可以看出 R_S 的突然增加伴随着 θ_c 行为的异常：在角度接近其最大值约 85 MJ/m² 后，观察到 θ_c 突然减小约 10°。仔细观察两条曲线可以看出，R_S 的增加发生在略高的 η_V 值，而 θ_c 的值变得非常高。对此的解释：R_S 和 θ_c 的增加都增加了 η_V 的值。然而，θ_c 的高值减小 Q_s 的值，而 R_S 的高值增加 Q_s。因此，Pareto 最优解将具有低的 R_S 值和高的 θ_c 值，直到 θ_c 达到其最大值并且必须增加 R_S 以将 Pa-

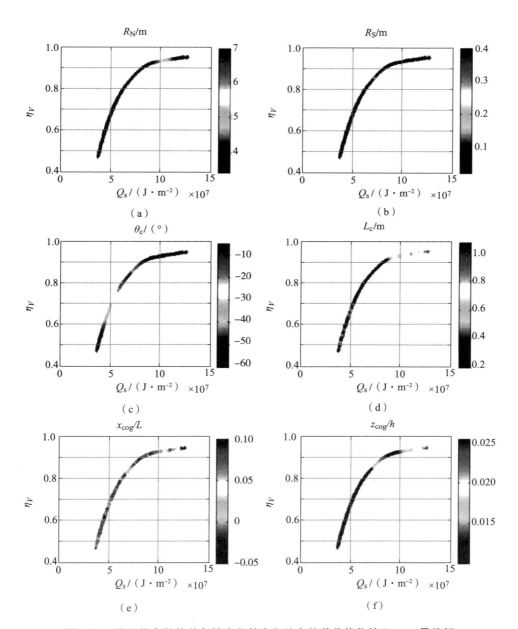

图 8.18　用形状参数值着色的容积效率和驻点热载荷优化的 Pareto 最优解

reto 前沿扩展到更高的 η_V 的区域。这也可以在图 8.21 中看到，其中示出了 5 个返回舱形状，并且 3 个较低热载荷显示出非常尖锐的拐角，2 个较高热载荷显示出非常圆的拐角，在 R_S 中没有过渡行为。与低 η_V 和 Q_s 的面积相比，可以看出配

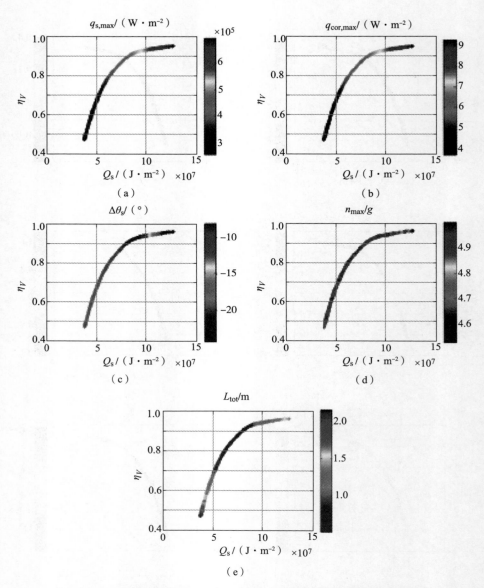

图 8.19 用约束函数值着色的容积效率和驻点热载荷优化的 **Pareto** 最优解

平的迎角［见图 8.20（a）］在该区域相对快速地减小。这也将导致最大驻点热流更快地增加，在下面将会讨论。

R_N 的值在 Pareto 前沿大部分保持在最大值。除了高的 η_V 值之外，一个低值的 R_N 是必要的，因为对于 $\eta_V = 1$ 的极端情况，返回舱为球体，其上 $R_m = R_N = 2$ m

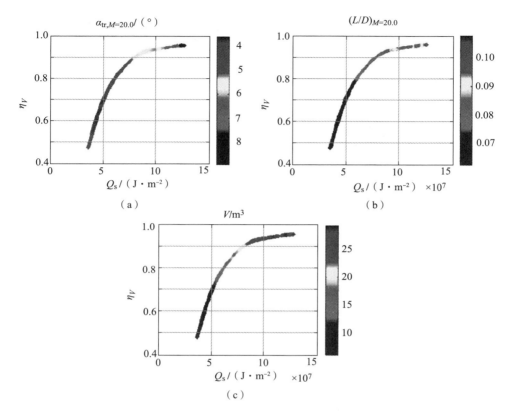

图 8.20　根据所选飞行器特性对容积效率和驻点热载荷进行优化的 Pareto 最优解

（因为 R_m 是固定的）。

类似地，L_c 的值保持较低，以减小飞行器质量并因此降低热载荷。然而，对于 η_V 的最高值，需要适度的 L_c 值以便以 Pareto 最优方式近似球的形状。

由于相对小的绝对迎角，驻点加热约束比角加热约束具有更大的影响。驻点加热在高 Q_s 值时达到其最大允许值。但是，角加热的最大值约为 930 kW/m^2，低于其最大允许值。这可以通过 R_N 的减少来解释，而 R_N 的减少又是由增加 η_V 的需求引起的。

几乎所有 Pareto 前沿的载荷系数均接近或接近其最大值 5g。这是因为，如前所述，低 L/D 导致短轨迹和较低的 Q_s 值，但增加了载荷系数。

由于在该优化运行中不考虑航程，因此 L/D 的减小对于 s_g 目标并不是不利的，如在前一部分（s_g – Q_s 优化）中那样。在这种情况下，载荷系数是大部分前沿的约束量。高 η_V 值的返回舱具有更大的容积，所以具有更大的质量。因此，L/D 的值必须增加以使 n 的值保持在 n_{max} 以下，从而增加 Q_s。从图 8.18（e）和

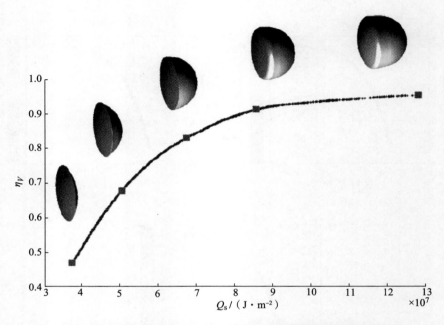

图 8.21 沿着 $\eta_V - Q_s$，Pareto 前沿的返回舱形状演变的表示

（f）中可以看出，这可以通过质心的变化来实现。虽然在 Q_s 的低值时，x_{cog}/L 的影响不足以显示其在前面的值的任何实际趋势，但是在 η_V 的高值处，可以看到其位置的明显减小。可以看出 z_{cog}/h 的值在整个前沿上保持远低于其最大允许值 0.1。这种效果可以在图 8.19（c）和图 8.20（a）中看到：迎角保持相对接近零，因此驻点位置约束在前面的任何地方都不活跃。只有在 η_V 的最高值时，热约束才成为约束因素。

以下总结了此优化集的主要结果。

①载荷因子限制了 Pareto 前沿的大部分，因为不考虑航程；z_{cog}/h 和相应的 L/D 值越低，飞行时间越短，驻点热载荷越低。质心位置的修改用于保持在载荷因子约束上或附近。

②为了符合载荷系数约束，保持转角半径较低是有利的。但是，对于 η_V 的高值，其值在 Pareto 前沿增加到其最大值。

③热约束限制了 Pareto 前沿的高 m、高 η_V 区域。

（3）航程与容积效率。

优化的 Pareto 前沿对于 s_g 和 η_V 表现出与前面讨论的两个前沿明显不同的行为。最重要的是，当与在其他 Pareto 前沿中出现的 s_g 和 η_V 的值相比时，目标空间中的前沿的范围相对较小。这是由于相对类似的飞行器特性导致高 s_g 和 η_V 值，特别是相对大的尺寸。如前所述，对于低驻点热载荷，飞行器质量应该小，因此 θ_c 和 L_c 都应该低。但是，由于此处不将 Q_s 视为目标，因此优化程序不会驱动这些影响。在图8.22、图8.23 和图8.24 中分别展示出了参数值、约束函数值和所选择的性能标准。

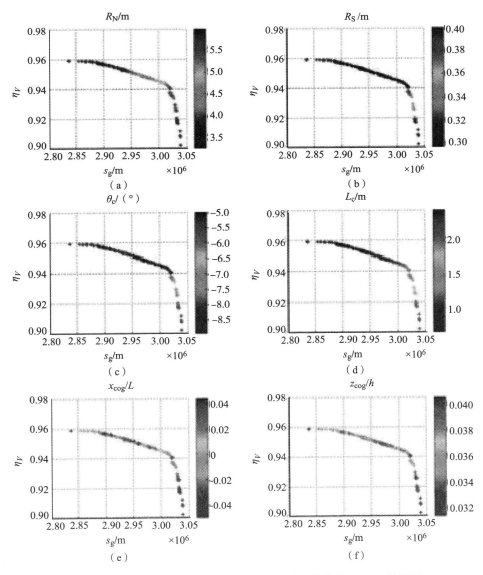

图8.22 用形状参数值着色的容积效率和航程优化的 Pareto 最优解

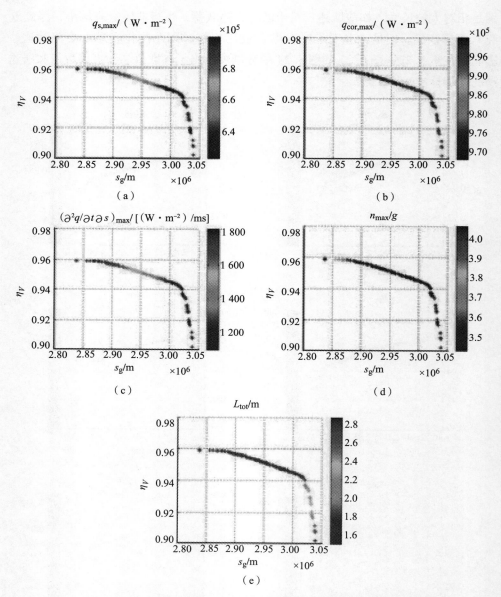

图 8.23 约束函数值着色的容积效率和航程优化的 Pareto 最优解

从图 8.22（c）可以看出，在整个 Pareto 前沿，后锥角接近最大值 −5°。这样的值增加了飞行器的容积和质量，增加了航程。此外，形状将更接近球体，从而提高容积效率。从图 8.22（d）可以看出飞行器长度 L_c 从其最小值增加到前面的高 s_g 区域的较高值。虽然这会降低容积效率，但可以从图 8.25 所示的形状推

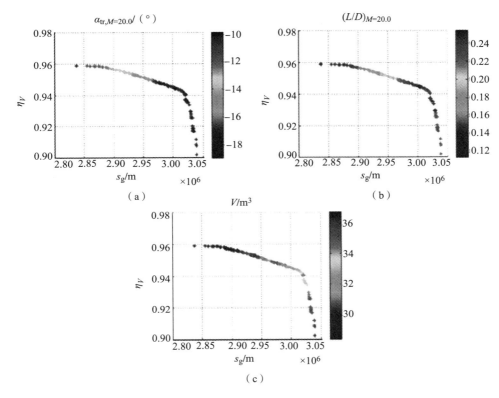

图 8.24 基于飞行器特性的容积效率和航程优化的 Pareto 最优解

断出，质量（和航程）会增加。

前面可以看到两个扭结，一个接近 $s_g = 2.88 \times 10^6$ m，一个接近 $s_g = 3.02 \times 10^6$ m。可以看出后者中的这些与 R_s 最大值的偏差相关联，在该最大值处，s_g 的所有值都小于该扭结处的 s_g。另外，对于大于扭结处的 s_g 所有值，$\Delta\theta_s$ 约束是活动的。激活这种约束是前面这种扭结背后的驱动因素。然而，Pareto 最优解的行为也受角加热约束的驱动，该约束在几乎所有 Pareto 前沿都处于最大值。由于较高的绝对配平迎角会对航程产生积极影响，但会对角部加热产生负面影响，因此采取其他措施来弥补这一点。这里这主要可以看作是前缘半径的增加，这将减少驻点加热并因此减少角加热。此外，锥形半角略微减小，尽管其他参数的变化使质量仍然随着航程的增加而增加。这种变化主要是由于 L_c 的增加。然而，这些解的航程增加是以容积效率的显著损失为代价的。关于图 8.25 所示的形状，可以看出高航程的飞行器形状与所示的其他 4 种形状相比差异较大，更不像球体（$\eta_V = 1$）。

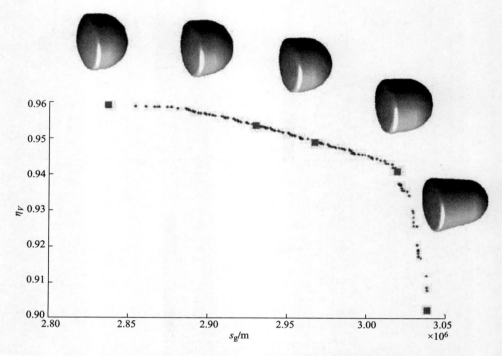

图 8.25 沿着 $\eta_V - s_g$，Pareto 前沿的返回舱形状演变的表示

对于最大 η_V 解，R_S 和 L_c 分别处于最大值和最小值，因此这些值的变化不能增加 η_V。R_N 的值接近但不在最大值，尽管降低到其最小值会进一步增加 η_V。然而，可以看到驻点加热在 Pareto 前沿的近水平部分上达到最大值，使得 R_N 的进一步减少变得不可能。这限制了容积效率进一步提高的可能性。

尽管最大拐角和驻点热率都接近整个 Pareto 前沿的最大值（图 8.23），但它们的行为趋势却相反。具体地，$q_{cor,max}$ 增加的方向是 $q_{s,max}$ 减小的方向。造成这种情况的原因是两者的比值发生变化，其原因有三：首先，R_S 的值随着 s_g 的增加而减小，从而增加了二者的比值；其次，α_{tr} 值的大小随着 s_g 增加而增加（图8.24），这也增加了热流之间的比值；另外，R_m/R_N 的比值随着 s_g 增加而降低，也增加了二者的比值。热流接近整个前沿的最大值与不进行热载荷优化是密切相关的，因此优化器的思路是不包含热载荷和热流的共同影响，而是转向最大热流较低的区域。

在 $\eta_V = 0.96$ 附近的前沿的扭结是由于形状不能达到显著更高的 η_V 值（这里前沿几乎是水平的）。图 8.25 中的最左侧形状对应于该形状。可以看出，这里只有 R_N 不在其边界值上，如前所述，这是由于驻点加热约束的缘故。作为参考，

$\eta_V = 0.96$ 的形状是图 8.25 中所示的最左侧的形状，可以看出它类似于具有隔热罩的"扁平侧"的球体。

总的来说，这个二维 Pareto 前沿的行为可归纳如下：

与本章讨论的其他两个二维优化案例相比，航程和容积效率两者只是弱矛盾的指标。结果，这个 Pareto 前沿相对稀少，包含有极高 s_g、η_V 和 Q_s 值的形状。

8.2.2　三维优化

在评估了三个目标函数组合的 Pareto 前沿之后，将讨论三维中的完整 Pareto 前沿，以了解二维最优行为如何延伸到三维情况。由于 Pareto 前沿的额外维度，所发现的 Pareto 最优解的数量明显大于二维情况。这是因为给定解"有利于某事"的可能性更大。Pareto 前沿的呈现方式与二维前沿不同：仅显示了 3 个平面上的投影。图 8.26 给出了三维的完整前沿以及平面上的投影。

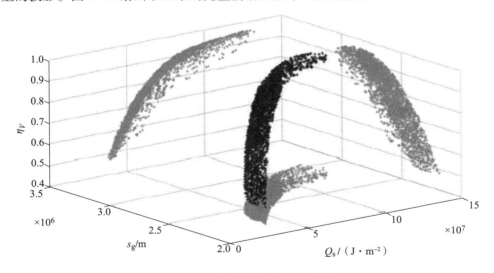

图 8.26　基准结果的 Pareto 前沿
（绘制在三个目标函数中，并投影到三个目标平面上）

可以观察到的第一个特征是正确识别了两个维度的 Pareto 前沿的一般形状，只有一个小的例外，并行 s_g 和 η_V 优化中最高 s_g 的区域不通过三维优化来识别，直到相对较晚的迭代，才在二维优化中识别该区域。这表明难以找到该区域，这是由识别这一点所需的许多参数的相对突然变化引起的。尽管这显示了该过程中的缺点，但未识别的区域是以 η_V 相对大的减少（$\approx 7.5\%$）为代价而在 s_g 中给出边际增加（$\approx 1\%$）的区域。

在 η_v 与 Q_s 优化中观察到的 R_S 的突然变化也可以在三维前沿中清楚地看到。可以看到穿过前部的"条带"将其分成高和低 R_S 区域，通过 s_g 与 η_v 前沿，确实也观察到 R_S 的快速变化。虽然不太明显，但是在三维前沿中也可以看到增加到接近最大的 θ_c，然后是理论上导致 R_S 突然变化的值的小幅下降。

可以看出，R_N 的值在三维前沿的大部分上处于最大值，这是在仅二维优化时无法识别的特征。可以看出，三维投影中的 s_g - Q_s 前沿沿着这两个物镜的二维前沿具有非常小的条带，其中 R_N 不在其最大值处或附近。尽管该条带是图 8.14（a）中所确定的，但是非常接近该条带的 R_N 的突然增加不能通过二维优化来预测。

类似地，载荷因子的值沿着 η_v - Q_s Pareto 前沿具有大约 $5g$ 的最大值的条带（图 8.28）。然而，当远离该条带时，它会非常快速地降低到约 4 或小于 4 的值。这些效果表明需要执行三维优化，而不是三个单独的二维优化（与某种插值相结合）。作为澄清，考虑设计返回舱的情况，其中 η_v 和 Q_s 是主要目标。如果执行二维优化，则可能是高载荷因子返回舱。不过，设计人员可以选择接受主要目标的略微减少，以显著改善载荷系数。

尽管三维 Pareto 前沿用可行解相对较好地填充，但是观察到更大稀疏度的区域。对于给定的 η_v，这可以在 s_g - η_v 和 Q_s - η_v 前沿最右边部分的 η_v 的投影中看得最清楚。从图 8.27（d）和（f）可以看出，这些解对应于 Q_s 与 s_g 的二维前沿上的点。这表明 Pareto 最优解具有驻点热载荷，其相对高于"接近" Pareto 最优解对应的热载荷。这再次表明，在仅考虑两个目标函数时，可以通过忽略其他目标来限制在设计过程中可以做出的决策。在这种情况下，非常接近但不在 s_g - Q_s Pareto 前沿的解可以具有比 s_g - Q_s 前沿更高的容积效率。此外，此前面的解在解空间中的行为与在目标空间中靠近它的行为不同。即，L_c，R_N 和 z_{cog}/h 的值从 s_g - Q_s 前沿快速变化到接近 s_g - Q_s。

现在，通过比较三维优化与前面讨论的二维优化，可以得出以下结论：

①三维优化在很大程度上能够重建二维 Pareto 前沿；

②三维优化显示目标空间中的特征，这些特征无法通过二维结果的组合再现，尤其体现在以下几点：

A. 航程与热载荷前沿与目标空间中的附近解有很大不同。这表明，如果容积效率的影响是微不足道的，那么关于这两个目标函数选择"接近但非 Pareto 最优解"是更有好处的。

B. η_v - Q_s 正面的正常载荷非常高，但远离正面时会急剧下降。同样，这表明关于这两个目标函数选择"接近但非 Pareto 最优解"是更有意义的，如果降低

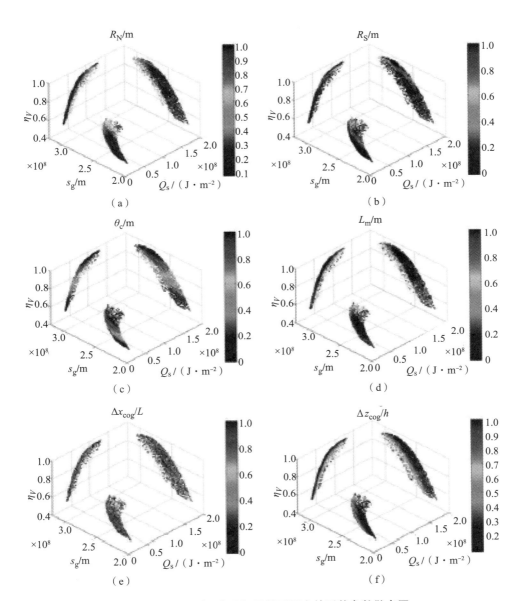

图 8.27　投影到 3 个目标函数平面上的形状参数散点图

正常载荷。

　　③Pareto 前沿在 R_S 的值中是"一分为二"的，并且在 θ_c 的值中具有相关的"摆动"，原因与 η_V - Q_s 结果一起讨论。

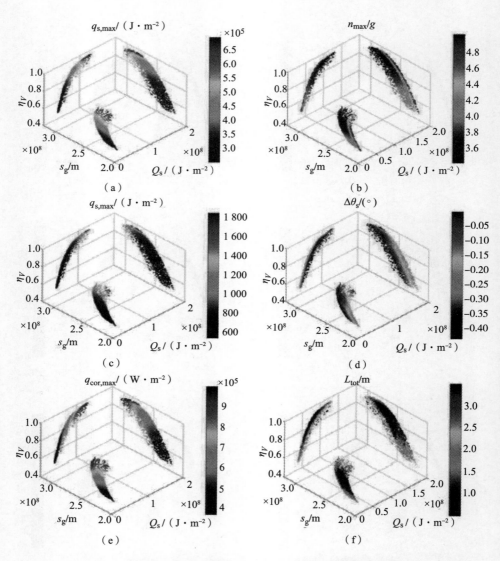

图 8.28   投影到 3 个目标函数平面上的约束函数值散点图

■ 8.3   结束语

本章介绍了返回舱型飞行器的优化结果。在这里，将重申一些关键特征。

研究表明，Pareto 最优解在目标空间和解空间中的行为都是非常平滑的，除了质心的 x 位置之外。这是由于该参数对性能的影响非常有限，这导致该参数收敛到最佳解的速度很慢。其影响仅限于由俯仰力矩的变化引起的迎角变化，而俯仰力矩的变化又是由（小）正常气动力的力矩臂的（小）变化引起的。在二维前沿中比在三维前沿中观察到更清晰的趋势，这进一步证实了这一点。然而，质心的 z 位置强烈地影响解，因为它确定了（大）轴向力的力矩臂。

在优化结果中，发现驻点热载荷与两个其他目标函数具有很强的竞争关系，因此，通常其中一个的增加也会增加驻点热载荷。容积效率和飞行器航程目标驱动优化器到解空间的类似区域，因为关于这两个目标函数，相对较大的飞行器都是更有利的。然而，这两个目标之间仍然存在着巨大的竞争，特别是在目标空间的极值情况下。

优化清楚地表明，飞行器质量是增加飞行器航程的主要驱动因素。这是因为质量较高但前部面积相似的飞行器具有较高的轨迹系数，因此受空气动力的影响较小。这将导致飞行器在再入开始期间较长时间内保持其较大部分的动能，从而覆盖更大的范围。

此外，观察到当远离 Q_s - η_V Pareto 前沿时，最大载荷因子急剧下降。正常载荷是低航程/低热载荷解的约束因素，因为这些形状通常以低绝对迎角飞行以减小 L/D，从而减少总飞行时间。对于 Q_s - η_V 优化，载荷因子接近其在 Pareto 前沿上的最大规定值，因为此处不包括航程目标，其通常应该驱动优化器朝向增加的 L/D 和降低的正常载荷。通过稍微远离二维 Q_s - η_V 前沿移动到三维前沿并允许更高航程的解支配更低航程的解，可以实现正常载荷（从 $5g$ 到 $3.5g \sim 4g$）的强烈降低。如果低的法向过载的影响是微不足道的，则返回舱形状不应仅针对容积效率和热载荷进行优化。

与前一点类似，当稍微远离 s_g - Q_s 前沿移动时，飞行器形状发生显著变化。当稍微远离该二维前沿移动时，一系列系数，即质心的 z 位置、前缘半径和飞行器长度变化非常大。当在三维前沿上移动时，容积效率急剧增加。这表明这些参数的变化导致航程和热载荷的边际改善，从而导致容积效率损失相对较大。这意味着如果飞行器设计中涉及容积效率，则航程和热载荷不应是优化工作中的唯一目标。

前面的几点表明，二维 Pareto 最优行为组合不能完全推导出三维 Pareto 最优行为。特别是热载荷和航程的二维前沿在解空间中表现出与目标空间中附近的"近似二维 Pareto 最优的"解的强烈不同行为，如前面所述。此外，正常载荷在大部分 Q_s - η_V 二维前沿处于最大值，并且当远离该前沿时强烈地减小。此行为显示了执行多维优化的用途。

最后，发现飞行器侧半径在三维 Pareto 前沿上取最小值或最大值。侧半径在目标空间中非常薄的解的条带上突然改变，其中发生转变。这种变化伴随着 θ_c 绝对值的近似离散的变化。这种异常源于后锥角对容积效率的更强影响，因此在增加侧半径之前将该值增加到其绝对最小值。侧半径对飞行器性能的有限影响导致参数在目标空间中的附近解上非常强烈地改变。

关于约束函数值和影响，热约束（驻点热流和角热流）对于高航程/高容积效率是有效的。这是因为高航程解的飞行时间很长，导致大的热载荷。而且，高容积效率减小前缘半径的同时，增加了驻点热流的大小。载荷系数约束仅对低热载荷解有效，因为这些飞行器以较低的绝对迎角飞行，以最大限度减小升阻比和相关联的飞行时间。但是，这也会增加载荷系数。驻点位置约束对于高航程解是有效的。这是因为飞行器在此处以高绝对迎角飞行以增加 L/D，导致驻点更靠近拐角。最后，发现这里限制的飞行器长度是 Pareto 前沿上的任何解的约束因素，可能是考虑长度约束之前其他约束是有效的。

最后，比较图 8.17、图 8.21 和图 8.25 中的 Pareto 前沿上绘制的形状是很有意思的。特别是阿波罗号和 ARD 返回舱的典型形状，与在此获得的最佳返回舱形状之间存在明显差异。图中显示的形状更接近于 Soyuz（联盟号）返回舱，其具有更高的容积效率。但是，在此处提供的结果中，未考虑任何内部系统/装载量的要求，这无疑会限制搜索空间。这种采用 MDO 方法和模型的方法将是我们所采用的方法的自然延伸。

第九章　外形分析——有翼飞行器

本章将介绍有翼再入飞行器的优化结果，其中参数化已经在 5.2 节给出。在第三章中给出了仿真的设置。此处列举一个例子，在图 9.1 中展示了一个有翼飞行器形状的几种典型视图，在附录 B 中详细描述了产生过程。

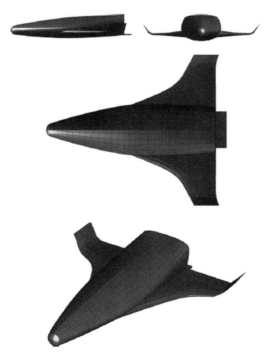

图 9.1　有代表性的有翼飞行器形状的几种视图

（关于生成的细节见附录 B）

进行蒙特卡洛分析以获得对解的特点的一些了解，并最终确定参数的选择和允许的约束函数值。首先，分析是在 9.1 节中提出的。随后，在 9.2 节给出了优化结果。最后，在 9.3 节提出一些关于优化的一般性总结意见。

■ 9.1 蒙特卡洛分析

本节将显示 1 000 个随机生成的有翼飞行器的蒙特卡洛仿真结果。通过随机改变形状参数值，可以概览从参数到目标空间的映射特点。此外，还可以深入了解约束函数的行为，帮助选择现实且实用的约束函数值。该部分与 8.1 节针对返回舱形状的蒙特卡洛分析不同，因为这里形状参数的数量要大很多。因此，呈现所有参数的约束和目标函数的散点图不是给出结果的有效方式。对于所有参数和目标/约束的组合，将给出相关系数，详细地讨论所选择的参数的特点。因为相关性并不意味着依赖性，所以这些对系数的解释是谨慎的。然而，它是一种深入了解飞行器性能的具体表现的有效方式。

由于参数 r_x 的值如何转化为物理参数值 x（参见第五章）具有相互依赖性，特别是对于机身而言，参数值和约束值之间及参数值和目标值之间的影响将会减弱。此外，对最终性能有贡献的参数的数目是显著的，因此参数值的不同组合可以导致特定的物理特点，其方式可能不会立即从蒙特卡洛分析中显现。

约束函数特点的直方图如图 9.2 所示。表 9.1 中给出了参数与约束/目标之间的相关系数。使用如 Dekking 等（2005）讨论的标准统计工具，从数据集可计算这些相关系数。本节给出的结果中省略了偏航和侧倾约束，因为发现随机生成的飞行器很少（<5%）违反这些约束，并且它们很少是唯一的主动约束。通常，约束和目标函数位于基于过去和当前再入飞行器分析的数据预期的范围内。现在将详细说明约束函数的一些特性表现。

最大驻点热流主要在 $600 \sim 1\ 200\ \text{kW/m}^2$，如图 9.2（a）所示，这相当于现有飞行器的最大再入热流的范围，如 Hirschel 和 Weiland（2009）所详述的。根据这些结果，选择参考热流（$700\ \text{kW/m}^2$）是合理的，因为大多数飞行器能达到这个值，不会太过量。

前沿处略低于驻点的最大热流，但可以发现值是非常相似的。这可以从航天飞机的数据中得到预期的结论。尽管允许前沿达到前缘曲率半径的一半，但是发现发生的最大前沿热流大约为 $700\ \text{kW/m}^2$。这是因为除了对自由流密度和速度以及曲率半径的依赖性之外，$q_{\text{LE,max}}$ 的值还取决于前缘的形状。具体地，机翼扫掠角减小了前沿处的热流。这是因为式（3.4）的最大值取决于前沿上的 x 和 Λ 的值。表 9.1 中

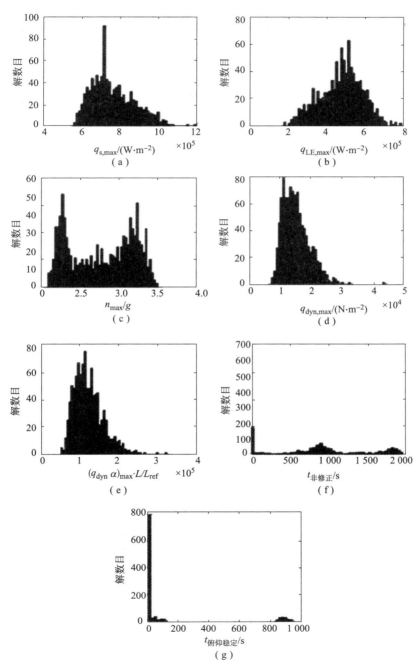

图9.2　1 000 个随机翼型再入形状的约束函数值直方图
（未示出滚转和偏航）

表 9.1　形状参数与约束/目标函数值（量纲为 1）之间的相关系数（×10）

	$q_{s,max}$	$q_{LE,max}$	n_{max}	$q_{dyn,max}$	t_{untrim}	$t_{yunst.}$	$t_{xunst.}$	$t_{zunst.}$	m	s_g	V
R_N	**−8.626**	0.623	**−8.583**	0.759	−0.992	−0.358	0.035	−0.463	2.057	−0.379	2.630
θ_N	0.417	0.090	0.951	1.219	0.237	0.506	0.167	0.279	−1.822	0.756	−2.384
Δx_1	0.349	−0.915	1.075	1.952	−0.150	0.277	−0.368	−0.157	3.283	2.078	1.227
$z_{2,1}$	1.354	0.609	0.350	2.105	−1.428	−1.179	0.342	0.454	0.394	2.388	2.853
$y_{2,2}$	−0.359	−0.285	0.802	−1.495	1.075	1.570	−0.581	−1.826	**4.984**	−1.802	**6.082**
$z_{2,2}$	0.768	−0.185	0.870	0.669	−1.061	−0.793	−0.040	1.177	0.229	0.848	0.863
$y_{2,3}$	−2.682	−1.465	−1.323	**−4.810**	1.426	2.039	0.038	1.070	2.592	**−5.691**	3.147
$z_{2,3}$	−1.086	−0.990	−0.122	0.955	0.268	1.067	−0.777	−1.213	−0.034	−0.369	−0.359
$z_{2,4}$	0.444	0.449	−0.382	−1.136	1.103	−0.428	0.098	−0.641	0.173	−0.381	0.699
$z_{3,1}$	−0.222	0.811	−0.152	−0.441	0.025	1.163	0.093	−0.158	0.399	−0.614	0.983
$y_{3,2}$	0.210	−0.005	−0.547	−0.644	0.676	1.613	0.238	0.660	1.348	−0.367	2.368
$z_{3,2}$	−0.359	0.211	−0.476	−0.036	−0.667	−0.237	0.128	−0.478	0.179	−0.052	0.359
$y_{3,3}$	0.635	0.442	0.816	1.590	−0.964	−0.529	0.566	−0.652	0.863	1.481	0.822
$z_{3,3}$	1.714	1.044	1.380	1.315	−0.004	−1.174	0.917	−0.644	1.531	2.335	−0.480
Δx_2	0.107	−0.940	0.413	2.937	−0.207	−0.137	0.520	0.173	**5.094**	2.549	3.579
R_{LE}	0.467	**−4.624**	0.413	−0.429	−0.446	−0.960	−0.178	−0.138	−0.126	−0.103	−0.122
$t_w/2$	−0.561	−0.283	−0.616	−0.421	−0.529	−0.591	0.082	0.063	−0.533	−0.298	0.249
$x_{w,t}$	−0.245	−0.246	−0.119	0.770	1.978	0.279	0.225	−0.023	0.066	0.208	0.026
L_w	−0.388	−2.412	0.484	2.591	−1.737	−1.882	−0.183	0.413	1.598	2.314	0.148
θ_{LE}	0.918	0.481	0.552	−0.046	−0.109	−0.201	0.377	−0.211	−0.605	0.147	−0.586
$\dfrac{x_{w,2}}{x_{w,1}}$	0.174	−3.432	0.550	0.048	−1.039	−0.573	−0.025	0.684	0.370	0.044	−0.261
$\dfrac{x_{w,3}}{x_{w,1}}$	−0.325	6.410	−0.468	−1.569	−1.505	−0.045	−0.145	0.205	0.840	−1.095	−0.152
$\dfrac{x_{w,4}}{x_{w,1}}$	0.535	0.193	0.041	−0.109	0.912	0.102	0.485	0.470	−0.141	0.128	−0.519
$y_{w,1}$	−0.981	1.512	−0.320	−1.151	−1.008	−1.579	−0.609	0.932	3.324	−1.452	0.493
$y_{w,3}$	0.365	−0.681	0.106	0.350	0.610	0.818	−0.115	0.082	0.358	0.382	0.291
Δx_f	−0.784	0.036	−0.916	0.247	−0.240	0.218	−0.018	−0.414	0.209	−0.118	0.647
θ_f	0.057	0.055	−0.109	−0.179	−0.282	0.299	0.332	−0.820	0.560	−0.052	0.545
f_{el}	−0.380	0.150	−0.483	−0.264	−1.291	0.235	0.241	0.290	−0.357	−0.191	−0.306
L_{bf}	−0.322	−0.479	0.514	0.970	−2.870	−1.130	−0.314	0.254	0.072	0.780	−0.235

列出了这些依赖关系，其中可以看到 $x_{w,2}/x_{w,1}$ 和 $x_{w,3}/x_{w,1}$ 之间的明确相关性及 $q_{LE,max}$ 的值。不同的符号对于这些相关性也是不同的。与直觉判断相反，正如预期的，这两个比率中的较大值将导致小的 Λ 值和产生大的 q_{LE} 值。然而，在解释相关性时，必须考虑相互依存关系。这里，这是由于 $x_{w,3}/x_{w,1}$ 的最大值由 $x_{w,2}/x_{w,1}$ 的值决定的（见表5.2）。因此，较大的 $x_{w,3}/x_{w,1}$ 值将降低机翼的轮廓2和3之间的区域中最大值 Λ 的期望值。类似地，机翼前缘加热随着 $y_{w,1}$ 增加而增加，并随着 L_w 减小（尽管相对较弱）。虽然这些中的前者是直观的，但是随着翼68跨度的增加，减小了扫掠角 Λ。

在条目中出现的最大载荷因子如图9.2（c）所示。可以看出，出现的最大值类似于返回舱蒙特卡洛分析中发现的最低值（见8.1节），表明两种类型的飞行器和它们各自的轨迹之间的基本区别。将这些与平衡滑翔的简化模型（Regan和Anandakrishnan，1993）进行比较，发生的载荷因子大于该近似值。显然，在确定载荷因子时，平衡滑翔的偏差很重要，正如预期的那样。从表9.1可以看出，最大载荷因子与飞行器前缘半径强烈负相关。虽然从物理方面考虑并不是很明显，但是有很多因素促成了这一点。首先，它是基于热流跟踪制导律的结果。较小的前缘半径和随之而来的较大的热流导致飞行器在其飞行后期开始，其前缘向下操纵，因为热流需要更长的时间才能回到参考热流值 $q_{c,ref}$，这将影响载荷因子的最大值。原因在于，飞行器在大迎角下飞行的时间越长，在大高度失去的动能就越多。当启动机头向下操纵时，阻力减小，飞行器随之将在给定高度和密度下具有更快的速度。因此，具有大的最大热流将降低最大载荷因子，因为这些飞行器在大高度和低密度下会损失更多能量。

许多约束的一个重要参数是 $y_{2,3}$，如表9.1所示。此参数确定中间轮廓上飞行器底部的宽度。该参数将在大迎角时对飞行器前部区域的尺寸和形状产生很大影响，这是飞行器开始再入的布局。由于其值的增加将导致阻力区 $C_D S_{ref}$ 的增加，因此在 $\alpha = 40°$ 时轨迹系数较低（见2.2.3节），飞行器将更快地失去动能。因此，飞行器将在较大密度下经历较低载荷，这说明热流、动态压力和法向过载的减少。然而，与这些约束函数的减小相关联的是飞行器航程的减小，因为动能的快速损失意味着飞行器将在高速度下经历更短的时间，从而缩短其航程。

类似地，随着 Δx_1 和 Δx_2 的增加，动态压力增加，因此比在大气中的动态压力最大值更大。类似地，飞行器的航程与这些参数的大值正相关。而且，质量和容积显然与它们的值强烈耦合。前沿热流略微减少的原因是机翼长度的最大值是飞行器长度的一小部分，这意味着飞行器长度的增加意味着机翼扫掠角的增加。

由于允许飞行器宽度大于其高度，因此通常可以看出机身上的 y 值对 m 和 V

的值比 z 值具有更强的影响。此外，中间轮廓上的 y 值和 z 值比后轮廓上的值具有更大的影响。原因是中间的值会影响整个机身的形状，而后部的值只会影响机身的后半部分。

为了了解约束函数值对 Pareto 前沿形状的一般影响，在图 9.4、图 9.5、图 9.6 和图 9.7 中给出了许多不同约束函数值的可行解。为了比较，无约束散射在图 9.3 中给出。

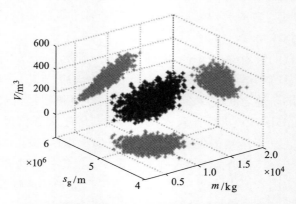

图 9.3　投射到平面上的性能空间中的蒙特卡洛解

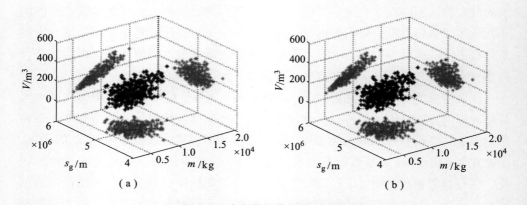

图 9.4　来自蒙特卡洛分析的解

（a）违反约束 $q_{s,max} = 800\ kW/m^2$；（b）违反约束 $q_{s,max} = 1\ 000\ kW/m^2$

基于先前的有翼再入飞行器（如 Hirschel 和 Weiland，2009）的经验及此处的结果，加上不过度限制搜索空间的想法，导致对约束函数值的以下选择：

$$q_{s,max} < 1\ 000\ kW/m^2$$

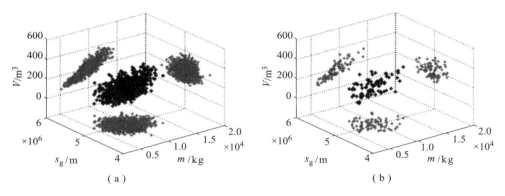

图 9.5 来自蒙特卡洛分析的解

（a）违反约束 $q_{\mathrm{LE,max}} = 400~\mathrm{kW/m^2}$；（b）违反约束 $q_{\mathrm{LE,max}} = 600~\mathrm{kW/m^2}$

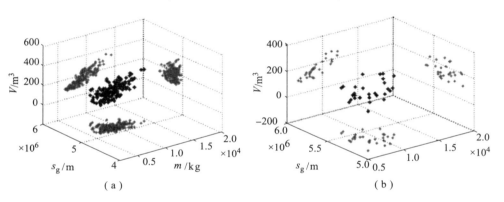

图 9.6 蒙特卡洛分析的解

（a）违反约束 $q_{\mathrm{dyn,max}} = 20\,000~\mathrm{N/m^2}$；（a）违反约束 $q_{\mathrm{dyn,max}} = 25\,000~\mathrm{N/m^2}$

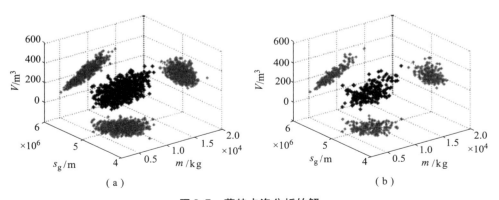

图 9.7 蒙特卡洛分析的解

（a）违反约束 $n_{\mathrm{tot,max}} = 2.75g$；（b）违反约束 $n_{\mathrm{tot,max}} = 3.25g$

$$q_{LE,max} < 600 \text{ kW/m}^2$$

$$q_{dyn,max} < 25\ 000 \text{ N/m}^2$$

$$(q_{dyn}\alpha)_{max} \frac{L}{L_{ref}} < 4\ 400 \text{ N} \cdot \text{rad/m}^2 \, (\approx 250\ 000 \text{ N} \cdot (°)/\text{m}^2)$$

$$n_{tot,max} < 3.25g$$

这些值中的一些，即动态压力值，可能看起来是过度的。然而，通过选择这些值，可以检查 Pareto 最优解在目标空间的较大部分上的特点。最近或近期的技术发展可以使飞行器及其设计承受更大的载荷，如航天飞机。这成为调查飞行器承受这样的载荷的实际利益。

为了完整起见，当仅考虑稳定性和控制约束之一时，不可行解如图 9.8 所示。可以看出最活跃的修正约束使得整个目标空间中的解不可行，在任何方向上都没有明显的偏差。然而，俯仰稳定性约束在目标空间的低航程区域中更加活跃。从表 9.1 可以看出，与俯仰稳定性最相关的参数通常对桨距稳定性和航程具有相反的影响。

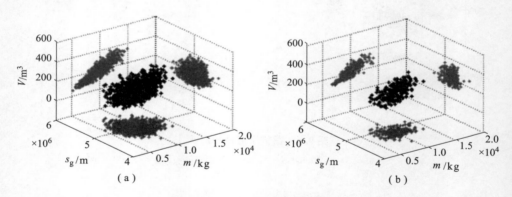

图 9.8 蒙特卡洛分析的解

（a）违反修正约束；（b）违反俯仰稳定性约束（对于 $\alpha > 25°$）

9.2 优化结果

在本节中，将介绍 5.2 节中描述的有翼飞行器参数化的形状优化结果，使用 7.3 节中给出的设置。首先，将在 9.2.1 节中讨论基线优化情况。其次，在 9.2.2 节给出考虑所有迎角的俯仰稳定性约束时的结果。最后，在 9.2.3 节中研究了使用参考热流的总时间而不是地面轨迹长度作为目标（保持其他两个目标相同）的影响。

这里必须再次强调的是，Pareto 前沿的所有参数值都是使用参数 x 的相关参数值 r_x 来表示的，如式（5.1）和附带的说明文字所示。

9.2.1　基线优化

现在将介绍和讨论有翼飞行器形状的优化结果。用于有翼飞行器的解空间的尺寸远大于返回舱型飞行器（29 维与 6 维）。因此，将仅详细讨论三维优化的结果。

然而，像对返回舱型飞行器所做的那样，执行具有 3 个目标函数的一次优化和具有每 2 个目标组合的三次优化。对于三维（例如，考虑所有 3 个目标函数的情况）优化，使用 400 次迭代，并且对每个二维优化（例如，考虑所有 3 个目标函数），使用 200 次迭代。图 9.9 显示了三维 Pareto 前沿，每个平面都有投影。在图 9.10 中，针对目标函数的每个组合比较从二维和三维优化获得的 Pareto 前沿。这些前沿中的每一个都是 Pareto 前沿，仅考虑从最终的三维和二维 Pareto 最优解获得的 3 个目标中的 2 个。$s_g - m$ 和 $s_g - V$ 的 Pareto 前沿之间的差异明显大于在返回舱形的情况下观察到的差异。这表明优化的飞行器形状是更难以优化的问题，并且三维优化在 400 次迭代中没有完全收敛到 Pareto 前沿的边界。然而，可以清楚地观察到三维前沿上参数和约束的特点的总体趋势。为了解 Pareto 前沿的演变和有翼飞行器的外观，附录 D.1 给出了 $s_g > 5\ 100$ km 和 $V > 400$ m^3 的最小质量有翼飞行器的演变。此外，最终 Pareto 前沿的许多解的外部形状见附录 D.2。

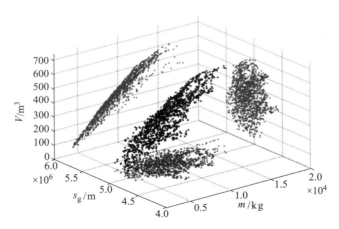

图 9.9　基准测试结果的 Pareto 前沿（绘制在 3 目标
函数中，并投影到 3 个目标平面上）

首先，将分析最优解的轨迹，并讨论轨迹约束和轨迹的若干关键品质因数。随后，将呈现最佳机身和机翼形状的特点。

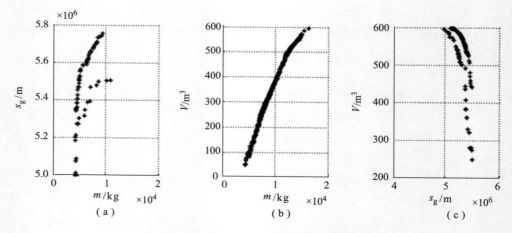

**图 9.10 从专用的 2 目标优化和 3 目标优化
获得的二维 Pareto 前沿的比较**

与 Pareto 最优解的轨迹相关的许多量如图 9.11 所示。由于 s_g 的值是受轨迹影响的 3 个目标中唯一的一个，因此将特别关注影响该数量的因素。在此处的讨论中，将使用 2.3.2 节中关于条目不同阶段的术语。在随后关于有翼飞行器轨迹的讨论中，术语轨迹系数将再次用于表示由等式（2.36）表示的量 B。

飞行器总航程与再入初始阶段 L/D 和轨迹系数 B 之间的关系，其中 $\alpha = 40°$，如图 9.11（a）和（b）所示。虽然空气动力学系数在这个阶段发生变化，但它们的变化非常小（见 3.1.2 节和 3.3 节），只考虑 $M = 20$ 时的值。从图中可以看出，初始 L/D 与总航程之间存在关系，初始轨迹系数与总航程之间的关系更为清晰。事实表明，轨迹系数与 s_g 之间的关系是，由于具有大轨迹系数的飞行器在初始再入阶段受大气阻力的影响较小，因此，它们减速较慢并且覆盖范围更大。$\alpha = 40°$，t_0 和 t_2 之间所涵盖航程的重要性（见 2.3.2 节）可以从图 9.11（c）、（d）中推导出来。在 t_2 之前覆盖的航程的部分总是大于 0.5，最大值约为 0.675。相比之下，在热速率跟踪期间覆盖的航程在总航程的 0.10 ~ 0.25。

图 9.11（e）、（f）表示在 $t = t_2$ 时热速率跟踪开始时的速度和密度。在这两个图中都可以看到清晰的特征，描绘出最大 V 和最小 ρ。对这些特征的进一步研究表明，这些是 $q_{s,max} < q_{s,ref}$ 的解，其中 $t_1 = t_2$ 和热速率跟踪开始时间与最大热速率点一致。这里的速度变化非常小（~ 20 m/s），但密度的变化更为明显。这个结果可以与进行平衡滑翔非旋转地球假设时的最大热速率点的结果进行比较（Regan 和 Anandakrishnan，1993）。在这种情况下，此处的速度始终是轨迹速度的一个因子 $\sqrt{2/3}$（假设为层流），而密度是飞行器升力系数和质量的函数。这里

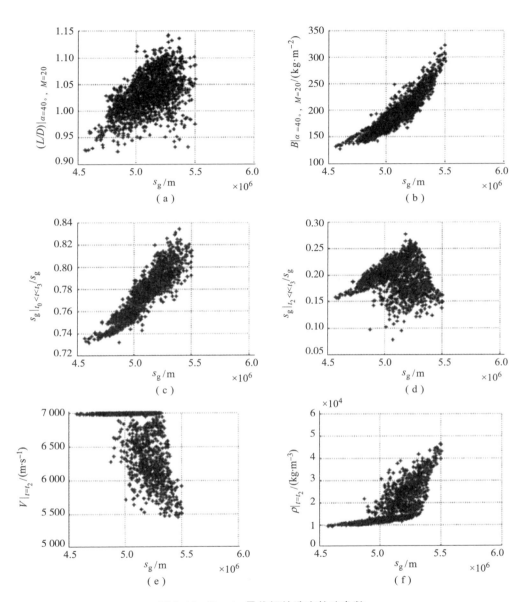

图 9.11　Pareto 最优解的选定轨迹参数

（a）初始 L/D；（b）初始轨迹系数；（c）总航程中一直持续到机头向下完成的部分；（d）在俯冲
机动期间行进的总航程的部分；（e）开始俯冲机动时的速度；（f）开始俯冲机动时的密度

最大热流出现的速度和密度与上述假设的结果大不相同。平均速度约为 7 000 m/s，
而简化理论可以预期约为 6 350 m/s（取决于确切的高度）。尽管如此，t_1 处的速
度对于所考虑的形状基本保持不变的事实是有趣的，因为它表明，去掉平衡滑翔

假设时，并不会明显否定最大热传递时速度不变的结果。

图 9.12 显示了 Pareto 最优解的约束函数值。在法向载荷特征中可以看到一个非常独特和意想不到的特征，见图 9.12（c）。在该图中，存在明确的区域 $n \approx$ 2 和 $n \approx 2.75$。尽管法向载荷较大的区域似乎不太均匀，但两个区域之间存在明显的区分。大法向负载区域大致对应于大航程，而低法向负载范围对应于低航

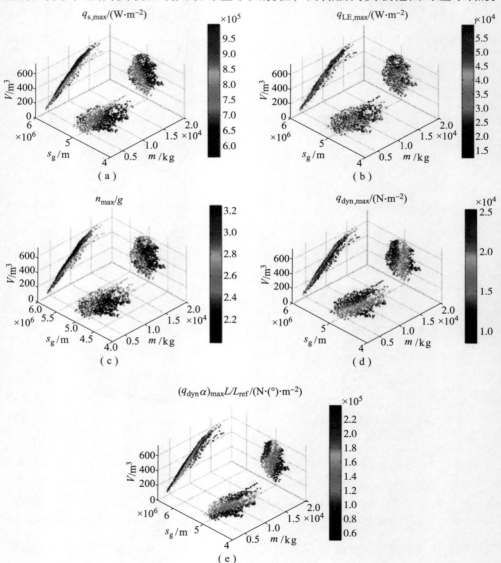

图 9.12 轨迹约束函数值的散点图投影到 3 目标函数平面上

程。不连续的原因可以从图 9.12（a）中找到。这里，可以看到法向载荷低的区域对应于 $q_{s,max} < 700$ kW/m² 的区域选择参考热速率的值。这意味着飞行器永远不会达到参考热速率并跟踪其 $q_{s,max}$ 的值。对于确实达到参考热速率的飞行器，最大载荷因子点是飞行中 $\alpha = \alpha_{max}$ 的最后一个点。对导致轨迹未达到参考热速率的飞行器形状的更深入分析表明，这些形状在再入的初始阶段具有较小的轨迹系数，如图 9.11（b）所示。因此，它们每单位时间失去更大量的动能，这本身会降低飞行器的航程。由于在开始热速率跟踪阶段飞行器将失去更多的速度，因此通常能够以较短的时间段以参考阻力飞行。

由于最大载荷因子和最大驻点热流的这种相关趋势，这些约束有效的区域非常相似。具体而言，它们在高航程、低容积区域中是活跃的，尽管加热约束与航程相比更紧密地耦合到最大载荷因子。对于大多数 Pareto 前沿，前沿加热约束接近其最大值。但是，对于最大的质量和容积解，它变得完全活跃。这是由 $x_{w,3}/x_{w,1}$ 的值增加引起的，这将在下面讨论。

从图 9.12（d）可以看出，动压力约束函数值与飞行器的航程强耦合，因为随着 s_g 的增加，观察到从低值到高值的非常平滑的过渡。对于最大航程的解，动态压力是飞行器形状的约束因素。但是，如前所述（见 9.1 节），为动态压力选择的最大值非常大。如所预期的，由动态压力和迎角的乘积测量的弯矩约束表现出与动态压力类似的特点。一个例外是由于它是长度加权的，因此长度越长时这个值越大，且飞行器越重。可以看出，对于所选择的最大约束函数值，约束在前面的任何地方都不是活动的。然而，这并不意味着在未来的概念设计研究中可以忽略它。引导算法的变化可以引起迎角分布的更多变化。此外，更具体的飞行器要求可导致不同的最大约束函数值。

从图 9.13（a），图 9.14（b）、（d）中可以看出，在边缘俯仰稳定的形状和控制面向下偏斜的形状之间存在相关性，原因在 2.3.3 节中讨论过。在 9.2.2 节中讨论所有迎角都需要俯仰稳定性的优化结果等更多细节。可以看出，偏航和侧倾稳定性约束最接近于其低飞行器质量和容积的最大允许值。这可以通过这些飞行器具有非常平坦的机身来解释。只有相对较小的飞行器侧面才能产生恢复力矩。滚动力矩在任何地方都没有活动，尽管它在低质量和容积区域几乎处于这种约束。

（1）机身形状。

限定机身形状的参数如图 9.15、图 9.16 和图 9.17 所示。如前所述，r_x 而不是 x 的值是针对机身点给出的，因为这使得参数处于其允许航程的边缘更加清晰。

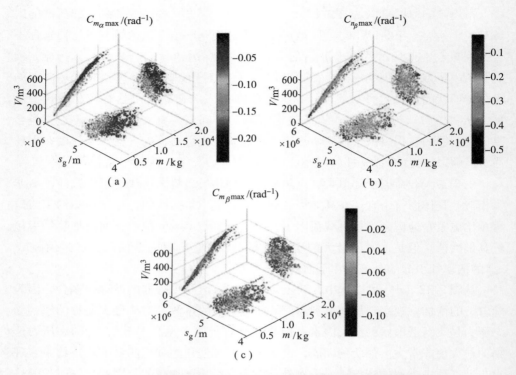

图 9.13 投影到 3 目标函数平面上稳定导数的最大值散点图

比较 Δx_1 和 Δx_2 的值，分别如图 9.15（c）和图 9.17（c）所示。这表明，正如预期的那样，这两个值的趋势随着飞行器质量和容积的增加而增加。然而，有趣的是，Δx_2 的值比 Δx_1 的值增加得更快。这些形状通常也能在现有概念中观察到（例如，Hermes，HOPE-X，HORUS）。Δx_1 的值仅沿 $V-s_g$ 前沿很大，表明它增加了 V 和 s_g。然而，对于 Δx_2，情况也是如此。从图 9.12 可以看出，似乎没有任何约束在较大 Δx_1 区域的最大值上，也没有在 Δx_2 较大且 Δx_1 不大的区域里。这表明不同特点的原因应该在对目标函数的不同影响中找到。显然，由于 Δx_1 和 Δx_2 的增加，机身的质量和容积都将增加。但是，不同特点的原因可能是 Δx_1 比 Δx_2 更强地增加 m_{TPS} 的值。通常，飞行器前部的较大部分将需要高温 TPS，其面积通过增加 Δx_1 而增加。因此，具有较大 Δx_2 的解将主导更大 Δx_1 的解。然而，对于大航程解，其中 Δx_2 的值已经达到其最大值，增加 Δx_1 的值将增加目标函数，使得它们可以实现 Pareto 最优性。

前缘半径 R_N 的特点与法向载荷的特点非常相似，如图 9.15（a）所示。两者相似的原因是大的前缘半径导致较小的热速率，因此这些飞行器不会遇到参考热

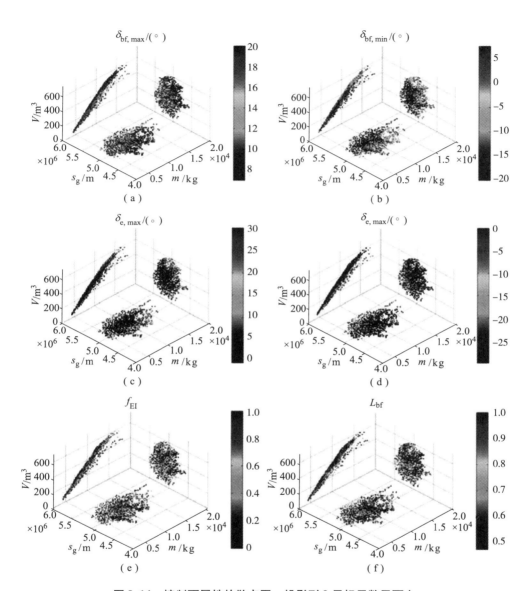

图 9.14　控制面属性的散点图，投影到 3 目标函数平面上

速率的可能性更大。

　　限定机身表面点的特点在很大程度上取决于它们对飞行器质量和容积的影响。也就是说，更宽更大的机身将产生更大的机身质量和容积。可以看出，对于最低质量和容积，许多参数显示出略微异常的特点。即，θ_{N}，$z_{2,1}$，$z_{2,2}$（限于高航程解）和 $z_{3,1}$ 的值表示与 Pareto 前沿的大部分不同的特点。在这些情况下，能

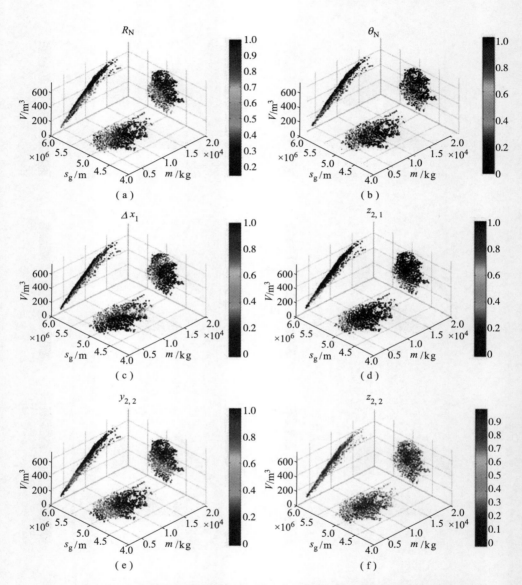

图 9.15 参数 r 的散点图定义了图中所示的机身形状参数，投影到 3 目标函数平面上

观察到 Pareto 前沿剩余部分的大多数是从一个近乎恒定的值开始突然变化。此外，能观察到 $y_{2,2}$，$y_{3,2}$ 和 $y_{3,3}$ 具有强烈的梯度变化。这三个参数中的每一个的变化导致非常细长的飞行器，而上述三个 z 值的变化都导致飞行器的垂直细长。参数化给定时，所有这些变化都会使飞行器变得尽可能薄。这也可以在图 9.24 和图 9.25 中看到，其中可以看到低质量和容积解与相邻形状的差异比其他形状的

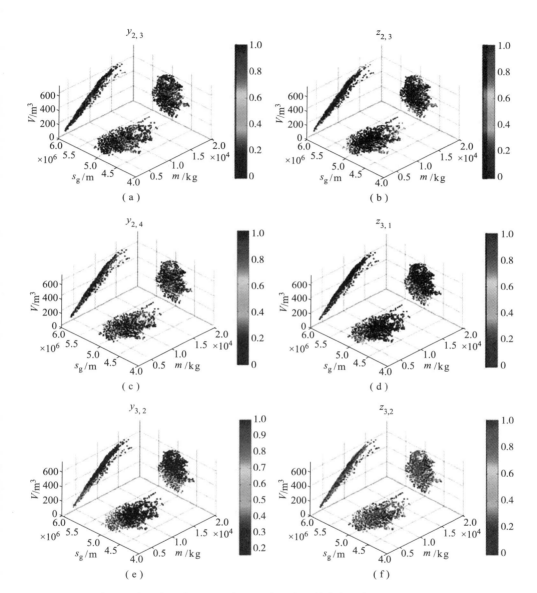

图 9.16　参数 r 的散点图定义了图中所示的机身形状参数，投影到 3 目标函数平面上

情况更强烈。法向载荷、前沿热流以及偏航和侧倾稳定性的约束都接近该区域的最大允许值约束。

　　许多变量的特点，特别是 $y_{2,3}$ 和 $z_{2,4}$，似乎表现出很大程度的随机性，因为在这些参数中解看起来并不平滑。但是，它是绘制的 $r_{y_{2,3}}$ 和 $r_{z_{2,4}}$ ［见方程（5.1）和相关讨论］的值，而不是物理参数，省略了物理参数特征的数字，因为它们的特

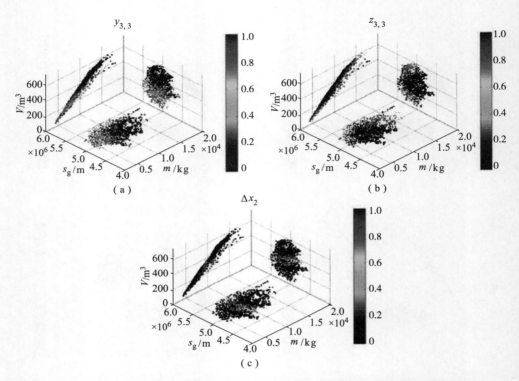

图9.17 参数 r 的散点图定义了图中所示的机身形状参数，投影到 3 目标函数平面上

点仅对有限数量（非关键）参数感兴趣。然而，观察到的特征很有意思，因为它表明优化器很可能已经收敛到其适当的解，尽管事实上目标空间中的近似解在解空间中可能存在很大差异，但是解的实际参数值更加平滑。

除了质量和容积对驱动机身形状的影响之外，还可以看出该航程对于许多参数具有明显的影响。最值得注意的是，除了 m 和 V 的趋势外，$z_{2,3}$ 和 $y_{2,3}$ 都可以看到随着距离的增加而减小。其原因与大马赫数和角度下轨迹系数的影响有关，如前所述的攻击范围。具体地，较平坦的飞行器底部将产生较低的轨迹系数，并因此产生较低的航程。为了说明这一点，图 9.18 显示了 $V \approx 400~\mathrm{m}^3$ 的许多 Pareto 最优飞行器的中间横截面。这里可以看出，对于高航程解，飞行器底部具有大倾斜度的区域非常小，而该区域由于相关的轨迹系数降低而增加航程。

对于大的 m 和 V，可以看到 $z_{3,2}$［图 9.16（f）］的值减小，尽管其值的增加会增加 m 和 V，这表明参数在该方向上被引导的不同原因。它通过使后横截面形状更像三角形来影响飞行器形状，使得顶部不那么平坦，这已在图 9.19 中可视化。对于该图，采用最接近 $V = 550~\mathrm{m}^3$ 和 $s_\mathrm{g} = 5~000~\mathrm{km}$ 的（标准化）目标空间中

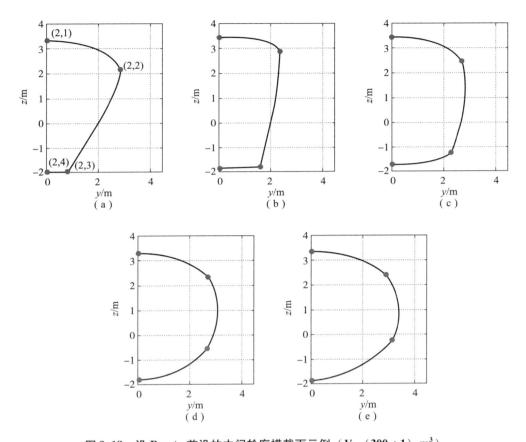

图 9.18　沿 Pareto 前沿的中间轮廓横截面示例（$V = (300 \pm 1)$ m^3 ）

（a）$s_g = 5\ 344$ km；（b）$s_g = 5\ 225$ km；（c）$s_g = 5\ 118$ km；（d）$s_g = 5\ 072$ km；（e）$s_g = 4\ 930$ km

的点，并且 $r_{z_{3,2}}$ 的值在六个步骤中从 0 变为 1。然后显示后轮廓样条曲线，以说明改变该值的这种变化的影响。从图 9.17（b）可以看出，$z_{3,1}$ 在 Pareto 前沿上没有表现出与 $z_{3,2}$ 相同的特点，因此并非整个后横截面都是平坦的。由于此特点会降低质量和容积，并且本身对航程的影响非常小，因此应在约束值中找到此特点的原因。这里的主动约束函数是稳定性约束，即偏航和俯仰稳定性约束（图 9.13）。由于这种变化，偏航稳定性将降低，因为当侧滑角被扰动时，飞行器后侧上的压力将增加偏航力矩的恢复强度。尽管俯仰力矩几乎不受这种变化的影响，但是形状变化将导致飞行器整个后部（中间轮廓和后部横截面之间）的容积减小。这将使质心向前移动，增加俯仰稳定性。尽管 $z_{3,1}$ 的同时减小将进一步增加俯仰稳定性，但是由此导致的偏航稳定性的降低可能违反偏航稳定性约束。

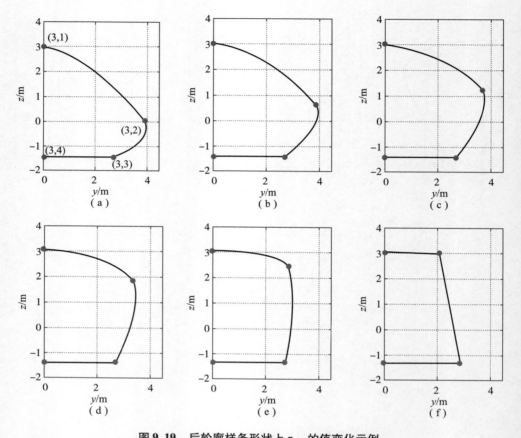

图 9.19 后轮廓样条形状上 $r_{z_{3,2}}$ 的值变化示例

(a) $r_{z_{3,2}}=0$；(b) $r_{z_{3,2}}=0.2$；(c) $r_{z_{3,2}}=0.4$；(d) $r_{z_{3,2}}=0.6$；(e) $r_{z_{3,2}}=1.0$

　　由优化器产生的机翼形状由图 9.20 和图 9.21 中所示的参数特点描述。出乎意料的是，翼展（由 $y_{w,1}$ 定义）对于所有解都很小［图 9.21（b）］，包括大航程的解。对于 Pareto 前沿的低航程区域，翼展预计会很低，因为增加的机翼尺寸会增加飞行器质量，而对机身容积没有任何好处。然而，可以预料到具有更大跨度的机翼将产生更大的 L/D，从而产生更大的航程。然而，从表 9.1 中的蒙特卡洛结果可以看出相反的情况，其中跨度与航程负相关，如果是跨度小的情况，造成这种结果的一个原因是较大的机翼导致 $(C_D S_{ref})_{\alpha=40°}$ 的值增加，这将导致再入的初始阶段的轨迹系数减小，从而减小航程。然而，预计机翼尺寸的增加会增加飞行器的 L/D，但发现实际情况并非总是如此。

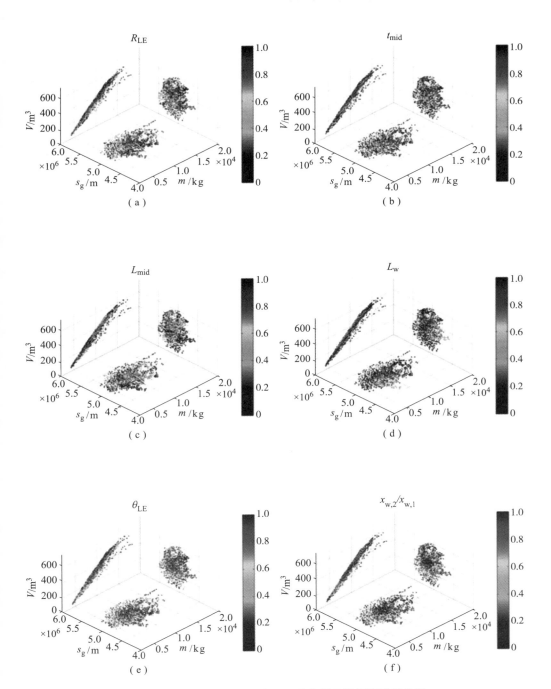

图 9.20 参数 r 的散点图定义了图中所示的机翼形状参数

（投影到 3 目标函数平面上）

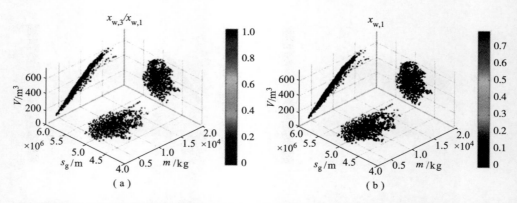

图 9.21　参数 r 的散点图定义了图中所示的翼形参数（投影到 3 目标函数平面上）

为了进一步研究这一点，对于大航程的 Pareto 最优解，$y_{w,1}$ 的值从其最小值到最大值变化，以查看这种变化是否产生更好的航程，这些形状的 L/D 如图 9.22（a）所示。大跨度飞行器的 L/D 在初始大迎角阶段略大，在低马赫数阶段较大。然而，它显著地小于中间阶段具有低跨度的飞行器。初始阶段的 L/D 随 $y_{w,1}$ 变化很小，而低马赫数范围内的速度使得飞行器的航程仅受其特点的影响。因此，由于 L/D 的变化导致航程内大部分多样性发生在该中间区域。L/D 在该区域中的特点表明低跨度对于大航程是优选的。

从这些结果可以推断，对于某些形状，大翼展低迎角的 L/D 小于小翼展中间迎角的 L/D。这是由于翼宽 $y_{w,1}$ 的变化直接影响机翼扫掠角 Λ，并因此影响前缘处的倾斜角。类似地，由于前缘后面的区域是增加翼厚度的区域之一，因此增加翼展将增加表面倾斜度。特别是在相对低的迎角时，这些倾斜度的增加可能使得阻力增加，导致整个飞行器的 L/D 减小。为了进一步研究这种影响，对于许多不同的前缘半径和机翼厚度，绘制了在全航程允许跨度值的再入期间的 L/D。首先，在图 9.22（b）中，机翼前缘减小到 0.2 m。在图 9.22（e）中，机翼前缘也减小到 0.2 m，另外前缘角度范围 θ_{LE} 设定为 45°，前缘和中心控制点之间的区域设定为平板。最后，图 9.22（f）显示了这个相同的平板翼，但前缘半径为 0.05 m。可以看出，仅对于前缘半径为 5 cm 的平板翼，具有大翼展的形状具有较大的 L/D。这是一个非常有趣的结果，但仅适用于单个飞行器形状的变化。对其他形状进行相同的程序，结果不一致。事实上，对于某些形状，针对上述四种情况，L/D 随着翼展的增加而增加，表明上述情况不能被视为所有有翼飞行器的一般结果。为了确定上述结果的适用范围，重新分析了 Pareto 前沿的所有解，但 $r_{y_{w,1}}$（机翼宽度的设计参数）的值为 0.1。结果显示，虽然化化器似乎应该被驱动到 10% 的更大跨度解，但事实并非如此。在优化过程中，显然很少有这些解

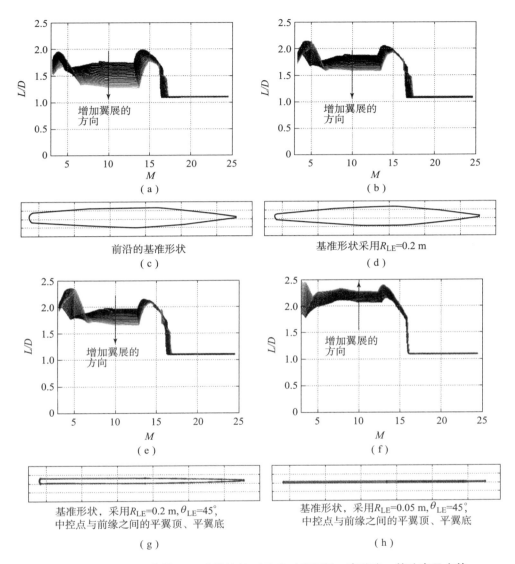

图 9.22 不同翼展值的 *L/D* 曲线比较（暗光对应于低－高跨度，箭头表示中等马赫数下增加翼展的方向），并显示相应的翼型形状

被放入Pareto 档案中，因为它们由低跨度的其他解主导。

从上面的讨论中，可以得出一些有趣的结论：

①在多数情况下，除了增加翼展之外，以不同的方式改变形状可以在较低的质量损失下进一步增加飞行器航程；

②大多数大航程机身形状的 *L/D* 大于大多数小航程机翼形状的 *L/D*（对于参

数值的参数化航程）；

③对于在更多情况下对飞行器航程有利的大翼展，前缘半径应减小到非常低的值，这可能需要主动或烧蚀热保护；

④平板近似不应用于评估机翼对有翼再入形状配置的影响，因为翼型形状和前缘半径都对特性有显著贡献。

从结论②可以推断，优化器基本上尽可能地将飞行器驱动到提升体形状。结论③表明，除了非常小的前缘半径（和平底）外，机翼可能不是有利的（在高超声速下）。较小的前缘半径将产生严重的加热环境，并且平坦的翼底可能对亚声速处理特性不利。提出的方法的扩展可以以更多学科的方式研究最优，考虑到有源前沿冷却系统和亚声速空气动力学特性的附加质量和成本。特别是增加亚声速和跨声速空气动力学将是有利的，因为较大的机翼的附加值可能由这些方案中的稳定性或可控性特征驱动。此外，将高超声速空气动力学分析修改得更准确可能会影响此处的结果。此外，所使用的制导算法并没有充分利用较大的机翼在 $\alpha = 10°$ 和 $\alpha = 40°$ 之间的正面影响。虽然已经证明宽翼对 10° 迎角处的空气动力学特性的影响不一定是有利的，但是 α 的中间值的结果更加模糊。最后，这对于扩展工作是非常有益的，以便优化器可以在不同的参数化之间进行选择，以确定有翼飞行器或提升飞行器在何种情况下是最佳选择。

虽然这个结果很有趣，但它不符合许多现有的有翼再入飞行器的设计，这意味着它应该被谨慎对待。空气动力学分析中的误差或不正确的机翼质量预测等可能导致优化器处于错误的方向。此外，没有执行 $M < 3$ 的空气动力学性能的事实可以使优化器的方向远离更宽的机翼。尽管高超声速机制对于确定飞行器性能是主要的，但是亚声速、跨声速和超声速空气动力学也可能增加如可控性等的附加约束。在航天飞机上及较小程度的 HORUS 中，观察到的机翼尺寸并不像在机身尺寸上那么小（与机身尺寸相同）。对于其他飞行器，如 X – 30、X – 33 和 X – 38，其形状类似于升力体，机翼小。

除了上述考虑因素之外，还观察到许多关于机翼形状的特征。可以看到机翼前缘半径 R_{LE} ［图 9.20（a）］随着质量的增加而大致增加，尽管这会降低飞行器的 L/D，从而降低其航程，这表明存在其他原因。图 9.12（b）显示了最大前沿热速率随着 R_{LE} 的增加而降低；$q_{LE, max}$ 的值随着质量和容积的增加而减小，稍有例外的解位于大 m 值的 $s_g - m$ 平面前部的投影边界上。从图 9.21（a）可以看出，$q_{LE, max}$ 的突然增加与 $x_{w,3}/x_{w,1}$ 和 $x_{w,2}/x_{w,1}$ 的突然增加相关。这种增加会增大前缘的倾斜角度，从而增加加热。虽然这表明前缘加热在这里受到限制，但是不是前缘加热约束将机翼前缘驱动到较低的扫掠角。这表明前缘加热不是导致前缘半径变大的因素。相反，原因很可能在俯仰和偏航稳定性的约束中找到。图 9. 13（a）、图 9. 13（b）显示了俯仰和偏航导数 C_{m_α} 和 C_{n_β} 的值。可以看出，在大航程/质量/容积的区域中，它们的值接近零，对应于边际稳定性。

导数 C_{n_β} 固定时的 R_{LE} 值大小的影响可以这样解释：侧滑角 β 的增加将导致沿左翼的倾斜角度增加和右翼上的倾斜角度减小。结果，沿左前缘施加的总力将增加，而右前缘减小，因此导致恢复力矩。值得注意的是，翼展的增加会使这个恢复力矩增加，从而允许前缘半径减小。可以看出，这种特点对于这里使用的形状参数的航程不是最佳的。可以推断，所需的跨度增加量需要补偿一个具体的前缘半径减小量，这将对飞行器的航程产生负面影响。

然而，R_{LE} 对俯仰稳定性的影响更依赖于其他形状参数。前缘在 x 方向上的位置将决定前缘上的力是否产生向上或向下的力矩。这是因为投射到 xz 平面上的该力的作用线可以在质心的前方通过，用于向前的前缘。这导致产生一个抬头的时刻。等效地，当它通过质量中心后面的后缘时，会引起一个向下的力矩。在引起俯仰力矩的情况下，引起该力矩的力的臂将随着迎角的增加而增加。因此，（负）俯仰动量的大小将增加，导致 C_{m_α} 为负值。

与翼展类似，$x_{w,2}/x_{w,1}$ 和 $x_{w,3}/x_{w,1}$ ［图 9. 20（f）和图 9. 21（a）］的值在 Pareto 前沿的大部分上保持较小。可以看出 $x_{w,3}/x_{w,1}$ 质量和容积较大的区域与最大偏差较大的区域一致（图 9. 14），表明该形状参数增加的可能原因。升力的大小部分取决于机翼在 $v_w = 3$ 时的长度（其中 v_w 代表定义机翼的自变量 v，见 5. 2. 2 节），由 $x_{w,3}/x_{w,1}$ 和 L_w 确定。

由 L_{mid} 表示的中翼样条点的位置对于 Pareto 前沿的大部分仍然是低的。与翼长或翼展相比，这不会对空气动力学特性产生太大影响，并且对质量的影响几乎可以忽略不计。机翼中点处的厚度特点显示出明显与正常负载相关的趋势，可能暗示飞行器是否达到参考热速率之间的联系。在该区域中，飞行器具有边缘俯仰稳定性，并且在大多数情况下，较厚的机翼将增大俯仰稳定性，这表明观察到的特点的可能原因。然而，在包括次超声速和超声速状态的设计优化中，这些较低速度状态下的特点很可能对翼型形状更有影响。

最后，机翼长度 L_w 与飞行器是否达到参考热速率之间存在很强的关系。即对于低最大驻点热流（未达到参考热流的解），L_w 的值大，而对于具有大的最大热流，L_w 的值小。同样，一个可能的解释是较长的机翼具有的俯仰稳定效应。产生这种效果是由于机翼表面的大部分位于飞行器的质心之后，机翼的压力中心可能位于整个飞行器的质心之后。由于不鼓励使用大翼展的相同原因，可能会阻止较大的机翼长度。然而，这些参数对飞行器空气动力学特性的影响存在一个重要差异。也就是说，机翼长度的增加会增加机翼扫掠角度，而机翼跨度的增加会使机翼横向角度增加。由于机翼扫掠角的增加意味着前缘上面板的倾斜角减小，因此翼展的增加将使阻力增大。由于前缘扫掠角的相关增量，翼长的增加将使阻力减小。

（2）鳍形状。

最后要讨论的是翼式飞行器的"鳍片"，即向上弯曲的翼尖。翼尖对横向稳定性产生影响。此外，预期轨迹系数受该值的影响，因为向上的较大弯曲对应于较大迎角处的阻力值较小。定义鳍片形状的四个参数如图 9.23 所示。可以看出，它们的特点不像许多其他参数那样平滑。这表明性能和约束函数与它们的值相对混乱或者优化器未在解空间中正确地收敛到其"真实"形状。同样，这可能是由于值对性能的影响有限。

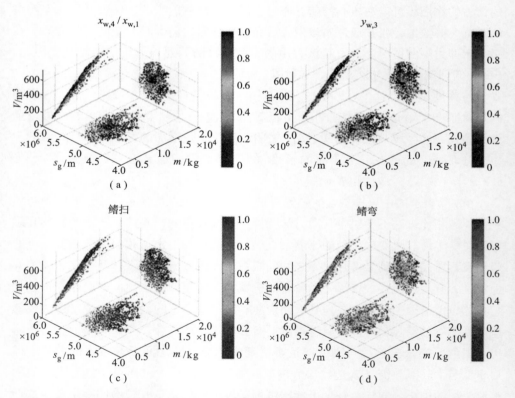

图 9.23　参数 r 的散点图，定义了图中所示的鳍片形状参数（投影到 3 目标函数平面上）

鳍片弯曲角度 θ_f 的特点是双重的。可以看出，对于大航程，θ_f 通常更大。也就是说，大的轨迹系数（因此在大迎角时 $C_D S_{ref}$ 的值较低）对大航程是有利的。

由于大的 θ_f 会增加航程，因此可以预期其增加航程的特点。此外，预计较大的 θ_f 会增大偏航稳定性，因为 θ_f 为 90° 时翼尖处的垂直面积将增加一个迎角偏差时的恢复偏航力矩。

鳍片扫掠的特点可能与俯仰或侧倾稳定性有关。这是因为鳍片扫掠不会（或几乎不会）影响鳍片上的面积和压力，因此平移空气动力学系数不会直接受到影响。但是，平移空气动力学才能受到控制表面偏转变化的间接影响。然而，鳍片对俯仰力矩的相对影响远小于对偏航力矩的相对影响。此外，边缘偏航稳定性区域对应于大扫描区域。在高大扫描区域中的俯仰稳定性较好，因为鳍片扫描的增大会增大俯仰稳定性。这表明俯仰导数不是鳍片扫描变化背后的驱动力，使得鳍片扫掠可能增加到偏航使飞行器稳定。

对于最大航程值，$x_{w,4}/x_{w,1}$ 的增加很可能是由于"最终尝试"降低动态压力以实现不违反任何大航程约束的 Pareto 最优解。另外，$y_{w,3}$ 表现为很小的结构，可能是由于它可以采用的值范围有限，限制了它可能对解产生的影响。

其他鳍形参数的特点更难以解释，这是由于明显缺乏适当的收敛，部分是由于值对大多数性能和约束函数的影响是微不足道的。作为"最后手段"措施，在大航程内 $y_{w,3}$ 的值的增加可以在某种程度上减轻动态压力约束。也就是说，尽管通常有更好的方法来增加航程，但在极端情况下，$y_{w,3}$ 的增加成为优化器获得轻微航程增加的唯一可执行方案。

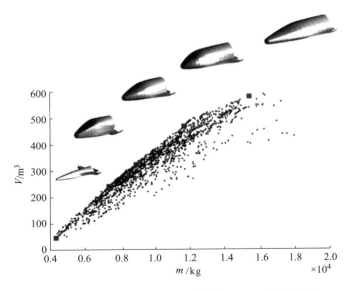

图 9.24　质量 – 容积 Pareto 前沿的 Pareto 最优翼型

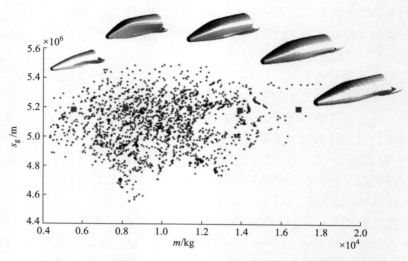

图 9.25 增加质量和 $s_g \approx 5.2 \times 10^3$ km 的 Pareto 最优翼型

9.2.2 俯仰稳定优化

正如在 6.3.2 节中所讨论的，对于基线优化的所有迎角（9.2.1 节），飞行器没有施加俯仰稳定性，但仅适用于 $\alpha > 25°$。本节讨论在将俯仰稳定性约束扩展到全角度范围时执行的优化结果。使用此处提供的结果，可以在稳定性和其他标准之间进行权衡。

Pareto 最优解的投影如图 9.26 所示。此外，基准投影和俯仰稳定解的预测如图 9.27 所示。尽管可以看出突起的整体形状比较类似，但是通过扩展俯仰稳定性约束可以明显降低可达到的性能。这在 $m - V$ 图中尤为明显，其中二维 Pareto 前沿再次清晰地描绘出，但具有较小的斜率。

基准和俯仰稳定情况之间的明显区别在于所需的控制面偏转（来自升降副翼和飞行器襟翼），最大和最小偏转发生的直方图，如图 9.28 所示。对于大多数基准 Pareto 最优解，升降副翼的使用相对较少，并且升降机尺寸减小到最小值，如图 9.14（e）所示。

俯仰稳定的解强烈倾向于最大向上控制表面偏转。如在 2.3.3 节讨论的，控制面的向上偏转用于使飞行器俯仰稳定。更大的控制表面偏转将驱动飞行器产生更大的俯仰变化，没有发现飞行器形状的变化是 Pareto 最优的，这里没有表现出这种偏转特点。这可能意味着以下一种或两种情况：

- 飞行器形状的变化直接增加了俯仰稳定性，比飞行器形状变化更强烈地

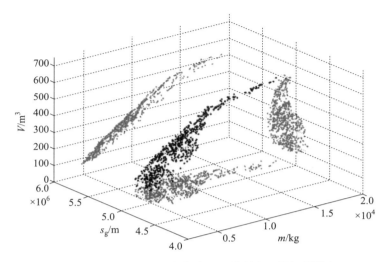

图 9.26 Pareto 俯仰稳定的结果（绘制在 3 目标函数上，并投影到 3 目标平面上）

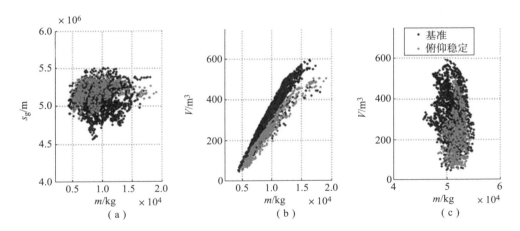

图 9.27 基准和俯仰稳定解的 Pareto 前沿预测的比较

对目标函数产生负面影响，这导致向上所需的控制表面偏转和控制表面的尺寸增加。

　　• 当前参数化不存在飞行器形状，其在整个迎角范围内是俯仰稳定的，其控制面偏转特点与基线情况相同。

　　关于基准情况，许多形状参数显示出明显不同的特点，现在将简要讨论其主要内容。图 9.29 和图 9.30 中，分别为机身和机翼表现出不同特点的关键参数。未给出所有参数值和约束函数的图，而关注两个优化案例之间的关键差异。

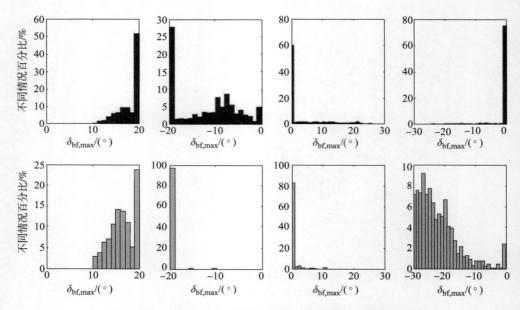

图 9.28　Pareto 最优解的最大和最小控制表面偏转的比较
黑色＝基准；灰色＝俯仰稳定

关于机身，主要区别在于中间轮廓的形状（与图 9.15 ~ 图 9.17 中所示的基准特点相比）。除了 $z_{2,3}$ 和 $z_{2,4}$ 之外，该中间轮廓上的大多数参数都小于基准情况。该轮廓上的较小值表示较窄和较低的横截面，这些特性当然会使飞行器的整个前部更窄和更低。这将对飞行器的俯仰力矩特性产生两个重要影响：

● 随着压力中心向后移动，飞行器前部的总气动力变小，从而导致 C_m 的值增加（向更大的正值变化）。由于这将需要更向上的控制表面偏转来修正，这种特点对于俯仰稳定性是有利的。

● 飞行器的质量中心将向后移动，因为飞行器前部的机身质量和机身 TPS 质量都将减小。这将部分抵消刚刚讨论的对俯仰力矩的影响，因为两个中心之间的距离减小，从而需要更小的控制表面偏转。

对于俯仰稳定性，虽然这两个贡献是相互矛盾的，但是优化的结果表明这些特性的前者比后者更强烈地影响俯仰稳定性。另外，尽管需要大的向上控制表面偏转，但是所需的偏转不能超出可能的偏转范围。后者产生的效果有助于增大飞行器的可修正性。

与基准情况相比，较大的 $z_{2,3}$ 和 $z_{2,4}$ 值的不同特点表明，飞行器前部和中间轮廓之间的飞行器底部较不平坦。因为对于所观察到的 Δx_1 和 Δx_2 值，质心将位于机身中间轮廓的后面，所以较不平坦的底部将导致较强的前缘向下力矩。这种俯

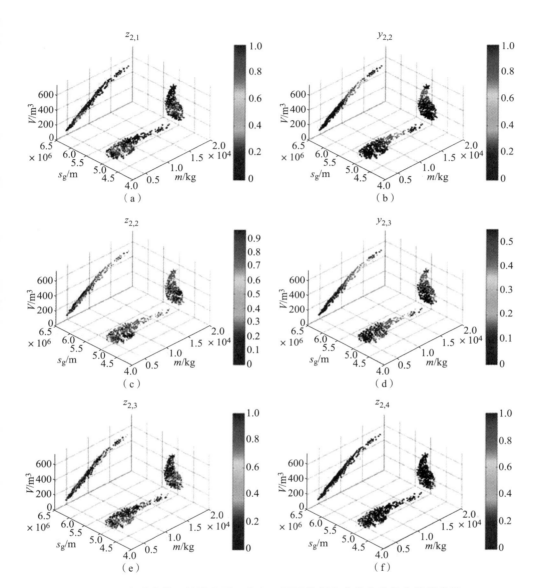

图 9.29 所选参数 r 的散点图，定义了用于俯仰稳定优化的机身形状参数
（投影到 3 目标函数平面上）

仰力矩必须通过向上控制表面偏转来修正，这对于俯仰稳定性是有利的。具有齐平控制表面的飞行器的 C_m 值将增加，然而更平坦的飞行器底部不仅导致较低的 C_m 值，而且随 α 的减小还大幅度减小 C_m 值，因此 C_{m_α} 的绝对值较大。有意思的地方是，飞行器在未进行修正配置时俯仰稳定性的降低可以通过调整飞行器所需的控

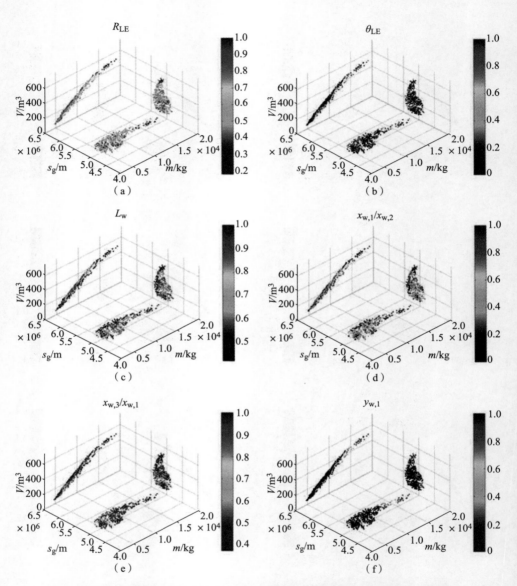

图 9.30   所选参数 r 的散点图,定义了用于俯仰稳定优化的翼形参数
(投影到 3 目标函数平面上)

制面偏转量来抵消。也就是说,尽管通过优化产生的未修正的飞行器的俯仰稳定性较小,但是这种减小更多的是由于控制表面偏转导致的稳定性增加而抵消的。

与基准情况相比,机翼形状也显示出一些关键差异,其关键参数如图 9.30 所示。显然,对于大多数解,$x_{w,3}/x_{w,1}$ 的值很大,因为升力尺寸是根据该位置处缩放的翼型轮廓确定的。

注意到 R_{LE} 一个有趣的效果是，其中 Pareto 前沿的特点明显不同于基准情况。然而，对于默认情况，它随着 m 和 V 的增加而增加，而对于俯仰稳定情况，它随着 m 和 V 的增加而减小，这可能是由于在两种情况下 C_{n_β} 的特点不同。对于基准情况，假设 R_{LE} 的增加部分是由 C_{n_β} 的负值的需求驱动的。然而，从偏航稳定性的观点来看，低质量/高航程解是最受限制的。

尽管对于基线情况，机翼长度保持在约一半的情况下，但在俯仰稳定情况下，对于大多数解，机翼更长。对此，可能的解释首先是升高的升力尺寸，其次是较长的机翼通常应该增加俯仰稳定性的事实。对于较长的机翼，其大部分将位于质心之前。因此，机翼的更大部分将有助于产生俯仰力矩。由于机翼上的压力系数随着 α 的增加而增加 [$\partial C_p / \partial \theta > 0$，见方程（3.51）]，这个较大的俯仰力矩将随 α 增大。

对于俯仰稳定的情况，观察到最大 m 和 V 值的翼宽值，见图 9.30（c）。对于 m 和 V 的值大于观察到的最大值，可能不能通过不同的参数集创建足够的控制表面作用。由于翼展是为了可能的控制表面作用而增加的最终参数，这再次表明较大的翼展对于任务和模型定义是不合需要的。

9.2.3　热速率跟踪优化

本书所使用的制导法与一般再入飞行器的典型迎角调制有许多相似之处。然而，对于基准优化中考虑的一般情况，它很可能不是真正的最佳选择。在这里，讨论特定优化的结果，其中地面轨迹长度目标被参考热速率目标的持续时间替换。通过这样做，使用的引导算法更适合优化，它会比最好的 s_g 更接近这个目标的最佳可能值。但是，此处提供的结果更具体，因为它们是针对特定任务描述量身定制的。因此，它们不像前面章节中提供的结果那样普遍适用于再入任务设计。

Pareto 前沿如图 9.31 所示。容积和质量目标与参考热速率持续时间目标竞争很小，也就是说，机身容积的增加或飞行器质量的减少将不会或几乎不会降低在 Pareto 前沿上发现的参考热速率的最大持续时间。这本身就是一个有趣的结论，因为它表明再入飞行器的最佳尺寸和质量不会受到参考热速率最大持续时间要求的直接影响。当然，所需的实验装置和飞行器子系统将对飞行器的尺寸和质量施加某些要求。不受飞行器尺寸的限制，参考热速率的持续时间受动态压力和载荷因子约束，并且具有边际稳定性。

投影到 $m - V$ 平面上的基线和这种情况的 Pareto 最优解如图 9.32 所示。可以看出，$m-V$ 前沿的大部分几乎不受第三目标函数变化的影响。仅对于质量和容积的最大值，前端显示出显著不同的特点，基准情况具有大的质量和容积值的解。

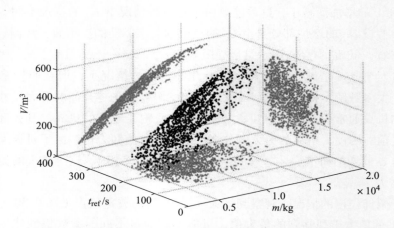

图 9.31　热速率跟踪目标结果的 **Pareto** 前沿（绘制在 **3** 目标
函数中，并投影到 **3** 目标平面上）

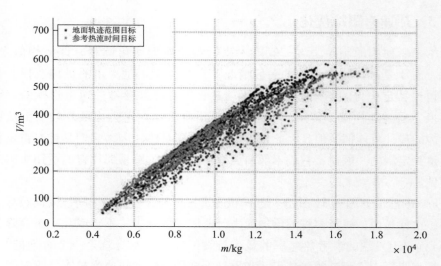

图 9.32　投影到 $m-V$ 平面上的 **Pareto** 最优解的比较
（用于基准和热速率跟踪客观案例）

图 9.33 显示了发生的最大驻点热速率的值。很明显，对于大多数情况，最大值几乎与 700 kW/m^2 的参考热速率值一致。这是可以预料到的，因为任何超过

参考热速率的时间都是在没有处于测量飞行条件下而失去动能的时间。如果这种过冲很小，则在以参考加热速率进行测量时可能会失去这种动能，从而增加了在参考加热速率下可以花费的时间。

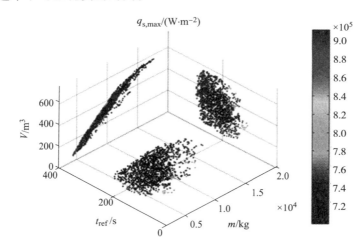

图9.33　追踪时间目标的最大驻点热传递散点图

大多数形状参数显示出与基准情况类似的特点，但考虑那些显示不同特点的参数很有意思。为了理解这些差异，应分析对两种情况下飞行器特点最优性的不同要求。对于跟踪目标情况，仅考虑在热速率跟踪期间花费的时间，而对于基准情况，考虑整个再入（低至3马赫）的航程。长时间在参考热流大小的情形下飞行对保证总的航程是有帮助的。然而，在其他的再入阶段，若这样飞行将降低总的航程。对于热速率跟踪情况，再入轨迹的许多特征绘制在图9.34中。将这些数字与图9.11进行比较时，可以看出某些特点是相似的，初始升力超过阻力与第三目标函数之间的关系是相似的。然而，在跟踪阶段开始时密度和速度之间的关系明显不同。对于跟踪时间目标，大速度和低密度对于目标函数是有利的，而对于地面轨迹长度目标观察到相反的特点。这表明对于 s_g 目标来说，以较低的高度和速度开始俯冲机动是有利的，如9.2.1节所讨论的。这不是因果关系，而是相关关系。由于初始阶段的阻力较小，具有较大 s_g 的飞行器将在较大的速度下花费较长的时间，这对于大航程是有利的。这种特点将导致稍后启动前缘向下的机动。虽然 L/D 对于较低的迎角会更高，但是具有向下的前缘的形状的飞行剖面减速更慢，并且具有更大的航程。然而，应该注意的是，对于最佳制导法则不一定是这种情况，例如命令飞行器在轨迹的一部分上以最大 L/D 飞行。然而，对于热速率跟踪目标，在俯冲机动期间花费的时间是要优化的。阻力系数通常严格地随

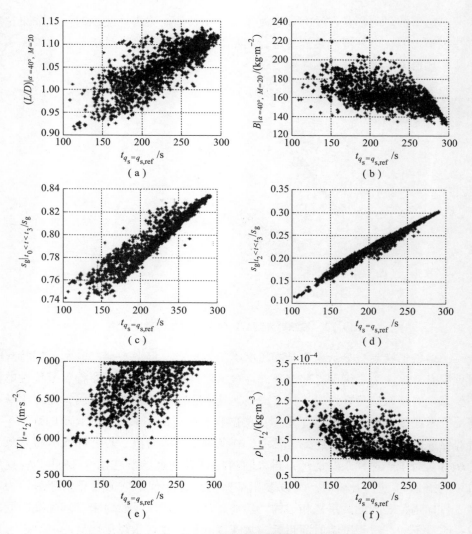

图 9. 34 Pareto 最优解的选定轨迹参数

（a）初始 L/D；（b）初始轨迹系数；（c）总行程的分数，直到机头向下机动完成；（d）在俯冲机动期间行驶的总行程的分数；（e）开始向下机动时的速度；（f）机头启动时的密度

着所考虑的姿态的迎角增加而增加，并且在操纵期间所需的阻力系数随着速度的减小而减小。因此，在前缘向下操纵期间，较低的动能变化率将导致参考加热速率下的较长时间。对于给定的 $\alpha - C_D$ 关系，速度的变化率可写为

$$\frac{\mathrm{d}V}{\mathrm{d}t} \sim \rho V^2 \tag{9.1}$$

对于给定的前缘半径，在跟踪阶段，$\rho^{1/2} V^3$ 的值应恒定为 K。因此，上式可写为

$$\frac{dV}{dt} \sim \left(\frac{K}{V^2} \right) \tag{9.2}$$

因此，在再入开始时较大的速度将产生较小的速度变化率，从而在参考加热速率下产生较长的时间。正如预期的那样，从图 9.34（b）可以看出，这对应于高迎角时的低轨迹系数。

除了以高速启动前缘向下操纵之外，其他因素也影响飞行器在参考热速率下花费的时间。从式（2.45）可以看出，当所需的阻力变得太低以至于飞行器在规定的姿态界限内无法达到时，飞行器将停止热速率跟踪。因此，期望在低迎角时轨迹系数的最大值，因为这将延长飞行器可以满足式（2.45）的时间。大迎角时小轨迹系数和小迎角时大轨迹系数的要求有些矛盾。不过，不同形状的 $\alpha = 40°$ 和 $\alpha = 10°$ 之间的轨迹系数范围会有所不同。这可以从图 9.35 中看出，其中具有最大 t_{ref} 的解都具有 $B_{\alpha=40°}$ 的最低值和 $B_{\alpha=10°}$ 的最高值。

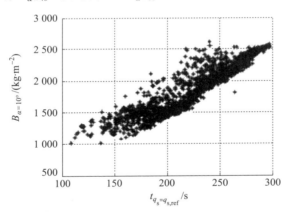

图 9.35　热追踪阶段结束时的轨迹系数

这展示了一些形状参数，用于图 9.36 中机身的最大 t_{ref} 的优化。具有最大 t_{ref} 的解的前缘半径与基准情况的前缘半径强烈不同。这可以通过大 t_{ref} 解在 $q_{s,ref}$ 处具有其最大驻点热流的期望来解释，使得 R_N 的值基于飞行器其余部分的形状而"定制"以适合于此。

跟踪时间和地面轨迹长度目标的这些矛盾要求将导致产生最佳形状的差异。从中间机身横截面可以观察到许多差异。该横截面的顶部，即 $z_{2,1}$，$y_{2,2}$ 和 $z_{2,2}$ 的值几乎不受目标函数变化的影响，但是限定飞行器底部的值变化更大。这些参数对于确定大迎角时的轨迹系数很重要。$y_{2,3}$ 的值增加得更快，表明飞行器底部更

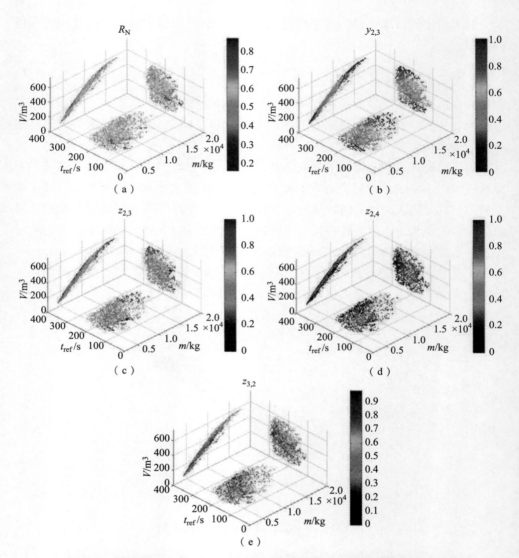

图 9.36 所选参数 r 的散点图（定义机身形状参数，用于热速率跟踪优化，
投影到 3 目标函数平面上）

宽，因此在 $\alpha = 40°$ 时阻力更大。显然，可以看到 $z_{2,4}$ 减少。对于大的 t_{ref} 值，正如
从低 $B_{\alpha=40°}$ 的需要预期的那样。

对于后横截面，观察到相反的特点，因为飞行器的顶部比底部受到更强烈的
影响。尽管 $z_{3,1}$ 的值表现非常相似，但 $y_{3,2}$ 的值小于航程目标情况。该值不会直接
影响大迎角的空气动力学，因为它会被机翼遮挡。但是，在低迎角时，该参数的

较大值将导致流体看到较大的横截面，从而提高轨迹系数。这仅适用于后轮廓比中间轮廓"更宽"以便不被其遮蔽的情况，这是大多数 Pareto 最优解的情况，尤其是大型 t_{ref} 解。对于 t_{ref} 目标情况，$z_{3,2}$ 的值变得更大，这对于 $y_{3,2}$ 的低值不会非常强烈地影响空气动力学特性。然而，这可能是为了"补偿"容积 V 的损失。或者，它可能由偏航不稳定性引起，这对于大量 Pareto 最优解是一个问题。由于较大的 $z_{3,2}$ 值意味着"更平坦"的飞行器侧，因此由于侧滑扰动而恢复的偏航力矩将由此产生。

机翼形状也受目标函数变化的影响，关键变化如图 9.37 所示。最值得注意

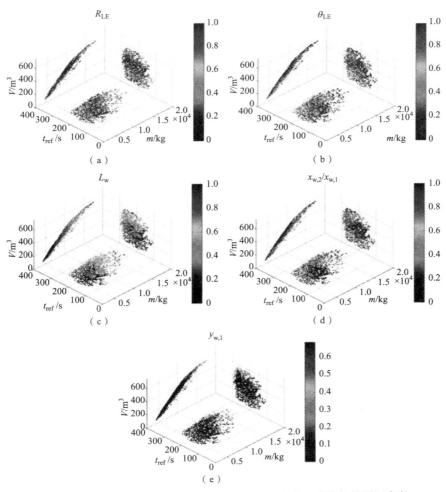

图 9.37 所选参数 r 的散点图，定义了用于热速率跟踪优化的翼形参数（投影到 3 目标函数平面上）

的是，对于 Pareto 前沿的大多数点，R_{LE} 和 θ_{LE} 的值都处于非常低的值。这是因为它们的值，特别是 R_{LE}，更强烈地降低了 $B_{\alpha=10°}$ 的值，而不是增加 $B_{\alpha=40°}$ 的值。这是因为增加的大倾角区域在大迎角时影响相对较小，其中机翼的其余部分无论如何都会有很大的倾斜，其次是低迎角。由于偏好 $B_{\alpha=10°}$ 的低值，R_{LE} 和 θ_{LE} 的值被驱动为低值。

基准和 t_{ref} 案例的机翼平面形状显示出 L_w 值的最大差异。随着 m 和 V 及 $x_{w,2}/x_{w,1}$ 的增加，它增加得更慢，其具有大 t_{ref}，m 和 V 的区域，其中其值跳跃到最大允许值。L_w 的不同特点可能是由于大 $B_{\alpha=40°}$ 和小 $B_{\alpha=10°}$ 之间的折中造成的。或者，可以增加飞行器的俯仰稳定性，但这在该区域中是微不足道的。$x_{w,2}/x_{w,1}$ 的异常值可以为此"补偿"。$x_{w,2}/x_{w,1}$ 的变化伴随着 $q_{LE,max}$ 的强烈下降，这在先前 9.1 节中描述的蒙特卡洛分析中已经注意到。如果这是改变背后的驱动因素，那么改变的发生速度就会快得多，以保持 $q_{LE,max}$ 达到最大值。除了 $x_{w,2}/x_{w,1}$ 和 L_w 中的这些变化之外，可以看出，对于最大的 m 和 V，$y_{w,1}$ 的值从最小值开始增加。产生这种特点很可能是由于更大的翼展，质量只会被相关的阻力增加所抵消，从而导致大型飞行器 $B_{\alpha=40°}$ 的大值，而机身质量本身已经很大。

最后注意到，沿着 t_{ref} 的最大值，所有稳定性约束及动态压力约束都处于或接近其最大允许值，表明对所选约束函数值的广泛敏感性。

■ 9.3 结束语

在第二～七章中，基于概述的模型介绍了翼型飞行器形状的优化。已经在最佳形状的特点中发现了各种有趣的特征，以及约束函数依赖于形状的方式。使用与返回舱型飞行器相同的空气动力学分析工具进行有翼飞行器的优化，同时增加控制表面的面板遮蔽和空气动力学分析。翼型形状由分别定义的机身和机翼组成，两者均使用 Hermite 样条表面生成。两者合并形成单个形状，以保持前缘半径不变。该飞行器包括飞行器盖板和用于俯仰修正的升降副翼。对于轨迹确定，基于跟踪参考热流的简单制导规律，在此处以 $700\ kW/m^2$，在热流峰值之后。

由于 r_x 值转换为实际参数 x 的各种形状参数的相互依赖性［参见方程 (5.1)］，许多参数中的特点在 r 的值中看起来是不平滑的，而实际上它在物理参数上是平滑的。这在 $y_{2,3}$ 和 $z_{2,4}$ 参数中最为显著，这表明具有这种相互依赖的参数的形状参数化的可行性。但是，与返回舱型飞行器相比，确实观察到优化器的收敛速度较慢。

对于机身形状，观察到前轮廓和中轮廓之间的距离比中轮廓和后轮廓之间的距离增加得更慢。也就是说，飞行器前部在 Pareto 前沿的较大部分上比后部小。这是由于飞行器前部长度对 TPS 质量的影响更大。有趣的是，这种类似的现象在现有飞行器及其概念设计中也会出现。

在最佳机翼形状中观察到非常有趣的效果，即对于几乎所有飞行器形状，翼展处于其最小允许值。这表明当用本书的数学模型和任务剖面时，很少用到宽翼。造成这种情况的原因很可能来自三个方面。首先，增大翼尺寸会降低大迎角时的轨迹系数，从而减小航程。其次，较大的机翼意味着质量的增加，而对机身容积目标没有任何益处。与直觉相反，当在参数化中使用允许的机翼形状时，升力阻力不一定随着机翼尺寸的增加而增加。为了降低热流，设计成钝前缘的飞行器增加了其所受阻力，且使得在这种设计下，由于机身本来也是经过优化设计的，就导致机翼的升阻比并不总是优于机身的升阻比。对于较宽的机翼而言，这个问题只会加剧，其中由于机翼扫掠角的有效减小，前缘的倾斜角度较大。除了对阻力和加热特性有影响之外，还发现前缘半径影响飞行器的俯仰和偏航稳定性，这是由于较大半径导致施加在前缘上的较大力矩。但是，应谨慎对待这一结果。例如，包含亚、高超声速马赫数方案可能会影响飞行器形状的可行性和最优性。另外，导引算法没有明确地利用具有更宽翼的任何优点，因为"中间"迎角（$10° \leqslant \alpha \leqslant 40°$）的范围在相对短的时间段内飞行。此外，更精确的质量模型可能会影响更大的机翼的最优性。

尽管如此，此处显示的结果表明强烈建议进行升力体优化。此外，允许优化器在不同的参数化之间进行选择，将允许在升力体和带翼的飞行器形状之间进行良好的比较。这种方法可用于允许优化器在不同的低 L/D 型飞行器之间进行选择，例如返回舱、取样器和双锥等。

当在所有迎角时施加俯仰稳定性约束，而不是仅仅大于 25° 的迎角时，Pareto前沿的解显示出对大的向上控制表面偏转的强烈偏好。这表明向上的飞行器襟翼偏转是使飞行器稳定的最佳方式。虽然向上控制表面偏转的俯仰稳定效果是众所周知的，但有趣的是，所产生的飞行器形状通常不是"固有的"俯仰稳定，而是通过控制面的偏转来驱动飞行器的稳定性。可以看出，当在所有攻击角度施加俯仰稳定性约束时，Pareto 前部本身相当小。这在 $m - V$ Pareto 前沿尤其明显。它在大部分范围内大致为直线，在俯仰稳定的情况下其斜率较小。由此可以在给定质量（和有效载荷）条件下减小容积和增加俯仰稳定性之间进行折中。

关于驱动约束，发现动态压力限制了 Pareto 前沿超过最大航程解。然而，驻点加热和载荷因子对于高航程/低质量/容积解变得活跃。对于未达到参考热速率的形状，发现螺距稳定性是边缘的，并且对于低质量/容积解，偏航和倾侧稳定性都是（几乎是）边际，因为这些形状的飞行器侧面较小，这减少了恢复方面的压力。

驻点热流限制了高航程/低机身容积解。对于这些解，前缘半径较低并且飞行器在相对较高的密度下保持相对较高的速度，导致较高的加热。由于引导算法基于热速率跟踪，最大热速率与轨迹特点之间存在明确的关系，即对于低于 700 kW/m² 的最大热速率，飞行器追踪其最大热速率，这导致许多形状参数的不同特点以及最大法向载荷因子。

前缘加热接近但不是 Pareto 前沿质量和容积的下半部分的最大允许值。对于更高的质量和容积，该值会减小，但对于最大的形状，它会跳到最大值。这是由于 $x_{w,3}/x_{w,1}$ 的值急剧增加，这使得前缘的一部分较少扫过，从而增加了那里的加热。

有大量的数学选项可用于参数化飞行器形状。在这里采用一个很好的替代方案是使用 NURBS，正如 Theisinger 和 Braun（2009）所做的那样，因为它们允许局部控制飞行器形状，或者可以研究基于比 Bezier 点更清楚、可解释的量的参数化，因为这允许数学结果更透明地与飞行器的设计相关。此外，类/形状方法（Kulfan，2008）可能是再入飞行器形状优化的良好候选者。对于类似的飞行器配置实施许多方法，结合为优化器提供参数化选择的概念，可用于评估不同飞行器参数化技术的比较性能。

作为单独优化形状的扩展，本书模型的实现可以与飞行器子系统模型结合，形成多学科设计优化（MDO）工具。Bowcutt 等（2008）描述了一种这样的尝试。例如，可以包括子系统的质量和形状，以及结构质量的模型，以更好地估计飞行器质量。此外，对形状引入许多附加约束，由于所有子系统必须适合飞行器内部，使得结果更加真实。这将允许更好地估计质心和惯性张量。

附录 A　相对黏性力近似

在第三章中，我们提到在气动分析中将会忽略黏性力，以便简化分析。本附录中将给出这一假设的理由。一阶黏性方法将会被使用，以表明对于一个简单的测试案例来说黏性力要比压力小得多。这个测试案例是一个具有迎角的平板，它通常会比真实的飞行器经受相对于压力来说更大的黏性力。因此，如果平板上的相对黏性力对气动系数的影响较小，那么就有理由假定这种影响对于真实的飞行器机体来说会更小。

摩擦系数 c_f 通常定义如下：

$$c_f = \frac{\tau_w}{\frac{1}{2}\rho_e u_e^2} \tag{A.1}$$

式中，τ_w 为壁面剪切层厚度；下标 e 代表在边界层边缘的量；u 代表与壁面相切的速度分量。对于亚声速、低温的情况，如 White（2006）所报告的，平板摩擦系数推导的结果如下：

$$c_f = \frac{0.664}{Re_x} \tag{A.2}$$

式中，Re_x 是来自方程（3.31）中的雷诺数，基于行程长度 x。Eckert（1995）发现，通过引入参考温度 T^* 可将上述关系用于高温和高速流动，定义如下：

$$\frac{T^*}{T_e} = 1 + 0.5\left(\frac{T_w}{T_e} - 1\right) + 0.22r\left(\frac{\gamma - 1}{2}\right)M_e^2 \tag{A.3}$$

通过解算方程（A.1）和方程（A.2）中的参考量，可以确定摩擦系数。确定这些量的问题由于高温效应的存在而变得复杂，这将对 T_e 具有非常显著的影响，但对激波之后的热力学性质影响较小。这些高温气体效应包括振动自由度的激励、气体离解和气体电离。要预测这些效应对流动特性的影响，存在多种理论模型。这里，Hansen（1958）的统计结果将用于近似空气的高温特性。这些结果是基于化学和振动平衡的假设。可压缩性的值 Z 以及在恒定压力和体积下的比热容值 c_p 和 c_v 将会被使用，而它们是当地压力 p 和温度 T 的函数。对于流体组成的变化以及摩尔质量 M 和比气体常数 R 的变化，利用可压缩性 Z 来修正理想气体定律（3.1）。用下标 0 表示自由流中气体的组分性质，Z 可以定义为

$$Z(p, T) = \frac{pM_0}{\rho RT} \tag{A.4}$$

通过去除量热完全气体的假设，方程（3.1）可以修改为

$$h = \int c_p(T, p) \, dT \tag{A.5}$$

迎角 α 下平板摩擦系数的计算步骤如下：在迎角 α 下，平板上的激波角 β 可以直接由式（3.23）来确定，因为平板在零侧滑角时，$\alpha = \theta$ 成立。激波后的压力和马赫数可以通过假设是量热完全气体，根据激波角 β，利用式（3.18）和式（3.20）来计算确定。现在，我们做一个简化，激波之后的压力和马赫数都是均匀的，也没有量热完全气体的假设，那么，激波之后的条件就可以认为与边界层边缘的条件相同。为了得到离解、振动激发的气体的性质，基于总焓守恒，采用了一种迭代算法。前一次迭代的 γ 值（初始值为 1.4）用于确定方程（3.18）和方程（3.20）中 p_e 和 M_e 的值。根据这些值和方程（3.14）中的总焓守恒，以及 Hansen（1958）的统计数值和方程（A.5）来确定激波之后的平衡组分与温度。激波之后的速度利用动量守恒定律得到：

$$\rho V = 常数 \tag{A.6}$$

因此，激波之后在温度 T_e 和压力 p_e 下的总焓可以由下式得到：

$$h_T = \int_0^{T_e} c_p \, dT + \left(\frac{\rho_0 Z_e R_0 T_e}{p_e}\right)^2 \frac{u_e^2}{2} \tag{A.7}$$

从平衡组分中可以获得一个新的 γ 值，它作为该算法迭代的下一个输入值。

我们得到了平衡组分以及相关的 γ_e，M_e，Z_e，p_e 和 T_e 的值。根据这些值，通过方程（A.3）可以估算得到 T^*。随后，方程（A.4）可以用来得到 ρ^* 的值。现在，可以在参考温度下计算得到雷诺数，因此

$$Re_x^* = \frac{\rho^* u_e x}{\mu^*} \tag{A.8}$$

通过使用 ω 定律（$\omega = 0.7$）对在参考温度下的黏度进行解算。在参考温度下摩擦系数变为

$$c_f^* = \frac{\tau_w}{\frac{1}{2}\rho^* u_e^2} \tag{A.9}$$

$$= \frac{0.664}{\sqrt{Re_x^*}} \tag{A.10}$$

将上述沿行程长度 x 积分，并利用式（A.1）进行无因次化，获得平板上的黏性力如下：

$$|F_{a,f}| = \rho^* u_e^2 \frac{1.328}{\sqrt{Re_L^*}} L \tag{A.11}$$

将该方程与牛顿压力系数（式（3.51））进行对比，可以对平板上的压力和黏性力的相对强度进行近似。这里我们使用长度 L 为 15 m 的平板，其接近于这里考虑的有翼飞行器的最小长度，使用在 9.1 节中考虑的但用的是大气指数形式的1 000 种飞行器形状。将这些飞行器的 $h - V$ 剖面作为上述算法的输入。平板上的黏性力与压力比值的结果如图 A.1 所示。可以看出，对于大多数的轨迹来说，黏性力在轨迹上的大部分具有 <5% 的最大相对强度。因为平板比这里考虑的飞行器具有更大的相对黏性力，这表明，使用一阶黏性力和压力方法时，忽略黏性力是合理的。

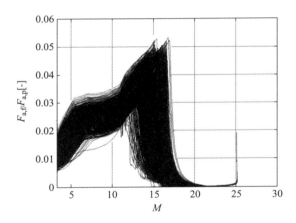

图 A.1　一定迎角下平板的黏性力和压力的比
（只在迎风面是湿润的，沿着如 **9.1** 节中的轨迹）

附录 B　有翼飞行器外形生成案例

为了更清楚地解释有翼飞行器外形的构造，本附录将会给出创建这种外形的一个分步的示例。它将清楚地阐明并用图像展示如何使用各种约束，哪些是主动的，以及如何利用这些约束来生成机身参数。关联参数的随机生成向量 r_x 可以在表 B.1 中查找到。

■ B.1　机身形状

飞行器生成的第一步是前缘形状的生成。由表 5.2 中的值及上述关联参数的值，使用方程（5.1）可以得到

$$R_N = 0.4 + 0.971(1.0 - 0.4) \qquad (\text{B.1})$$
$$= 0.983 \ (\text{m}) \qquad (\text{B.2})$$
$$\theta_N = 22.5 + 0.411(77.5 - 22.5) \qquad (\text{B.3})$$
$$= 49.0 \ (°) \qquad (\text{B.4})$$

所得到的前缘形状如图 B.1 所示。

前缘形状形成后，接下来机身其他部分的形状将会被确定。第一步是在第一个轮廓处生成样条曲线，该曲线应该近似为一个圆，以便前缘的球形段能够很好地匹配。该圆的半径由下式来确定：

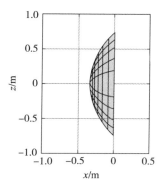

图 B.1　球形前缘的侧视图

$$R_1 = R_N \sin\theta_N \qquad (\text{B.5})$$
$$= 0.983\sin 49.0° = 0.742 \ (\text{m}) \qquad (\text{B.6})$$

现在，我们生成了与该半径的圆近似的样条。图 B.2 显示了所得到的样条及它的控制点。

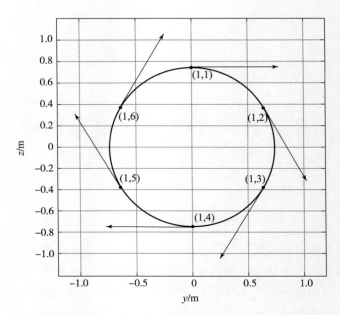

图 B.2 在机身轮廓 1 处的样条，其近似于一个圆

（控制点的位置显示为红色，控制点的导数向量显示为绿色）

第二个横截面的位置由 Δx_1 的值来确定。该值再次由表 5.2 中的最小值和最大值，以及表 B.1 中的关联参数 $r_{\Delta x_1}$ 来确定：

$$\Delta x_1 = 7.0 + 0.636(12.0 - 7.0) \tag{B.7}$$
$$= 10.2 \text{ (m)} \tag{B.8}$$

表 B.1 本案例中有翼飞行器所使用的关联参数

R_N	θ_N	Δx_1	$z_{2,1}$	$y_{2,2}$	$z_{2,2}$	$y_{2,3}$	$z_{2,3}$	$z_{2,4}$	$z_{3,1}$	$y_{3,2}$
0.972	0.411	0.636	0.482	0.709	0.297	0.468	0.512	0.110	0.779	0.986

$z_{3,2}$	$y_{3,3}$	$z_{3,3}$	Δx_2	R_{LE}	θ_{LE}	t_{mid}	L_{mid}	L_w	$\dfrac{x_{w,2}}{x_{w,1}}$	$\dfrac{x_{w,3}}{x_{w,1}}$
0.803	0.530	0.487	0.794	0.306	0.140	0.947	0.116	0.482	0.346	0.403

$\dfrac{x_{w,4}}{x_{w,1}}$	$y_{w,1}$	$y_{w,3}$	$\dfrac{\Delta x_f}{x_{w,4}}$	θ_f	f_{el}	L_{bf}				
0.994	0.992	0.699	0.867	0.219	0.921	0.578				

类似的，第三个横截面的位置可由 Δx_1 和 Δx_2 的值来确定。Δx_2 的值计算如下：

$$\Delta x_2 = 7.0 + 0.794(12.0 - 7.0) \tag{B.9}$$
$$= 11.0 \text{（m）} \tag{B.10}$$

现在，为了生成第二个横截面的样条曲线，将会逐步演示 5.2.1 节中介绍的算法。

对如何确定该轮廓的顶点 $z_{2,1}$ 进行说明。由于这个点是在轮廓的顶部，所以它的 y 坐标为 0。其 z 坐标的允许区域由 4 个约束函数确定，2 个限制最小值，2 个限制最大值。其中之一是如图 5.7 所示的外边界曲线，它是椭圆形状。由于 $z_{2,1} > 0$，方程（5.23）而不是方程（5.24）适用于这种椭圆的形状。因为 $y = 0$，所以关于 $z_{\max} = 3.50$ m，得到如下约束：

$$z_{2,1} \leqslant 3.50 \text{ m} \tag{B.11}$$

限制 $z_{2,1}$ 最大允许值的其他约束通过方程（5.25）来表示。该约束将确保在轮廓 1 和轮廓 2 之间的机身在纵向上是凸的。解算方程得到

$$z_{2,1} \leqslant 0.742\sin 49.0° + \frac{10.2}{\tan 49.0°} \tag{B.12}$$

$$\leqslant 9.59 \text{（m）} \tag{B.13}$$

从这些约束函数的值（B.11）和值（B.13）可以看出，值（B.11）限制了 $z_{2,1}$ 的最大允许值。

限制 $z_{2,1}$ 最小允许值的第一个约束来源于方程（5.21）和方程（5.22），全局最小半径约束计算如下：

$$z_{2,1} \geqslant \max\left[2 \times 0.983 \times \sin 49.0°,\ 1.0 \right] \tag{B.14}$$

$$\geqslant \max(1.48,\ 1) \tag{B.15}$$

$$\geqslant 1.48 \text{（m）} \tag{B.16}$$

限制最小允许值的第二个约束，是对其与后续轮廓间纵向凸度的需求。其由方程（5.27）来表示。计算该方程结果如下：

$$z_{2,1} \geqslant R_1 - (R_1 - r_{\min})\frac{\Delta x_1}{\Delta x_1 + \Delta x_2} \tag{B.17}$$

$$\geqslant 0.742 - (0.742 - 1.48) \times \frac{10.2}{11.0 + 10.2} \tag{B.18}$$

$$\geqslant 1.10 \text{（m）} \tag{B.19}$$

从约束（B.11）和约束（B.13）可以看出，前者是最受限制的，由此 $z_{2,1}$ 的约束如下：

$$1.48 \text{ m} \leqslant z_{2,1} \leqslant 3.50 \text{ m} \tag{B.20}$$

由 $r_{z_{2,1}}$ 的值可以得到以下结果：

$$z_{2,1} = 1.48 + 0.482 \times (3.50 - 1.48) \tag{B.21}$$

$$= 2.46 \ (\text{m}) \tag{B.22}$$

因为需要利用这些点来生成二维边界区域，点 $y_{2\cdots2,3}$ 和 $z_{2\cdots2,3}$ 的生成更加复杂。所有约束的形成的，由此产生的边界区域以及控制点位置的生成下面都将详细描述。首先，将会详细地说明点（2，2）的生成。其次，对于点（2，3）将会以相对较少的细节显示相同的生成过程。

对于 $j = 2$（和 $N_{\text{pt}} = 6$），方程（5.19）和方程（5.20）中允许的角度范围变为

$$0° < \varphi_2 < 90° \tag{B.23}$$

其转换为以下两个边界曲线方程：

$$y > 0 \tag{B.24}$$

$$z > 0 \tag{B.25}$$

基于第二个方程（B.25），由方程（5.23）表示的，如图5.7所示的外椭圆的上半部分是适用的。在 $y_{\text{max}} = 4$ 和 $z_{\text{max}} = 3.5$ 的情况下，这变为

$$z^2 \leqslant 3.5^2 - \left(\frac{3.5}{4}\right)^2 y^2 \tag{B.26}$$

$$\leqslant 3.5^2 - 0.766 y^2 \tag{B.27}$$

对于所有的 j，$i = 2$ 时纵向凸度的约束是相同的，因此方程（5.25）的右半边与方程（B.12）的相同，因此有

$$\sqrt{x^2 + z^2} \leqslant 9.59 \ (\text{m}) \tag{B.28}$$

$$z^2 \leqslant 9.59^2 - y^2 \tag{B.29}$$

类似地，因为 $r_{1,1} = r_{1,2}$，且由于轮廓1是一个圆，由方程（5.27）可知，后续轮廓的纵向凸度约束，与方程（B.19）的 $z_{2,1}$ 相同，因此边界曲线如下：

$$y^2 + z^2 \geqslant 1.1^2 \tag{B.30}$$

$$z^2 \geqslant 1.1^2 - y^2 \tag{B.31}$$

对于 $z_{2,2}$，图5.7所示的约束（7）减小为

$$z \leqslant 2.46 \ (\text{m}) \tag{B.32}$$

其用于确保横向的凸度。

用于确保该轮廓上后续点能够满足横向凸度约束的约束如图5.7中的曲线（8）所示。通过 $p_{2,1}$ 且正切于半径为 R_1 的圆的切线由下式确定：

$$\tan\theta_1 = 0 \tag{B.33}$$

$$\theta_1 = 0 \tag{B.34}$$

$$\sin\theta_2 = \frac{1.48}{2.46} \tag{B.35}$$

$$\theta_2 = 0.646 \tag{B.36}$$

根据这些，边界曲线的方程成为

$$z - z_{2,1} = \frac{y - y_{2,1}}{\tan(\theta_1 - \theta_2)} \tag{B.37}$$

$$z = -1.33y + 2.46 \tag{B.38}$$

现在已经确定了 $p_{2,2}$ 位置的 8 条边界曲线，如图 B.3 所示。其中在 y 上施加最小值的约束绘制为实线，在 y 上施加最大值的约束绘制为虚线。在这种特殊的情况下，可以看出纵向约束无效。不过，机身上的点并不一定都是如此。由控制点所得到的边界形状如图 B.4 所示。

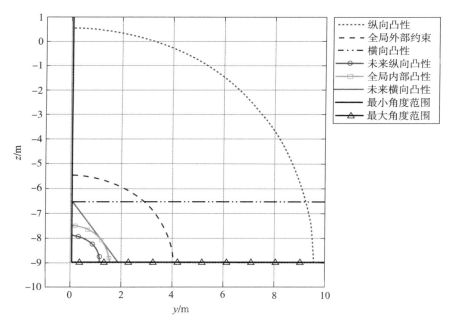

图 B.3　点（2，2）的所有边界曲线（在 y 上施加最大值的
曲线为虚线，施加最小值的为实线）

从这个边界形状中可以得到 $z_{2,2}$ 的最小和最大的可能值，在这种情况下分别为 0 和 2.46。利用来自表 B.1 中的关联参数 $r_{z_{2,2}}$ 的值，可以得到 $z_{2,2}$ 的值：

$$z_{2,2} = 0 + 0.297(2.46 - 0) \tag{B.39}$$

$$= 0.731 \text{ (m)} \tag{B.40}$$

现在，$y_{2,2}$ 的值由 $z = 0.731$ 处的 $y_{2,2}$ 的最小和最大允许值来确定。这些值从边界形状获得，分别为 1.31 和 3.91。现在，使用表 B.1 中 $r_{y_{2,2}}$ 的值，$y_{2,2}$ 为

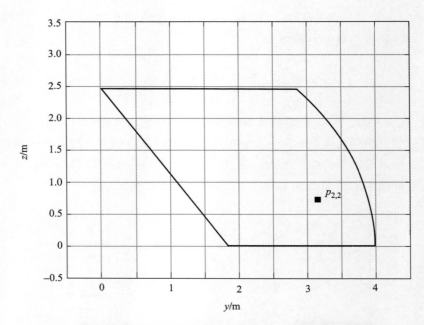

图 B.4 根据边界形状得到的机身点（2, 2）的有效边界曲线

$$y_{2,2} = 1.31 + 0.709(3.91 - 1.31) \tag{B.41}$$

$$= 3.12 \text{ (m)} \tag{B.42}$$

由此 $p_{2,2}$ 就可以完全确定了。

为了保持该案例的长度合理，对于后续其他的控制点，其约束函数的计算将不会像这样详细。然而，由于对不同的 i 或 j 的值进行了不同的约束处理，所以尚未用于前一些点的约束函数将会明确给出来，因此对每个约束都会一步一步地进行明确的计算，至少是一次。先处理点（2, 3）。

角度范围约束对点（2, 3）形成了如下边界曲线：

$$z < 0 \tag{B.43}$$

$$y > 0 \tag{B.44}$$

全局内半径约束变为

$$\sqrt{y^2 + z^2} \geqslant 1.48 \text{ m} \tag{B.45}$$

其中，右边的值与之前的点是一样的，因为对于所有的控制点这个约束都是一个常值。

$z_{min} = -2 \text{ m}$ 时，全局外约束变为

$$\left(\frac{y}{4}\right)^2 + \left(\frac{z}{2}\right)^2 \leqslant 1 \tag{B.46}$$

当 $i=2$ 时，对于所有的 j，其纵向凸度约束都是相同的，所以再一次会有方程（B.28）。对于确保其他纵向凸度的约束也是如此，因此方程（B.31）再次成立。

对于 $j=1$ 和 $j>1$ 的情况，横向凸度的处理方式不同，因此现在我们对点（2，3）的约束一步一步进行处理。边界曲线［如图 5.7 中的曲线（7）所示］由点（2，1）和点（2，2）的位置得到。点（2，1）的 y 和 z 坐标分别是 0 和 2.46。点（2，2）的 y 和 z 坐标分别是 3.12 和 0.731。边界曲线因此变为

$$y - 3.12 \leqslant \frac{3.12 - 0}{0.731 - 2.46}(z - 0.731) \tag{B.47}$$

$$y \leqslant -1.83z + 4.49 \tag{B.48}$$

最终，能够确保轮廓上后续的控制点满足横向凸度约束的约束变成

$$y \geqslant 1.18z + 2.29 \tag{B.49}$$

这些约束如图 B.5 所示。最终的由控制点所得到的边界形状如图 B.6 所示。

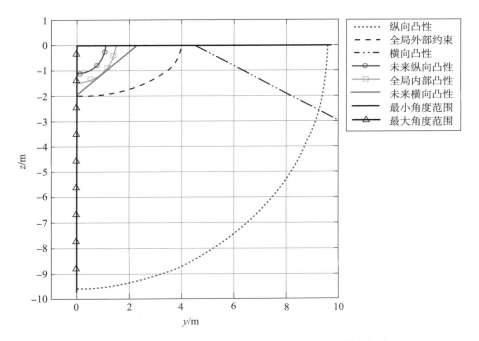

图 B.5 点（2，3）的所有边界曲线（y 上施加最大值的曲线为虚线，施加最小值的为实线）

边界形状上 z 的最小值和最大值分别为 -2.00 和 0，因此利用表 B.1 中的 $r_{z_{2,3}}$ 有

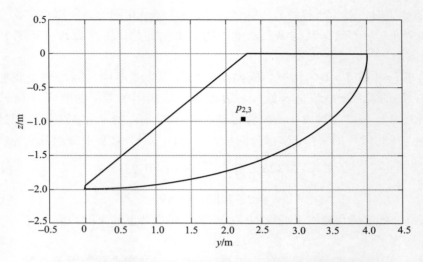

图 B.6 根据边界形状得到的机身点（2，3）的有效边界曲线

$$z_{2,3} = -2.00 + 0.512[0 - 2.00] \tag{B.50}$$
$$= -0.975 \text{（m）} \tag{B.51}$$

在 z 等于该值处，y 的最小和最大值分别为 1.15 和 3.45，因此利用 $r_{y_{2,3}}$ 可以得到

$$y_{2,3} = 1.15 + 0.468(3.45 - 1.15) \tag{B.52}$$
$$= 2.24 \text{（m）} \tag{B.53}$$

轮廓上最后的点是底点 $z_{2,4}$。再一次，全局内约束的约束函数值与方程（B.16）是相似的，只是具有相反的符号，因为如果 $z_{2,4}$ 和 $z_{2,1}$ 符号相反，有

$$z \leqslant -1.48 \text{ m} \tag{B.54}$$

全局外约束源于方程（5.24），因此有

$$z \geqslant -2.00 \text{ m} \tag{B.55}$$

纵向凸度约束的值对整个轮廓都是一样的。对于 $z_{2,4}$，这些可表示为

$$z \geqslant -9.59 \text{ m} \tag{B.56}$$
$$z \leqslant -1.10 \text{ m} \tag{B.57}$$

从这些约束函数的值，得到

$$-2.00 \leqslant z \leqslant -1.48 \tag{B.58}$$

利用 $r_{z_{2,4}} = 0.110$，则有

$$z_{2,4} = -1.56 \text{ m} \tag{B.59}$$

现在，样条曲线上所有控制点的导数都使用 4.2.2 节中所描述的一阶中心差分法确定了。当这样做时，考虑到样条曲线是闭合的，点 6 和点 1 可以随后再考

虑（表 B. 2）。

表 B. 2 机身轮廓 2 上控制点的位置和导数

点序号	y 值	z 值	$\dot{y}$ 值	$\dot{z}$ 值
1	0	2. 46	3. 12	0
2	3. 12	0. 731	1. 12	− 1. 71
3	2. 24	− 0. 975	− 1. 58	− 1. 15
4	0	− 2. 24	− 2. 24	0
5	− 2. 24	− 0. 975	− 1. 58	1. 15
6	− 3. 12	0. 731	1. 15	1. 71

$$\boldsymbol{p}'_{2,1} = \frac{\boldsymbol{p}_{2,2} - \boldsymbol{p}_{2,6}}{2} \tag{B.60}$$

$$= \frac{\begin{pmatrix} 3.12 \\ 0.731 \end{pmatrix} - \begin{pmatrix} -3.12 \\ 0.731 \end{pmatrix}}{2} \tag{B.61}$$

$$= \begin{pmatrix} 3.12 \\ 0 \end{pmatrix} \tag{B.62}$$

$$\boldsymbol{p}'_{2,2} = \frac{\boldsymbol{p}_{2,3} - \boldsymbol{p}_{2,1}}{2} \tag{B.63}$$

$$= \frac{\begin{pmatrix} 2.24 \\ -0.975 \end{pmatrix} - \begin{pmatrix} 0 \\ 2.46 \end{pmatrix}}{2} \tag{B.64}$$

$$= \begin{pmatrix} 1.12 \\ -1.71 \end{pmatrix} \tag{B.65}$$

$$\boldsymbol{p}'_{2,3} = \frac{\boldsymbol{p}_{2,4} - \boldsymbol{p}_{2,2}}{2} \tag{B.66}$$

$$= \frac{\begin{pmatrix} 0 \\ -1.48 \end{pmatrix} - \begin{pmatrix} 3.12 \\ 0.731 \end{pmatrix}}{2} \tag{B.67}$$

$$= \begin{pmatrix} -1.58 \\ -1.15 \end{pmatrix} \tag{B.68}$$

$$\boldsymbol{p}'_{2,4} = \frac{\boldsymbol{p}_{2,5} - \boldsymbol{p}_{2,3}}{2} \tag{B.69}$$

$$= \frac{\begin{pmatrix} -2.24 \\ -0.975 \end{pmatrix} - \begin{pmatrix} 2.24 \\ -0.975 \end{pmatrix}}{2} \tag{B.70}$$

$$= \begin{pmatrix} -2.24 \\ 0 \end{pmatrix} \tag{B.71}$$

为确保该横截面获得的样条曲线是凸的且非自相交的，将会使用4.2.3中描述的算法。现在将对单个样条段详细地演示该算法，即前两个控制点之间的样条段。辅助贝塞尔点由方程（4.18）确定。辅助线，其中的交点是判定自相交或凹形的主要因素，控制点、辅助点和样条段如图 B.7 所示。从这张图和定理 4.4 可以看出，该样条段将是凸的且是非自相交的。从数学上讲，这是由放大因子方程（4.23）决定的。放大因子为

$$c_1 = 0.624 \tag{B.72}$$

$$c_2 = 1.00 \tag{B.73}$$

这些值可以从图 B.7 中看出具有正确的大小。

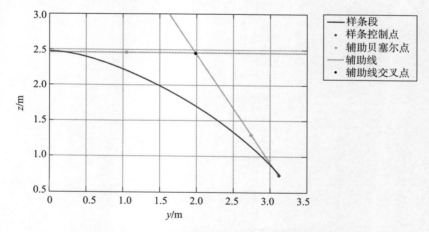

图 B.7 用于检查样条段凸度和非自相交算法的几何表示

所得到的横截面 2 的样条曲线如图 B.8 所示，其中显示了控制点的位置和导数。

后轮廓样条曲线的生成与中间轮廓的类似。但是，两者之间存在以下差异：

- 计算纵向凸度约束的方法是使用方程（5.26）而不是方程（5.25）；
- "之后的"纵向凸度没有约束；
- $z_{3,4}$ 的值等于 $z_{3,3}$；
- 点（3，3）和点（3，4）的控制点导数取值为 0，以确保体襟翼附件的

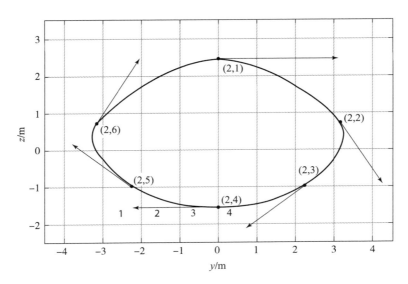

图 B.8 定义中间机身轮廓的样条，同时显示了控制点的位置和导数

后部平整度。

此处将不再显示分步计算的步骤。最终轮廓上的控制点 2 和 3 的边界形状如图 B.9 所示。此外，这里也不再重复每个导数计算的过程。

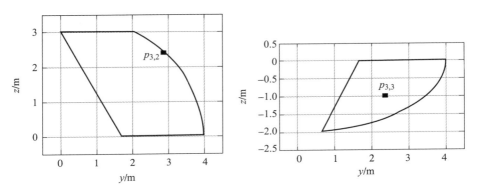

图 B.9 后轮廓上点 2 和 3 的边界形状

得到的后轮廓上控制点的位置和导数如图 B.10 所示。请注意，根据定义，点（3，3）和点（3，4）的导数为 0，这是由于对于体襟翼附件，其要求这两个点之间的样条段为直线。有趣的是，凸度检验算法修正了控制点（3，2）处的控制点导数，以防止点（3，1）和点（3，2）之间的样条段产生凸度。当 $c_2 =$

－0.293 9 时，控制点导数只是略微大一些。利用未改变的导数获得的横截面的顶端如图 B.11 所示。注意，两个轴使用了不同的刻度。

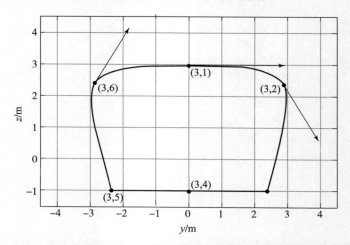

图 B.10 定义后机身轮廓的样条曲线（显示了控制点和控制点导数，控制点（3，3）、点（3，4）和点（3，5）处的导数等于 0）

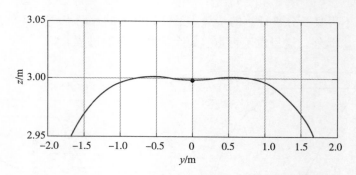

图 B.11 点（3，2）处的控制点导数未被修正以去除凹度的情况下，第三段轮廓样条曲线的顶部（坐标轴是非等比例的）

已经定义了三段样条轮廓，那么飞行器的样条表面就可以创建了。通过使用来自轮廓样条中的 $p_{1,j}$，$p_{2,j}$ 和 $p_{3,j}$，其中 $j = 1$，2，…，6，可以生成 6 条纵向样条曲线。利用这些样条及横截面样条曲线，就可以生成样条表面控制网络。此外，折弯可以由方程（4.27）或方程（4.28）来确定，这两个方程都能得到相同的结果。横截面轮廓样条和样条表面控制网络的组合如图 B.12 所示。

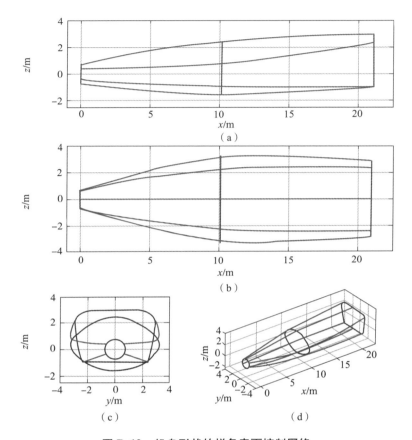

图 B. 12 机身形状的样条表面控制网络

（a）侧视图；（b）俯视图；（c）前视图；（d）等视轴图

▓ B. 2 机翼形状

生成机身和外形后，就可以生成机翼的形状了。这里，先明确地给出所有形状参数的生成，之后会给出一个如何生成机翼样条表面的分步示例。机翼参数的最小值和最大值，来自表 5.2 中的值和公式。关联参数的值使用表 B.1 中的。

前缘半径的值如下：

$$R_{LE} = 0.200 + 0.306(0.400 - 0.200) \qquad (B.74)$$
$$= 0.261 \ (m) \qquad (B.75)$$

对于 t_{mid}，将该值作为前缘半径的最小值：

$$t_{mid} = 0.261 + 0.947(0.600 - 0.261) \tag{B.76}$$

$$= 0.582 \ (\text{m}) \tag{B.77}$$

机翼的最大长度与机身的长度相关，其中机身的长度为 $L_{fus} = \Delta x_1 + \Delta x_2 = 21.2 \ \text{m}$。这将会产生最小的机翼长度 $0.25 L_{fus} = 7.40 \ \text{m}$ 和最大的机翼长度 $0.687\ 5 L_{fus} = 16.9 \ \text{m}$。因此，$L_w$ 的值变为

$$L_w = 7.40 + 0.482(16.9 - 7.40) \tag{B.78}$$

$$= 12.0 \ (\text{m}) \tag{B.79}$$

由参数 L_{mid} 定义的中间控制点的 x 位置，由下式得到：

$$L_{mid} = L_w [0.25 + 0.116(0.687\ 5 - 0.25)] \tag{B.80}$$

$$= 3.60 \ (\text{m}) \tag{B.81}$$

现在，可以确定前缘的角度范围。该参数的最小允许值，由机翼形状的期望凸度得出，可由式（5.29）得到

$$\tan \theta_{LE,min} = \frac{t_{mid} - R_{LE} \cos \theta_{LE,min}}{L_{mid}} \tag{B.82}$$

$$= \frac{0.582 - 0.261 \cos \theta_{LE,min}}{3.60} \tag{B.83}$$

$$\theta_{LE,min} = 5.08° \tag{B.84}$$

其中使用迭代算法计算最后一步。现在，θ_{LE} 的值由下式确定：

$$\theta_{LE} = 5.08 + 0.140(30 - 5.08) \tag{B.85}$$

$$= 8.57 \ (°) \tag{B.86}$$

在确定翼型形状参数后，就可以确定机翼平面形状。对于 $x_{w,2}/x_{w,1}$ 的值有

$$\frac{x_{w,2}}{x_{w,1}} = 0.4 + 0.346(0.6 - 0.4) \tag{B.87}$$

$$= 0.469 \tag{B.88}$$

根据这个值，$x_{w,3}/x_{w,1}$ 的最大值，其等于 $0.9 x_{w,2}/x_{w,1}$，就可以确定为 $0.9 \times 0.469 = 0.422$。对于 $x_{w,3}/x_{w,1}$ 将有以下结果：

$$\frac{x_{w,3}}{x_{w,1}} = 0.200 + 0.346(0.422 - 0.200) \tag{B.89}$$

$$= 0.290 \tag{B.90}$$

类似的，$x_{w,4}/x_{w,1}$ 的最大值，其等于 $0.9 x_{w,3}/x_{w,1}$，就可以确定为 $0.9 \times 0.290 = 0.261$。那么 $x_{w,4}/x_{w,1}$ 的值就变为

$$\frac{x_{w,4}}{x_{w,1}} = 0.050\ 0 + 0.994(0.261 - 0.050\ 0) \tag{B.91}$$

$$= 0.259 \tag{B.92}$$

机翼宽度的最小和最大值是确定的，因此有

$$y_{w,1} = 4.00 + 0.992(8.00 - 4.00) \tag{B.93}$$

$$= 7.97 \text{ (m)} \tag{B.94}$$

$y_{w,3}$（尾鳍宽度）的最小和最大值分别是机翼长度的 1/4 和 1/3，因此分别是 1.99 m 和 2.66 m。所以有

$$y_{w,3} = 1.99 + 0.699(2.66 - 1.99) \tag{B.95}$$

$$= 2.46 \text{ (m)} \tag{B.96}$$

尾鳍弯曲角的最小和最大值是固定的，因此

$$\theta_f = 45 + 0.219(90.0 - 45.0) \tag{B.97}$$

$$= 54.9 \text{ (°)} \tag{B.98}$$

类似的，对于 $\Delta x_f / x_{w,4}$ 的值有

$$\frac{\Delta x_f}{x_{w,4}} = 0.00 + 0.867(1.00 - 0) \tag{B.99}$$

$$= 0.867 \tag{B.100}$$

从这组参数到机翼表面的第一步是定义翼型的样条曲线。该样条曲线代表了翼根处的翼型形状，如果 5.2.3 节中的算法不能使得机翼与机身很好地匹配，那么就是这样的。这样的一个显示了翼型参数的样条曲线的例子如图 5.10 所示。

为了将升降副翼安装嵌入机翼，升降副翼的长度首先可由方程（5.30）来确定：

$$L_{el} = 0.290 \times (12.0 - 3.60) \times 0.915 \tag{B.101}$$

$$= 2.22 \text{ (m)} \tag{B.102}$$

现在使用 5.2.2 节中描述的算法来确定升降副翼起始控制点的具体位置。在控制点 6 和 8 之间形成了一段样条曲线。如 5.2.2 节中所描述的，控制点 8 处的导数等于 0。控制点 6 的"临时"导数（由波浪线表示）现在变为

$$\tilde{\boldsymbol{p}}'_{1,6} = \frac{\boldsymbol{p}_{1,8} - \boldsymbol{p}_{1,5}}{2} \tag{B.103}$$

$$= \frac{\begin{pmatrix} L_w \\ 0 \\ 0.05 \end{pmatrix} - \begin{pmatrix} 0 \\ 0 \\ R_{LE}\cos\theta_{LE} \end{pmatrix}}{2} \tag{B.104}$$

$$= \begin{pmatrix} 6.013 \\ 0 \\ -0.104\,1 \end{pmatrix} \tag{B.105}$$

升降副翼位于 $x_7 = L_w - L_{el}$ 处（$x = 0$ 仍在前缘前端）时，使用 4.2 节中给出的 Hermite 基函数得到以下三次多项式。该方程的根给出了可以插入升降副翼的位置 t 的值。由于该样条是从 $t = 0$ 到 $t = 1$，因此只有在该区间内的根才是可行的：

$$(2x_6 + \tilde{x}'_6 + 2x_8 + \tilde{x}'_8)t^3 + (-3x_6 - 2\tilde{x}'_6 + 3x_8 + \tilde{x}'_8)t^2 + \tilde{x}'_6 t + x_6 = x_7 \quad (B.106)$$

$$10.75t^3 + 13.1t^2 + 6.01t - 6.16 = 0 \quad (B.107)$$

得到这个三次多项式的一个 $0 < t < 1$ 的根，为 $t = 0.615$。那么点 7 的最终的位置是

$$p_{1,7} = \begin{pmatrix} 9.77 \\ 0 \\ 0.216 \end{pmatrix} \quad (B.108)$$

利用这个结果，翼型的样条曲线就可以完全定义了。该翼型的样条曲线及其控制点如图 B.13 所示。接下来就是将该样条放置于相对于机体的正确位置。

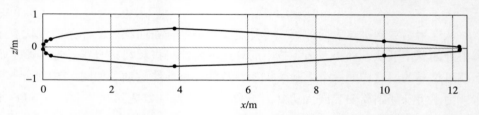

图 B.13　在重新定位用于机身连接处的样条曲线之前，生成的翼型样条曲线及控制点的位置

先将翼型样条曲线作为一个整体进行平移，以便使其处于相对于机身正确的位置。x 方向的平移根据机翼后缘与机身后体相符合的要求所确定。现在，确定 z 方向的偏移量。确定该偏移的算法是基于这样的想法，即对于没有 x 的值，机翼 z 的最小值应该小于机身 z 的最小值。为了包含一个过渡的边缘以使这两部分平滑地匹配，这种算法被修改为需满足这样的要求，对于所有的 x，机翼的 z 的最小值，至少是 t_{mid}，都应当大于机身的最小值。在四个不同的位置检查这种差异，并且使用约束最强的一个检测以下的几个点：

①前缘的圆形近似与机翼后部的过渡。

②飞行器中部轮廓。

③翼型样条最高厚度的点（与 t_{mid} 的点不重合）。

④飞行器后部轮廓（x 值与后缘一致）。

机身和翼型样条曲线在 x 方向平移之后，以及在 z 方向上平移之前和之后的

侧视图如图 B. 14 所示。检查所需偏移量的点也在图中显示，综上所述。符合要求的四个点在 z 方向上所需的平移为：

① – 1. 15 m。

② – 0. 979 m。

③ – 0. 394 m。

④ – 0. 429 m。

这些值以及图 B. 14 表明，机翼要向下移动以到达其正确的位置。所需的偏移量可以认为是 – 0. 394 m。最后，确定翼型样条根部的 y 方向的偏移。这是通过利用在给定的 x 和 z 向偏移量情况下，位于机身侧面的翼型最前端的点来完成的。在这些值下，前缘位于 $x = 8. 90$ m 和 $z = – 0. 394$ m 处。机身连接处的点通过迭代计算得到，为 $u_{fus} = 0. 89$，$v_{fus} = 1. 6$，其中 y 的值等于 2. 72 m。因此，翼型样条曲线平移的向量如下：

$$x_{w, tr} = 8. 90 \text{ m}$$

$$y_{w, tr} = 2. 72 \text{ m}$$

$$z_{w, tr} = – 0. 394 \text{ m}$$

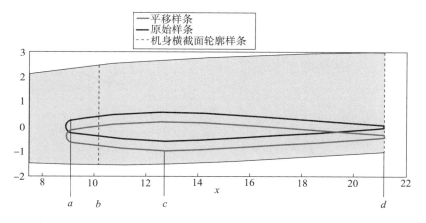

**图 B. 14 在 z 方向平移之前和之后的翼型样条曲线（其中显示了计算
得到的所需平移的四个位置）**

完成这些以后，$v = 2$，3，4 处的翼型样条就可以生成了。这些样条是初始样条的简单缩放版本，不同之处在于每次重新计算升降副翼的起始位置（控制点7），以便使得升降副翼的铰链线保持直线。与机身一样，将随后的翼型样条上具有相同指数的控制点连接起来获得控制面网络。

为了完成控制网络，通过使用 5. 2. 3 节描述的算法将机翼与机身进行匹配。

不在前缘上的点保持相同的 x 和 z 值，但是它们的 y 值被修改以使它们位于机身表面。将机翼前缘与机身匹配时，机翼与机身匹配的复杂部分将出现，因为前缘半径必须保持不变。这消除了只简单地改变控制点 y 坐标的可能性。匹配前缘前后的前缘前视图和后视图如图 B.15 所示。现在将针对单个点详细演示用于进行该匹配的算法，即前缘上的第一个点（前缘上最底部的点）。

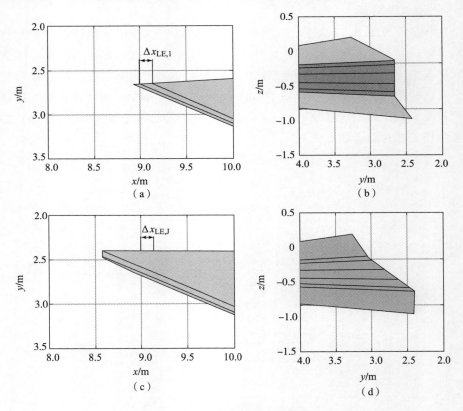

图 B.15　机翼前缘的细节

（a）匹配之前的后视图；（b）匹配之前的前视图；（c）匹配之后的后视图；
（d）匹配之后的前视图

　　首先检查在初始点之前是否存在合适的匹配点。如果没有找到这个点，那么就寻找初始点之后合适的点。保持恒定的 Δx_1 的值如图 B.15（a）所示。Δx_1 的值等于 0.211 8。$x_{LE,1}$ 的初始值为 9.13 m。表 B.3 显示了 $\Delta x'_{LE,1}$ 的值，它们是在指定的 x 值处与机身匹配时所得到的。可以看出，$\Delta x'_{LE,1}$ 的值是在 x 的第 5 次和第 6 次迭代的值之间。之后，使用二分法来寻找 x'_1 的一个更加接近的近似值，来得到 $\Delta x'_{LE,1}$ 的正确值。如果 $\Delta x'_{LE,1}$ 的精度优于 1.0×10^{-3} m，那么该算法在这里就被认为是收敛的。最终在 $x'_{\text{LE},1} = 8.566$ m 处得到的值是 $\Delta x'_{\text{LE},1} = 0.212\,4$ m。

表 B.3　通过翼型样条点 x_1 与机身的匹配算法找到的匹配点位置的值和后续样条间的距离

迭代	x'_1/m	$\Delta x'_{\text{LE},1}/\text{m}$
1	9.026	0.488 7
2	8.926	0.426 2
3	8.826	0.365 2
4	8.726	0.305 4
5	8.626	0.246 8
6	8.526	0.189 4

有趣的是，算法第一次迭代时，从表 B.3 中看出 $\Delta x'_{\text{LE},1}$ 的值为 $0.488\,7$ m，这是所需值的两倍多。这显示了当保持前缘点的 x 值恒定且在将它们与机身匹配时，仅改变 y 值所产生的缺陷。

为了最终确定控制网络，翼尖以给定的 θ_{f} 值向上弯曲。之后可以确定交叉导数并且完成样条表面。翼尖弯曲前后的机翼网格如图 5.12 所示，其中显示了样条在 $v = 1$，2，3，4 处的位置（图 B.16）。

飞行器上最后需要生成的部分是体襟翼。襟翼的宽度由机体后部的底部确定，所以是由 $y_{3,3}$ 和 $y_{3,4}(=0)$ 来确定的。$y_{3,3}$ 的值等于 2.37 m，使得襟翼的宽度 b_{bf} 为 4.74 m。襟翼的最大长度 $L_{\text{bf,max}}$ 如下：

$$L_{\text{bf,max}} = \min(2.0,\ b_{\text{bf}}) \quad \text{(B.109)}$$
$$= 2.0 \text{ m} \quad \text{(B.110)}$$

体襟翼的长度现在可以确定如下：

$$L_{\text{bf}} = 0.5 + 0.578(2.0 - 0.5) \quad \text{(B.111)}$$
$$= 1.37 \text{ m} \quad \text{(B.112)}$$

完整的飞行器如图 B.17 所示，其中控制面用浅灰色清楚地表示出来了。飞行器不同的视图如图 B.18 和 B.19 所示。在该图中可以看到，升降副翼的铰链线不完全是直线。这是由于控制点导数相对于轮廓 2 上的 v 不为 0，这个问题的出现使得尾鳍形状以不令人满意的方式改变。这个例子说明，当使用 Hermite 样

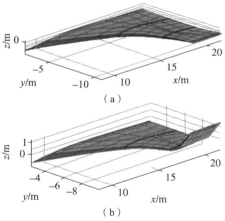

图 B.16　机翼形状及 $v = 1$，2，3，4 样条的位置

（a）弯曲之前；（b）弯曲之后

条而不是 B 样条时，缺少局部控制可以限制在生成某种形状时的自由度。

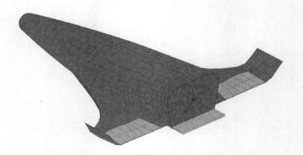

图 B. 17　完整的飞行器外形，控制面用浅灰色显示

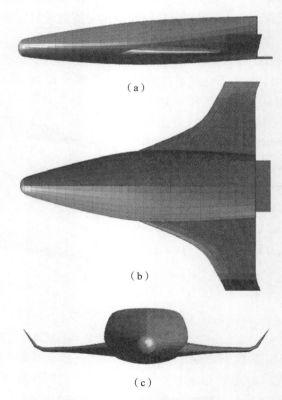

图 B. 18　飞行器的外形视图

（a）侧视图；（b）俯视图；（c）前视图

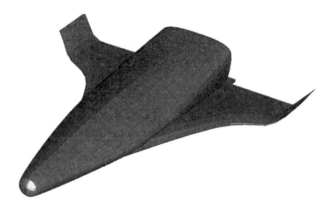

图 B. 19　飞行器外形的等距视图

附录 C 最优的返回舱外形

为了深入了解所生成的这些形状类型，这里给出大量返回舱的形状。首先，展示了 Pareto 前沿上一个点的演化过程，用来深入了解其行为随着优化器迭代次数增加的变化。其次，给出了最终 Pareto 前沿上的大量的点，用来深入了解所求得的最优解的行为。

◼ C.1 返回舱 Pareto 前沿上选择点的演变

本附录将给出随着优化中迭代次数的增加，$s_g > 2.75 \times 10^3$ km 且 $\eta_V > 0.75$ 情况下最小质量的形状。将会发现在优化的过程中，满足该条件的形状发生 11 次变化，所以总共有 12 种不同的形状代表该形状随着迭代次数的增加而演变的过程（表 C.1）。

表 C.1 $s_g > 2.75 \times 10^3$ km 且 $\eta_V > 0.75$ 情况下，最小质量解的目标函数值的演化

迭代次数	驻点热载荷/(10^6J · m^{-2})	地面航迹长度/km	容积效率
1	63.75	2 532	0.733 1
2	62.58	2 352	0.728 7
3	59.26	2 514	0.718 2
8	57.66	2 545	0.704 5
28	57.43	2 510	0.703 7
46	57.35	2 510	0.715 1
112	56.44	2 501	0.710 6
139	55.95	2 513	0.705 5

迭代次数	驻点热载荷/$(10^6 \text{J} \cdot \text{m}^{-2})$	地面航迹长度/km	容积效率
176	55.71	2 511	0.702 3
192	55.69	2 500	0.705 1
237	55.63	2 501	0.705 2
241	55.62	2 503	0.701 2

■ C.2 最优的返回舱外形

这里给出了从 Pareto 前沿选定的大量的点，其中种群大小为 100，250 次迭代之后所得到的返回舱外形的最优外形（图 C.1~图 C.4）。

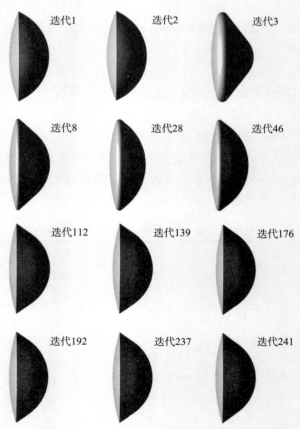

图 C.1 $s_g > 2.75 \times 10^3$ km 和 $\eta_V > 0.75$ 情况下，最优质量解的演变

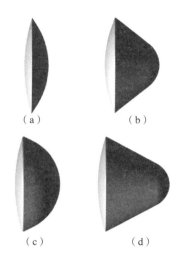

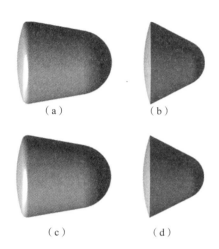

图 C. 2 由基准优化运行得到的 **Pareto** 最优返回舱形状（最小 Q_s 时）

（a）对其他目标没有约束；（b）$s_g > 2.75 \times 10^3$ km；

（c）$\eta_V > 0.75$；（d）$s_g > 2.75 \times 10^3$ km 且 $\eta_V > 0.75$

图 C. 3 由基准优化运行得到的 **Pareto** 最优返回舱形状（最大 s_g 时）

（a）对其他目标没有约束；（b）$Q_s < 75$ MJ/m² ；

（c）$\eta_V < 0.75$；（d）$Q_s < 75$ MJ/m² 且 $\eta_V < 0.75$

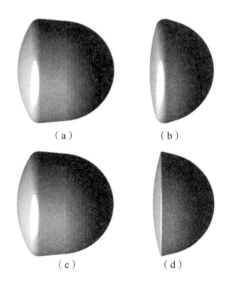

图 C. 4 由基准优化运行得到的 **Pareto** 最优返回舱形状（最大 η_V 时）

（a）对其他目标没有约束；（b）$Q_s < 75$ MJ/m² ；

（c）$s_g > 2.75 \times 10^3$ km；（d）$Q_s < 75$ MJ/m² 且 $s_g > 2.75 \times 10^3$ km

附录 D　最优的有翼飞行器外形

为了深入了解所生成的这些形状类型，这里给出大量的有翼飞行器的形状。首先，展示了 Pareto 前沿上一个点的演化过程，用来深入了解其行为随着优化器迭代次数增加的变化。随后，给出了最终的 Pareto 前沿上大量的点，用来了解所求得最优解的行为。

■ D. 1　有翼飞行器 Pareto 前沿选择点的演变

本附录将给出随着优化中迭代次数的增加，$s_g > 5.1 \times 10^3$ km 且 $V > 400$ m³ 情况下的最小质量的形状（表 D.1）。

表 D. 1　$s_g > 5.1 \times 10^3$ km 且 $V > 400$ m³ 情况下，最小质量解的目标函数值的演化

迭代次数	质量/(10^3 kg)	地面航迹长度/km	机身体积/m³
31	15. 84	5 138	432. 2
36	13. 34	5 165	422. 9
37	13. 34	5 130	422. 5
40	13. 15	5 198	411. 3
41	12. 78	5 213	400. 0
53	12. 53	5 123	405. 1
83	12. 11	5 121	404. 2
86	11. 93	5 114	410. 3
93	11. 72	5 170	404. 4

续表

迭代次数	质量/(10^3 kg)	地面航迹长度/km	机身体积/m³
96	11.70	5 165	405.6
101	11.43	5 112	402.2
111	11.19	5 171	400.7
287	11.18	5 115	401.1
301	11.06	5 125	403.4

D.2 基于基准设置的最优有翼飞行器外形

这里给出从 Pareto 前沿选定的大量的点，其中种群大小为 100，400 次迭代计算之后所得到的有翼飞行器的最优外形（图 D.1 ~ 图 D.20）。

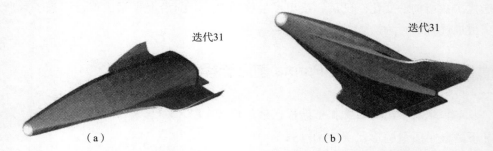

迭代31

迭代31

（a）

（b）

图 D.1 $s_g > 5.1 \times 10^3$ km 且 $V > 400$ m³ 情况下得到的第一个最优质量的解

（a）俯视图；（b）仰视图

迭代36

迭代36

（a）

（b）

图 D.2 $s_g > 5.1 \times 10^3$ km 且 $V > 400$ m³ 情况下得到的第二个最优质量的解

（a）俯视图；（b）仰视图

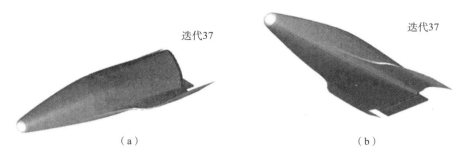

图 D. 3 $s_g > 5.1 \times 10^3$ km 且 $V > 400$ m³ 情况下得到的第三个最优质量的解

（a）俯视图；（b）仰视图

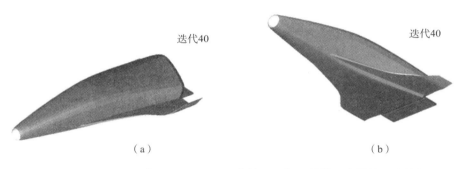

图 D. 4 $s_g > 5.1 \times 10^3$ km 且 $V > 400$ m³ 情况下得到的第四个最优质量的解

（a）俯视图；（b）仰视图

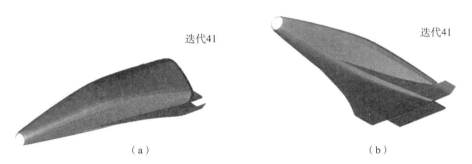

图 D. 5 $s_g > 5.1 \times 10^3$ km 且 $V > 400$ m³ 情况下得到的第五个最优质量的解

（a）俯视图；（b）仰视图

迭代53

迭代53

（a）

（b）

图 D. 6 $s_{\mathrm{g}} > 5.1 \times 10^3$ **km 且** $V > 400$ **m³ 情况下得到的第六个最优质量的解**

（a）俯视图；（b）仰视图

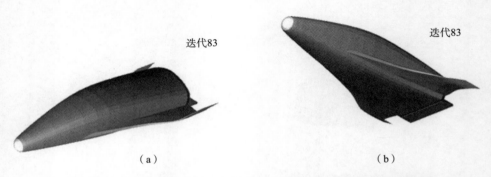

迭代83

迭代83

（a）

（b）

图 D. 7 $s_{\mathrm{g}} > 5.1 \times 10^3$ **km 且** $V > 400$ **m³ 情况下得到的第七个最优质量的解**

（a）俯视图；（b）仰视图

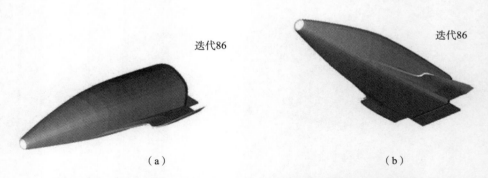

迭代86

迭代86

（a）

（b）

图 D. 8 $s_{\mathrm{g}} > 5.1 \times 10^3$ **km 且** $V > 400$ **m³ 情况下得到的第八个最优质量的解**

（a）俯视图；（b）仰视图

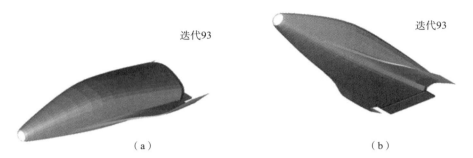

图 D. 9 $s_g > 5.1 \times 10^3$ km 且 $V > 400$ m³ 情况下得到的第九个最优质量的解

（a）俯视图；（b）仰视图

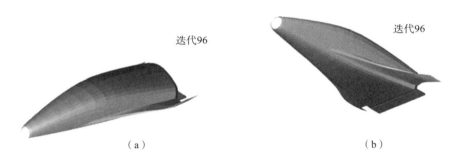

图 D. 10 $s_g > 5.1 \times 10^3$ km 且 $V > 400$ m³ 情况下得到的第十个最优质量的解

（a）俯视图；（b）仰视图

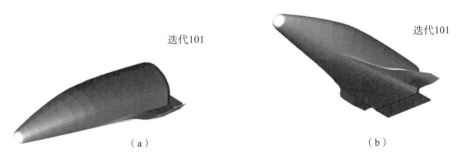

图 D. 11 $s_g > 5.1 \times 10^3$ km 且 $V > 400$ m³ 情况下得到的第十一个最优质量的解

（a）俯视图；（b）仰视图

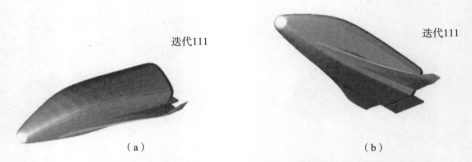

图 D. 12 $s_g > 5.1 \times 10^3$ km 且 $V > 400$ m³ 情况下得到的第十二个最优质量的解

(a) 俯视图;(b) 仰视图

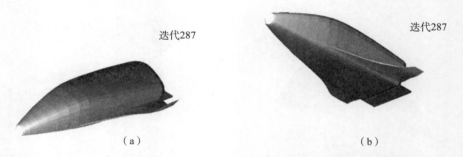

图 D. 13 $s_g > 5.1 \times 10^3$ km 且 $V > 400$ m³ 情况下得到的第十三个最优质量的解

(a) 俯视图;(b) 仰视图

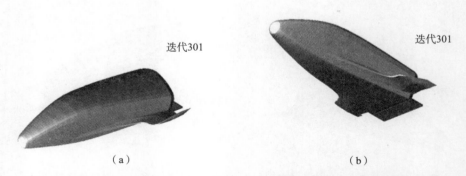

图 D. 14 $s_g > 5.1 \times 10^3$ km 且 $V > 400$ m³ 情况下得到的第十四个最优质量的解

(a) 俯视图;(b) 仰视图

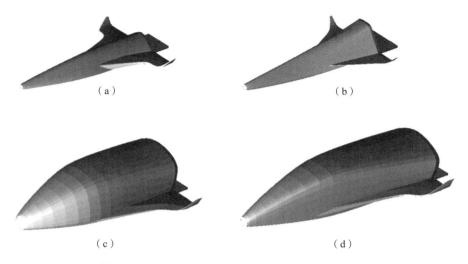

图 D. 15　由基准优化运行得到的最优有翼飞行器的外形俯视图（最小 m 时）

（a）对其他目标无约束；（b）$s_g > 5.2 \times 10^3$ km；（c）$V > 350$ m³；

（d）$s_g > 5.2 \times 10^3$ km 且 $V > 350$ m³

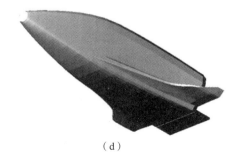

图 D. 16　由基准优化运行得到的最优有翼飞行器的外形仰视图（最小 m 时）

（a）对其他目标无约束；（b）$s_g > 5.2 \times 10^3$ km；（c）$V > 350$ m³；

（d）$s_g > 5.2 \times 10^3$ km 且 $V > 350$ m³

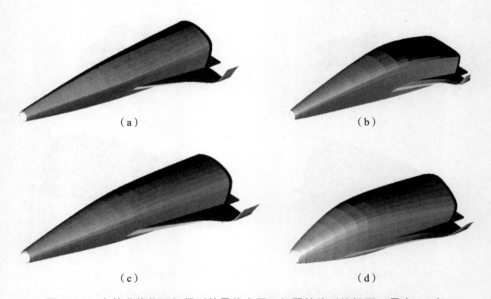

图 D. 17 由基准优化运行得到的最优有翼飞行器的外形俯视图（最大 s_g 时）

（a）对其他目标无约束；（b）$m < 10\ 000$ kg；（c）$V > 350$ m^3；（d）$m < 10\ 000$ kg 且 $V > 350$ m^3

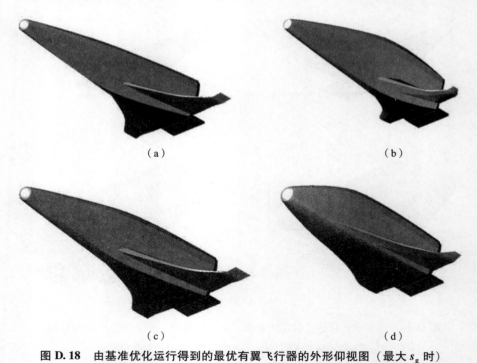

图 D. 18 由基准优化运行得到的最优有翼飞行器的外形仰视图（最大 s_g 时）

（a）对其他目标无约束；（b）$m < 10\ 000$ kg；（c）$V > 350$ m^3；（d）$m < 10\ 000$ kg 且 $V > 350$ m^3

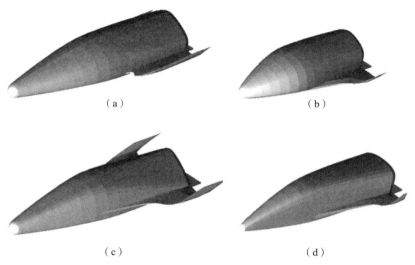

图 D. 19　由基准优化运行得到的最优有翼飞行器的外形俯视图（最大 V 时）

（a）对其他目标无约束；（b）$m < 10\ 000$ kg；（c）$s_g > 5.2 \times 10^3$ km；

（d）$m < 10\ 000$ kg 且 $s_g > 5.2 \times 10^3$ km

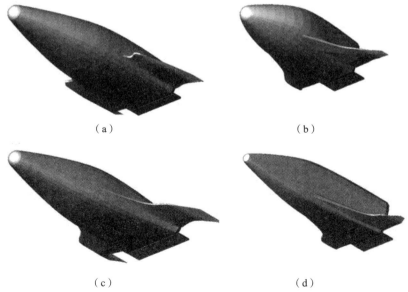

图 D. 20　由基准优化运行得到的最优有翼飞行器的外形仰视图（最大 V 时）

（a）对其他目标无约束；（b）$m < 10\ 000$ kg；（c）$s_g > 5.2 \times 10^3$ km；

（d）$m < 10\ 000$ kg 且 $s_g > 5.2 \times 10^3$ km

参考文献

Allen, H. , & Eggers, A, Jr. (1958). A Study of the motion and aerodynamic heating of ballistic missiles entering the earth's atmosphere at high supersonic speeds. Technical Report TR – 1381, NACA.

Andersen, B. , & Whitmore, S. (2007). Aerodynamic control on a lunar return capsule using trimflaps. In 45th AIAA Aerospace Sciences Meeting, number AIAA – 2007 – 0855.

Anderson, J. (2003). Modern compressible flow with historical perspective (3rd ed.). New York: McGraw-Hill.

Anderson, J. (2006). Hypersonic and high-temperature gas dynamics, AIAA Education Series (2nd ed.). Reston: AIAA.

Armellin, R. (2007). Multidisciplinary optimization of space vehicles for atmospheric maneuvers. Ph. D. thesis, Politecnico di Milano.

Bertin, J. (1994). Hypersonic aerothermodynamics, AIAA Education Series. Washington: AIAA.

Bohachevsky, I. , & Matos, R. (1965). A direct method for calculation of the flow about an axisymmetric blunt body at angle of attack. Technical Report NASA CR – 127572, Cornel Aeronautics Laboratory.

Bonner, E. , Clever, W. , & Dunn, K. (1981). Aerodynamic preliminary analysis system 2. Part 1: Theory, NASA – CR – 165627.

Bowcutt, K. , Krurvila, G. , Grandine, T. , Hogan, T. , & Cramer, E. (2008). Advancements in multidisciplinary design optimization applied to hypersonic vehicles to achieve closure. In 15th AIAA International Space Planes and Hypersonic Systems and TechnologiesConference, number AIAA 2008 – 2591.

Brykina, I. , & Scott, C. (1998). An approximate axisymmetric viscous shock layer aeroheating method for three-dimensional bodies. Technical Report TM – 98 – 207890, NASA.

Castellini, F. (2012). Multidisciplinary design optimization for expendable launch vehicles. Ph. D. thesis, Politecnico di Milano.

Castellini, F. , & Lavagna, M. (2012). Comparative analysis of global techniques for performance and design optimization of launchers. Journal of Spacecraft and Rockets, 49 (2), 274 – 285.

Chapman, D. (1958). An approximate analytical method for studying entry into planetary atmospheres. Technical Report TN – 4276, NACA.

Coello Coello, C. , Pulido, G. , & Lechuga, M. (2004). Handling multiple objectives with particle swarm optimization. IEEE Transactions on Evolutionary Computation, 8 (3), 256 – 279.

Craidon, C. (1985). A description of the langley wireframe geometry standard (LaWGS) format. Technical Report TM 85767, NASA.

Crowder, R. , & Moote, J. (1969). Apollo entry aerodynamics. Journal of Spacecraft and Rockets, 6 (3), 302 – 307.

Cruz, C. , & Ware, G. (1989). Predicted aerodynamic characteristics for HL – 20 lifting-body using aerodynamic preliminary analysis system (APAS). In AIAA 17th Aerospace Ground Testing Conference, number AIAA – 1992 – 3941.

Cruz, C. , &White, A. (1989). Prediction of high-speed aerodynamic characteristics using the aerodynamic preliminary analysis system. In AIAA 7th Applied Aerodynamics Conference, number AIAA – 1989 – 2173.

Deb, K. (2000). An efficient constraint handling method for genetic algorithms. Computer Methods in Applied Mechanics and Engineering, 186 (2 – 4), 311 – 338.

Deb, K. (2005). Multi-objective optimization using evolutionary algorithms. Chichester: Wiley.

Dekking, F. , Kraaikamp, C. , Lopuhaä, H. , & Meester, L. (2005). A modern introduction to probability and statistics: understanding why and how. New York: Springer Science & Business Media.

Derbyshire, T. , & Sidwell, K. (1982). PANAIR-summary document (version 1. 0).

Technical Report CR 3250, NASA.

Dirkx, D. , & Mooij, E. (2011). Continuous aerodynamic modelling of entry shapes. In AIAA atmospheric flight mechanics conference, number AIAA – 2011 – 6575.

Dirkx, D. , & Mooij, E. (2014). Optimization of entry-vehicle shapes during conceptual design. Acta Astronautica, 94 (1), 198 – 214.

Doornbos, E. (2011). Thermospheric density and wind determination from satellite dynamics. Ph. D. thesis, TU Delft.

Dorrance, W. (1962). Viscous hypersonic flow. New York: McGraw-Hill.

East, R. , &Hutt, G. (1988). Comparison of predictions and experimental data for hypersonic pitching motion stability. Journal of Spacecraft and Rockets, 25 (3), 225 – 233.

Eckert, E. (1955). Engineering relations for friction and heat transfer to surfaces in high velocity flow. Journal of the Aeronautical Sciences, 22 (8), 585 – 587.

Ericsson, L. (1975). Generalized unsteady embedded Newtonian flow. Journal of Spacecraft and Rockets, 12 (12), 718 – 726.

Farin, R. (2003). Curves and surfaces for computer aided geometric design, a practical guide (3rd ed.). New York: Academic Press Inc.

Fay, J. , & Riddell, F. (1958). Theory of stagnation point heat transfer in dissociated air. Journal of the Aeronautical Sciences, 25 (2), 73 – 85.

Fuller, J. , & Tolson, R. (2009). Improved methods for estimation of spacecraft free-molecular aerodynamic properties. Journal of Spacecraft and Rockets, 46 (5), 938 – 948.

Gentry, A. , Smyth, D. , & Oliver, W. (1973). The Mark IV supersonic-hypersonic arbitrary body program, volume II-program formulation, Douglas Aircraft Company.

Golubkin, V. , & Negodam, V. (1995). Optimum lifting body shapes in hypersonic flow at high angles of attack. Theoretical and Computational Fluid Dynamics, 7, 29 – 47.

Gomez, G. (1990). Influence of local inclination methods on the S/HABP aerodynamic analysis tool. Technical Report EWP 1793, ESA.

Grant, M. & Braun, R. (2010). Analytic hypersonic aerodynamics for conceptual design of entry vehicles. In 48th AIAA Aerospace Sciences Meeting Including the New Horizons Forum and Aerospace Exposition, number AIAA 2010 – 1212.

Grant, M. J. , Clark, I. G. , & Braun, R. D. (2011). Rapid simultaneous hypersonic aerodynamic and trajectory optimization using variational methods. In AIAA Atmospheric Flight Mechanics Conference (Number AIAA – 2011 – 6640).

Hall, I. (1975). Inversion of the Prandtl-Meyer relation. Aeronautical Journal, 79 (777), 417 – 418.

Hansen, C. (1958). Approximation for the thermodynamic and transport properties of high temperature air. Technical Report TN – 4150, NASA.

Harloff, G. , &Berkowitz, B. (1988). HASA-hypersonic aerospace sizing analysis for the preliminary design of aerospace vehicles. Technical Report CR 182226, NASA

Hayes, W. , & Probstein, R. (1966). Hypersonic flow theory I: Inviscid flows. New York: Academic Press.

Heppenheimer, T. (2007). Facing the heat barrier: a history of hypersponics. NASA History Series (NASA SP – 2007 – 4232).

Hillje, E. (1969). Entry aerodynamics at lunar return conditions obtained from the flight of Apollo 4 (AS – 501). Technical Report NASA TN D – 5399, NASA.

Hirschel, E. (2005). Basics of aerothermodynamics. New York: Springer.

Hirschel, E. , & Weiland, C. (2009). Selected aerothermodynamic design problems of hypersonic flight vehicles. New York: Springer/AIAA.

Hoeijmakers, H. , Sudmeijer, K. , & Wegereef, J. (1996). Hypersonic aerothermodynamic module for the NLRAERO program. Technical Report, Delft University of Technology.

Huertas, I. , Mollmann, C. , Weikert, S. , & Martinez Barrio, A. (2010). Re-entry vehicle design by multidisciplinary optimisation in ASTOS. In 4th International Conference on Astrodynamics Tools and Techniques.

Jenkins, D. (2001). Space shuttle: the history of the national space transportation system the first 100 missions (3rd ed.). Dennis R. Jenkins Publishing.

Johnson, J. , Starkey, R. , & Lewis, M. (2007). Aerothermodynamic optimization of reentry heat shield shapes for a crew exploration vehicle. Journal of Spacecraft and Rockets, 44 (4), 849 – 859.

Jones, R. (1963). Heat-transfer and pressure distributions of two flat-faced sharp-cornered bodies of revolution at a mach number of 8 and comparison with data for a round corner. Technical Report TM X – 774, NASA.

Kenedy, J. , & Eberhart, R. (1995). Particle swarm optimization. In IEEE International Conference on Neural Networks (pp. 1942 – 1948).

Kenwright, D. , Henze, C. , & Levit, C. (1999). Feature extraction of separation and attachment lines. IEEE Transactions on Visualization and Computer Graphics, 5 (2), 135 – 144.

Kinney, D. (2004). Aero-thermodynamics for conceptual design. In 42nd AIAA Aerospace Sciences Meeting and Exhibit, number AIAA – 2004 – 31.

Kinney, D. (2006). Aerodynamic shape optimization of hypersonic vehicles. In 44th AIAA Aerospace Sciences Meeting and Exhibit, number AIAA – 2006 – 239.

Krieger, R. (1989). Summary of design and performance characteristics of aerodynamic configured missiles. In AIAA 19th Aerospace Sciences Meeting, number AIAA – 81 – 0286.

Kulfan, B. (2008). Universal parametric geometry representation methods. Journal of Aircraft, 45 (1), 142 – 158.

Lambert, J. (1991). Numerical methods for ordinary differential equations: the initial value problem. Chichester: Wiley.

Lee, D. (1972). Apollo experience report-aerothermodynamics evaluation. Technical Report TN D – 6843, NASA.

Lee, D. , & Goodrich, W. (1972). The aerothermodynamic environment of the Apollo command module during superorbital entry. Technical Report TN D – 6792, NASA.

Loh, W. (1968). Re-entry and planetary entry physics and technology. New York: Springer.

Marvin, J. , & Sinclair, A. (1967). Convective heating in regions of large favorable pressure gradient. AIAA Journal, 5 (11), 1940 – 1948.

Massobrio, F. , Viotto, R. , Serpico, M. , Sansone, A. , Caporicci, M. , & Muylaert, J. -M. (2007). EXPERT: An atmospheric re-entry testbed. Acta Astronautica, 60 (12), 974 – 985.

Maughmer, M. , Ozoroski, L. , Straussfogel, D. , & Long, L. (1993). Validation of engineering methods for predicting hypersonic vehicle control forces and moments. Journal of Guidance, Control and Dynamics, 16 (4), 762 – 782.

Maus, J. , Griffitj, B. , & Szerna, K. (1983). Hypersonic mach number and real gas effects on space shuttle orbiter aerodynamics. Journal of Spacecraft and Rockets,

21 (2), 136 – 141.

MBB-Space. (1988). Study on re-entry guidance and control, final report volume 2, Ref. Vehicle Definition and Orbital Constraints. Technical Report TIDC – CR – 6692, MBB Space.

McNamara, J., Crowell, A. R., Friedmann, P., Glaz, B., & Gogulapati, A. (2010). Approximate modeling of unsteady aerodynamics for hypersonic aeroelasticity. Journal of Aircraft, 47 (6), 1932 – 1945.

Miele, A. (1965). Theory of optimum aerodynamic shapes. New York: Academic Press Inc.

Mooij, E. (1995). The HORUS – 2B reference vehicle. Technical Report, Delft University of Technology.

Mooij, E. (1998). The motion of a vehicle in a planetary atmosphere. Ph. D. thesis, Delft University of Technology.

Mooij, E., & Hänninen, P. (2009). Distributed global trajectory optimization of a moderate lift-to drag re-entry vehicle. In AIAA Guidance, Navigation and Control Conference, number AIAA 2009 – 5770.

Moore, M. & Williams, J. (1989). Aerodynamic prediction rationale for analyses of hypersonic configurations. In 27th Aerospace Sciences Meeting, number AIAA – 1989 – 525.

NOAA, Nasa. (1976). US standard atmosphere, (1976). Technical Report. U. S: Government Printing Office.

North American Aviation. (1965). Aerodynamic data manual for project Apollo. Technical Report NASA – CR – 82907.

Press, W., Teukolsky, S., Vetterling, W., & Flannery, B. (2007). Numerical recipes: the art of scientific computing. Cambridge: Cambridge University Press.

Price, K., Storn, R., & Lampinen, J. (2005). Differential evolution, a practical approach to global optimization. New York: Springer.

Rasmussen, M. (1994). Hypersonic flow. New York: Wiley.

Regan, F., & Anandakrishnan, S. (1993). Dynamics of atmospheric re-entry, AIAA Education Series.

Reyes-Sierra, M., & Coello Coello, C. (2006). Multi-objective particle swarm optimizers: asurvey of the state-of-the-art. International Journal of Computational

Intelligence Research, 2 (3), 287 – 308.

Ridder, S. D. , & Mooij, E. (2011). Optimal longitudinal trajectories for reusable space vehicles in the terminal area. Journal of Spacecraft and Rockets, 48 (4), 642 – 653.

Ridolfi, G. (2013). Space systems conceptual design-analysis methods for engineering-team support. Ph. D. thesis, TU Delft.

Ridolfi, G. , Mooij, E. , Dirkx, D. , & Corpino, S. (2012). Robust multi-disciplinary optimization of unmanned entry capsules. In AIAA Modelling and Simulation Technologies Conference, number AIAA – 2012 – 5006.

Robinson, J. , & Wurster, K. (2009). Entry trajectory and aeroheating environment definition for capsule-shaped vehicles. Journal of Spacecraft and Rockets, 46 (1), 74 – 86.

Rockwell International. (1980). Aerodynamic design data book, Volume 1, Orbiter Vehicle, STS – 1. Technical Report SD72 – SH – 0060.

Saaris, G. , & Tinoco, E. (1992). A5021 user's manual-PANAIR technology program for solving problems of potential flow about arbitrary configurations. Technical Report, Boeing.

Sänger, E. , & Bredt, I. (1944). A rocket drive for long range bombers (Über einen Raketenantrieb für Fernbomber). Technical Report UM3538, Deutsche Luftfahrtforschung. Translated by Hamermesh, M.

Schlichting, H. , & Gersten, K. (1999). Boundary layer theory (8th ed.). New York: Springer.

Schneider, S. (2006). Laminar-turbulent transition on reentry capsules and planetary probes. Journal of Spacecraft and Rockets, 43 (6), 1153 – 1173.

Shampine, L. (1994). Numerical solution of ordinary differential equations. New York: Chapman and Hall.

Shirley, P. , Ashikhmin, M. , Gleicher, M. , Marschner, S. , Reinhard, E. , Sung, K. , Thompson, W. , & Willemsen, P. (2005). Fundamentals of computer graphics (2nd ed.). A K Peters, Ltd. .

Smith, A. (1997). Capsule aerothermodynamics. Technical Report R – 808, AGARD.

Sobieczky, H. (1998). Parametric airfoils and wings. Notes on Numerical Fluid

Mechanics, Vieweg Verlag, 68, 71 – 88.

Spies, J. (2003). RLVhopper: consolidated system concept. Acta Astronautica, 53 (4 – 10), 709 – 717.

Sziroczak, D. & Smith, H. (2016). A review of design issues specific to hypersonic flight vehicles. Progress in Aerospace Sciences, 84, 1 – 28.

Tan, K. C., Khor, E. F., Lee, T. H., & Yang, Y. J. (2003). A tabu-based exploratory evolutionary algorithmfor multiobjective optimization. Artificial Intelligence Review, 19 (3), 231 – 260.

Tauber, M., Menees, G., & Adelman, H. (1987). Aerothermodynamics of transatmospheric vehicles. Journal of Aircraft, 24 (9), 594 – 602.

Theisinger, J., & Braun, R. (2009). Multi-objective hypersonic entry aeroshell shape optimization. Journal of Spacecraft and Rockets, 46 (5), 957 – 966.

Theisinger, J., Braun, R., & Clark, I. (2010). Aerothermodynamic shape optimization of hypersonic entry aeroshells. In 13th AIAA/ISSMO Multidisciplinary Analysis Optimization Conference, number AIAA 2010 – 9200.

Thomas, A., Smith, R., & Tiwari, S. (2004). Rational B-spline and PDE surfaces with unstructured grid for aerospace vehicle design. In 32nd Aerospace Sciences Meeting and Exhibit, number AIAA – 1994 – 419.

Tsuchiya, T., Takenaka, Y., & Taguchi, H. (2007). Multidisciplinary design optimization for hypersonic experimental vehicle. AIAA Journal, 45 (7), 1655 – 1662.

Udin, S., & Anderson, W. (1991). Wing mass formula for subsonic aircraft. Journal of Aircraft, 29 (4), 725 – 727.

Underwood, J. & Cooke, D. (1982). A preliminary correlation of the orbiter stability and control aerodynamics from the first two space shuttle flights (STS – 1 & 2) with preflight predictions. In 12th Aerodynamic Testing Conference, number AIAA 82 – 0564.

Vallado, D. (2007). Fundametals of astrodynamics and applications. New York: Microcosm press/Springer.

van Driest, E. (1958). On the aerodynamic heating of blunt bodies. Zeitschrift für Angewandte Mathematik und Physik, 9, 233 – 248.

Varvill, R., & Bond, A. (2004). The SKYLON spaceplane. Journal of the British Interplanetary Society, 57, 22 – 32.

Vinh, N. , Busemann, A. , & Culp, R. (1980). Hypersonic and planetary entry flight mechanics. Ann Arbor: The University of Michigan Press.

Wadhams, T. , Cassady, A. , MacLean, M. , & Holden, M. (2009). Experimental studies of the aerothermal characteristics of the project orion CEV heat shield in high speed transitional and turbulent flows. In 47th AIAA Aerospace Sciences Meeting, number AIAA 2009 – 677.

Wahde, M. (2008). Biologically inspired optimization methods: an introduction. Boston: WITPress.

White, F. (2006). Viscous fluid flow. New York: McGraw-Hill.

Zoby, E. , & Sullivan, E. (1965). Effects of corner radius on stagnation-point velocity gradients on blunt axisymmetric bodies. Technical Report TM X – 106, NASA.